TITANIC

MYTHOS UND WIRKLICHKEIT

Henschel Verlag

Susanne Störmer

TITANIC

MYTHOS UND WIRKLICHKEIT

Die Deutsche Bibliothek - CIP-Einheitsaufnahme
Störmer, Susanne:
Titanic : Mythos und Wirklichkeit / Susanne Störmer. - Berlin : Henschel, 1997
ISBN 3-89487-289-6

Schutzumschlag: Morian & Bayer-Eynck, Coesfeld, unter Verwendung einer Abbildung des Archivs für Kunst und Geschichte, Berlin
Abbildung Innentitel: die *Titanic* auf der Jungfernfahrt am 10. April 1912; mit freundlicher Genehmigung von Beken of Cowes, Isle of Wight/England
Gestaltung und Satz: Typografik & Design – Ingeburg Zoschke
Druck und Binden: Wiener Verlag, Himberg
Printed in Austria

Gedruckt auf alterungsbeständigem Papier mit chlorfrei gebleichtem Zellstoff.

ISBN 3-89487-289-6

Inhaltsverzeichnis

85 Jahre danach

Ein weiteres Buch über die *Titanic*? Gibt es da wirklich noch etwas Neues zu schreiben? Obwohl die Antwort ein ganz klares »Ja« ist, sollte man eher sagen: Das Alte ist das Neue. Grundlage für dieses Buch sind zwei Untersuchungsausschüsse, die 1912 von April bis Juli in den USA und Großbritannien, als die Erinnerungen bei den Zeugen noch ganz frisch waren, alle noch unter den Eindrücken des Erlebten und Durchgemachten standen, arbeiteten.

Die erstaunlichste Erkenntnis war für mich, daß sich anhand einiger Aussagen vor den Untersuchungsausschüssen Ereignisse belegen lassen, bei denen immer noch davon ausgegangen wird, daß sie nicht oder anders passiert sind. Auch die Entdeckung des Wracks konnte nicht so viele Aufschlüsse geben wie die Auswertung dieser beiden Untersuchungsausschüsse. Denn das Wrack berichtet nichts über die Vorgänge vor, während und nach dem Untergang der *Titanic*.

Als ich, eigentlich nur aus Ermangelung anderer Lektüre, nach dem Protokoll des amerikanischen Untersuchungsausschusses griff, erkannte ich sehr schnell, daß dies ein Thriller war – spannend und schockierend zugleich. Spannend, weil mir sehr viele Dinge absolut neu waren, obwohl ich mich seit 1977 für die *Titanic* interessiere. Schockierend, weil diese Fakten eine völlige Neubewertung der Katastrophe erforderlich machen. Es scheint, daß in den 85 Jahren, die jetzt seit dem Untergang der *Titanic* verstrichen sind, auch eine Distanz zu den Vorgängen auf dem Schiff, wie sie in den Wochen nach dem Untergang von Zeugen geschildert wurden, entstand. Sogar einige Überlebende haben in späteren Jahren zur Legendenbildung beigetragen.

Doch schon 1912 bestand Interesse daran, die Wahrheit nicht ans Licht kommen zu lassen. Die White Star Line, die die *Titanic* bereederte, gab sich große Mühe, zu verschleiern. Wären die Untersuchungsausschüsse zu dem Ergebnis gekommen, daß Fahrlässigkeit seitens der Schiffsführung vorlag, hätte diese Reederei Schadensersatz in nicht unerheblicher Höhe leisten müssen. Allein der Wert der Fracht, die die *Titanic* transportierte, belief sich auf $750 000 nach damaligem Kurs[1].

Daß die Wahrheitsfindung verhindert wurde, hatte offensichtlich auch zur Folge, daß überlebende Besatzungsmitglieder, die als Zeugen aussagten, durch die White Star Line beeinflußt wurden. Es erfordert höchste Konzentration eines Zeugen, wenn er das, was er selbst erlebt hat, anders darstellen muß. Widersprüche in den Aussagen, die nicht nur an einem Tag und nicht nur vor einem Untersuchungsausschuß abgegeben werden mußten – wobei beim britischen Untersuchungsausschuß die Aussagen, die vor dem amerikanischen Untersuchungsausschuß gemacht wurden, vorlagen –, sind ein ganz deutlicher Hinweis darauf. Aber auch ausgesprochen präzise Angaben sind Anlaß zu erhöhtem Mißtrauen, besonders, wenn sie von Zeugen gemacht werden, die ansonsten vermeiden, zu sehr ins Detail zu gehen[2]. Daß keiner der vier überlebenden Offiziere der *Titanic* jemals ein eigenes Kommando erhalten hat, ist möglicherweise doch weniger damit verbunden, daß sie auf der *Titanic* waren und die Reederei nicht mehr an das Schiff erinnert werden wollte, als heute angenommen wird. Alle vier Offiziere haben durch einige Unachtsamkeiten in ihren Aussagen die White Star Line stärker belastet, als es der Reederei gefallen haben wird. Der Anwalt, der die Reederei vor dem britischen Untersuchungsausschuß vertrat, wußte in seinem Plädoyer dann doch einige unangenehme Dinge wieder so hinzubiegen, daß die White Star Line frei vom Verdacht der Fahrlässigkeit blieb.

Auch in anderen Dingen, deren Verschleierung zwar nicht unbedingt im Interesse der White Star Line lag, wurde gelogen, weil es für die überlebenden Besatzungsmitglieder von sehr großer Wichtigkeit war.

Es gibt »Lieblingszeugen« in Sachen *Titanic*. Deren Geschichten und Darstellungen findet man in jedem Buch zum Thema. Ich mußte zu meiner Überraschung feststellen, daß diese Aussagen von anderen Zeugen bereits 1912 eindeutig widerlegt wurden. Natürlich lieferten die »Lieblingszeugen« der *Titanic*-Autoren wirklich nette Storys, die damals in das Zeitbild paßten und heute immer noch Wirkung in jedem Buch hinterlassen. Aus dramaturgischer Sicht wäre es wirklich schade, sie zu entzaubern. Aber auch die Geschichte der *Titanic*, wie sie sich anhand der Aussagen vor dem amerikanischen und dem britischen Untersuchungsausschuß darstellt, bietet mehr Spannung und Dramatik, als man es von Quellen erwartet, die weder auf Effekthascherei noch auf Sensationen oder Massenunterhaltung aus waren, sondern lediglich der Wahrheitsfindung dienen sollten.

Elmshorn, den 31. Oktober 1996

Anmerkungen

1 Angabe von Maurice L. Farrell, Leitender Nachrichteneditor von Dow, Jones & Co., vor dem amerikanischen Untersuchungsausschuß.

2 Lord Mersey, der Vorsitzende des britischen Untersuchungsausschusses, drückte sein Mißtrauen gegenüber einer sehr ausführlichen Aussage mit dem Ausspruch »I don't like these precise memories« (»Ich mag diese präzisen Erinnerungen nicht.«) aus.

Gute Reise

Southampton, 10. April 1912. Im Ocean-Dock liegt das White-Star-Schiff *Titanic* bereit zu seiner ersten Ausfahrt. Mit Sicherheit erwartet niemand, daß es zugleich die letzte Ausreise dieses Dampfers sein wird. Am Heck weht das Blue Ensign[1]. Unter dem Schiffsnamen wird als Heimathafen »Liverpool« genannt. Dabei hat Liverpool mit der *Titanic* so viel zu tun, wie die *Titanic* mit Großbritannien.

Liverpool ist der Hauptsitz der Oceanic Steam Navigation Company, und die »White Star Line« ist keine Reederei, sondern nur das Markenzeichen der Oceanic Steam Navigation Company, die durch die Firma Ismay, Imrie & Co. gemanagt wird – also eigentlich nichts weiter als eine Flagge und ein Handelsname. Alle Schiffe der Oceanic Steam Navigation Company sind in Liverpool registriert, obwohl manche Schiffe überhaupt nicht von Liverpool aus eingesetzt werden. Die *Titanic* ist eines von den Schiffen, die ihren Heimathafen nie kennenlernen. Sie soll im Liniendienst zwischen Southampton und New York fahren. Der größte Teil der Besatzung lebt in Southampton, das in späteren Jahren als die *Titanic*-Stadt angesehen werden wird.

Wenn soweit auch noch alles klar ist, kommen jetzt die Feinheiten: Die Oceanic Steam Navigation Company hat ihr Büro in Liverpool und ist dort registriert, womit sie eine englische Firma ist. Das Aktienkapital dieser Reederei allerdings wird von der International Mercantile Marine Company (IMM) gehalten. Das ist eine amerikanische Firma, die wiederum mehr als 50 Prozent des American Shipping Trust besitzt. Die IMM wiederum hat einen Ableger in Liverpool – die International Navigating Group –, die in Liverpool registriert ist und in deren Besitz sich die Aktien der Oceanic Steam

Navigation Company, die die IMM hält, befinden. Ein sehr kompliziertes wirtschaftliches Gebilde, das die Vorsitzenden des amerikanischen und britischen Untersuchungsausschusses später gleichermaßen verwirrt. Um die Besitzverhältnisse an dieser Stelle komplett aufzuzählen: Außer der Oceanic Steam Navigation Company (White Star Line) gehören auch die Red Star Line (Belgien), Atlantic Transport, American Line, Mississippi Line, British North Atlantic und Dominion Line zur IMM. Außerdem kontrolliert die IMM die Aktienmehrheit der Leyland Line, die aber noch einen eigenen Generalmanager hat und nach Angaben der IMM nicht von der IMM vertreten wird. Durch diese Ansammlung an Reedereien ist die IMM auf den wichtigsten Handelsrouten mindestens einmal vertreten.

Lord Mersey, der Vorsitzende des britischen Untersuchungsausschusses, stellt, nachdem die Besitzverhältnisse einigermaßen klar sind, konsterniert fest, daß die White Star Line und die anderen vier britischen Reedereien, die zur IMM gehören, zwar die britische Flagge zeigen, aber tatsächlich »American property«, amerikanischer Besitz, sind. Bei der Befragung des Engländers Joseph Bruce Ismay, Präsident der IMM und Vorsitzender der Oceanic Steam Navigation Company, versucht Lord Mersey etwas Licht in den Sinn und Zweck der Konstruktion der IMM zu bringen:

> Lord Mersey: Warum managt eine amerikanische Firma ihre Angelegenheiten durch englische Gesetze, die die englischen Reedereien betreffen?
>
> Mr. Ismay: Ich fürchte, ich kann das nicht beantworten.
>
> Lord Mersey: Ich bin davon ausgegangen, daß Sie es wissen würden. Die *Titanic* ist wirklich ein Schiff in amerikanischem Besitz?
>
> Mr. Ismay: Ganz richtig.
>
> Lord Mersey: Ich kann das nicht verstehen. Die *Titanic* ist wirklich ein amerikanisches Schiff.
>
> Mr. Ismay: Wir konnten sie nicht in Amerika registrieren, weil sie in diesem Land[2] gebaut wurde.
>
> Lord Mersey: Demnach, gemäß amerikanischen Gesetzen, kann kein Schiff, das nicht amerikanisch ist, dort registriert werden?
>
> Mr. Ismay: Nein, Sie können kein fremdes Schiff registrieren, und Sie können keine amerikanische Flagge auf einem im Ausland gebauten Schiff zeigen.

Es sind also lediglich amerikanische Gesetze, die dafür sorgen, daß die *Titanic* ein britisches Schiff ist und eine größtenteils britische Besatzung hat. Auch der amerikanische Reedereientrust wird seit 1910 von einem Engländer geleitet. Aber auch wenn Ismays Aussage den Eindruck hinterläßt, daß die *Titanic* eher unfreiwillig ein britisches Schiff geworden ist, hat das niemanden davon abgehalten, dieses Schiff als Stolz der britischen Handelsflotte anzupreisen. Damit wird die *Titanic* als britisches Schiff angesehen, obwohl sie eher einem ausgeflaggten amerikanischen Schiff gleicht. Die erste Legende, die Eingang in jedes Lexikon und in alle Publikationen zum Thema *Titanic* finden wird, ist geboren.

Ob die Besatzung und alle Passagiere über die wahren Besitzverhältnisse aufgeklärt sind, ist fraglich. Für die Crew ist sicherlich nur interessant, daß sie ihre Heuer erhält, während für die Passagiere Bequemlichkeit oder gar Luxus, eine akzeptable Passagezeit und Sicherheit an erster Stelle stehen.

Und sie haben allen Grund, sich sicher zu fühlen. Nicht nur wegen des Nimbus der Unsinkbarkeit, der die *Titanic* umgibt. Auch die Statistik bestätigt die Annahme. In der Zeit von 1901 bis 1911 beförderte die White Star Line 2 179 594 Passagiere. Von diesen Passagieren starben zwei bei dem Untergang des Dampfers *Republic*, das macht einen Verlust von 0,0000918 Prozent.

Natürlich war da der Unfall der *Olympic* im September 1911 – das ältere Schwesterschiff der *Titanic* stieß bei einer Ausfahrt aus Southampton mit einem Kreuzer der britischen Kriegsmarine zusammen. Aber es gab keine Toten, und die *Olympic* konnte aus eigener Kraft nach Southampton zurückfahren, wo die Passagiere wieder an Land gesetzt wurden und das Schiff notdürftig repariert wurde, um für eine komplette Instandsetzung zur Werft nach Belfast zu fahren. Wie nach jedem anderen Unfall auf See wurde auch in diesem Fall ein Untersuchungsausschuß eingesetzt, der die Unglücksursache herausfinden sollte. Das offizielle Ergebnis war, daß die White Star Line keine Schuld traf, da sich zum Zeitpunkt des Unfalls ein Lotse auf der Brücke befand, der damit in der Verantwortung stand. Ansonsten zeigte die Kollision lediglich, daß auf die Schottenkammern der *Olympic* Verlaß war. Durch den Zusammenstoß hatte es Beschädigungen im Bereich des Hecks unterhalb der Wasserlinie gegeben. Man mußte sich also auf die Schotten verlassen – und man konnte es. So fand eine unfreiwillige Überprüfung der Verläßlichkeit dieser Schotten und der wasserdichten Türen im Rumpf statt.[3]

Das Vertrauen der White Star Line in den Kapitän der *Olympic* litt offensichtlich in keiner Weise, denn man betraute ihn mit dem Kommando über die *Titanic*. Die beiden ranghöchsten nautischen Offiziere auf der *Titanic* waren ebenfalls an Bord der *Olympic*, als diese mit dem Kreuzer zusammenstieß. Auch die beiden Schiffsärzte, der Zahlmeister, sein Assistent und über die Hälfte der Ingenieure der *Titanic* kamen von der *Olympic*, ebenso wie viele einfache Besatzungsmitglieder.

Als die *Titanic* um zwölf Uhr mittags mit Schlepperhilfe[4] zum ersten und – wie sich später herausstellen wird, auch zum letzten – Mal ihren Liegeplatz verläßt, sind die Verantwortlichen der Reederei mit Sicherheit erleichtert. Bis zum Schluß war die planmäßige Abfahrt der *Titanic* zu ihrer Jungfernfahrt ein Wettlauf mit der Zeit. Die White Star Line sah sich sogar genötigt, den Männern eine erhöhte Bezahlung anzubieten[5], um den Fahrplan einhalten zu können. Schon die Probefahrt hatte um einen Tag auf den 2. April 1912 verschoben werden müssen, weil, wie sich der 5. Offizier Lowe vor dem amerikanischen Untersuchungsausschuß in seiner sehr lockeren Art ausdrückte, »ein Hauch von einer Brise« wehte. Was sich so reichlich lächerlich anhört, ist im Laufe der Jahre Anlaß für einige Spekulationen geworden. Mit Sicherheit ist der Grund in Erfahrungen mit der *Olympic* zu suchen und nicht in der Befürchtung, daß die hoch aus dem Wasser ragende *Titanic* vom Wind möglicherweise aus dem Fahrwasser gedrückt werden könnte. Es ist W. D. Harbinson, der vor dem britischen Untersuchungsausschuß die Belange der Passagiere der 3. Klasse vertritt, der Licht in diese Angelegenheit bringt. Bei der Befragung von Edward Wilding, Schiffsarchitekt der Werft Harland & Wolff, ergänzt Harbinson eine Frage mit folgender Anmerkung: »Meine Information ist, daß beim Stapellauf der *Olympic*, dem Schwesterschiff, eine nicht sehr starke Windböe sie gegen eine Seite des Trockendocks blies und diese Seite wie Zunder eingedrückt wurde.«

Lord Mersey hakt nach: »Wurde die Seite der *Olympic* eingedrückt?«

Und Wilding, der auf Harbinsons Frage, ob die Seite des Schiffes nicht unter leichtem Druck nachgab, nur gelacht hat, muß jetzt zugeben: »Nein, sie wurde nur leicht eingedellt.«

Diese Erfahrung mit der *Olympic* hat mit Sicherheit gezeigt, welche Gefahren für Schiffe dieser Größe in den engen Gewässern bei der Werft liegen. Es ist ganz offensichtlich, daß weder Reederei noch Werft ein Risiko mit der *Titanic* bei »dem Hauch von einer Brise« eingehen wollten, wenn die Probefahrt genauso gut am nächsten Tag stattfinden konnte.

Aber selbst als die *Titanic* von den Schleppern so weit ins Hafenbecken von Southampton gezogen worden ist, daß sie mit eigener Kraft Kurs auf Southampton Water und im weiteren Verlauf auf den Solent und danach Cherbourg nehmen kann, ist das Bangen um die planmäßige Jungfernfahrt dieses Schiffes, das in Anzeigen als »Königin der Meere« angepriesen wird, noch nicht vorüber. Die *Titanic* passiert auf ihrem Weg die Dampfer *New York* und *Oceanic*, die, miteinander vertäut, an einem Liegeplatz festgemacht sind. Es ist offensichtlich die Sogwirkung der Schrauben der *Titanic*, durch die die Festmachertrossen der *New York* reißen und sie steuer- und hilflos auf die *Titanic* zutreiben läßt, wobei der Wind kräftig mithilft. Die Schiffe verpassen einander, wenn auch nur ganz knapp. Mit einer weiteren Verzögerung kann die *Titanic* ihre Fahrt fortsetzen. Der 1. Offizier, William McMaster Murdoch, beschreibt diesen Zwischenfall in einem Brief an seine Eltern:

> (...) Als wir Southampton verließen + die *Oceanic* + die *New York*, die aneinander festgemacht waren, passierten, arbeiteten sie so stark, daß die *New York* sich losriß, + wir konnten es nur äußerst knapp umgehen, ihr + uns selbst schweren Schaden zuzufügen, aber wir berührten sie nicht, + ich glaube nicht, daß die *New York* oder die *Oceanic* überhaupt irgendeinen Schaden hatten. (...)[6]

Es ist also alles noch mal gutgegangen, und einer erfolgreichen Jungfernfahrt der *Titanic* scheint nichts mehr im Wege zu stehen. Sie macht noch zwei kurze Stopps, einen am 10. April abends in Cherbourg (Frankreich), einen weiteren am 11. April mittags in Queenstown[7]. Bei beiden Halts nimmt sie weitere Passagiere und auch Post an Bord.

Als die *Titanic* am Nachmittag des 11. April Queenstown verläßt, ist das, was wie eine Überfahrt in die Neue Welt nach New York aussieht, eine Fahrt in die Ewigkeit. 1495 von 2200 Menschen[8] treten eine Passage ohne Wiederkehr an.

Anmerkungen

1 Das Blue Ensign ist die Nationalitätenflagge, die eigentlich nur von britischen Kriegsschiffen in Friedenszeiten gezeigt wird, doch unter bestimmten Voraussetzungen dürfen auch Handelsschiffe diese Flagge führen. In diversen Titanic-Büchern wird geschrieben, daß der Kapitän der *Titanic* die Erlaubnis hatte, das Blue Ensign auf dem Schiff, das er kommandierte, aufziehen zu lassen, während Kommodore Sir James Bisset in seiner Autobiographie »Tramps and Ladies« (Angus & Robertson, 1959) erklärt, daß Handelsschiffe diese Flagge zeigen durften, wenn der größere Teil der Offiziere zu den Reserveoffizieren der britischen Kriegsmarine gehörte.

2 Die *Titanic* wurde in Belfast (Nordirland) von Harland & Wolff gebaut.

3 Gemäß der Aussage von Edward Wilding, Schiffsarchitekt bei der Werft Harland & Wolff, vor dem britischen Untersuchungsausschuß wurden die Schottenkammern von der Werft nicht überprüft. Die einzige Prüfung war laut seinen Angaben wirklich jene aufgrund der Kollision der *Olympic* mit einem Kreuzer der britischen Kriegsmarine.

4 Die Reederei Red Funnel stellte Schlepper, und diese Reederei existiert – im Gegensatz zur White Star Line und der IMM – heute noch. Sie operiert weiterhin von Southampton aus und bietet einen Fährservice zur Isle of Wight an. (Info von Michael N. Archibold, Pressesprecher Red Funnel)

5 William McMaster Murdoch in einem Brief an seine Schwester, datiert vom 8. April 1912. (Familienbesitz)

6 Brief von William McMaster Murdoch an seine Eltern, datiert vom 11. April 1912. (Familienbesitz)

7 Heute Cobh, der Hafen von Cork, in Irland; damals Teil von Großbritannien, da Irland noch kein unabhängiger Staat war.

8 Zahl der Opfer lt. Claes-Göran Wetterholm, Zahl der Überlebenden (705) lt. Kapitän Arthur Henry Rostron.

Das Dilemma des Kapitän Smith

Kapitän der *Titanic* ist Edward John Smith, ein erfahrener Seemann, der das volle Vertrauen der Reederei besitzt. Sonst hätte er niemals dieses Kommando erhalten. Vor dem amerikanischen Untersuchungsausschuß betont Joseph Bruce Ismay ausdrücklich, daß Kapitän Smith ein Mann war, der eine sehr, sehr saubere Akte hatte. »Ich gehe davon aus, daß sehr wenige Kapitäne auf dem Atlantik so eine gute Akte haben, wie Kapitän Smith sie hatte, bis er in die unglückliche Kollision mit der *Hawke*[1] verwickelt wurde.« An andere Unfälle Smiths kann Ismay sich nicht erinnern. Er stellt klar, daß der Zwischenfall mit der *Hawke* die Meinung der Reederei über diesen Kapitän nicht geändert hat. Vor dem britischen Untersuchungsausschuß betont Ismay ebenfalls: »Er (Smith) war ein Mann, in den wir absolutes Vertrauen hatten. Er ist seit 24 Jahren als Kapitän gefahren, und nichts, das unser Vertrauen in ihn erschüttert hätte, ist jemals vorgefallen.«

Smith wurde am 27. Januar 1850 in Hanley, Mittelengland[2], geboren. Vor dem britischen Untersuchungsausschuß gibt Harold Sanderson, einer der Direktoren der White Star Line, an, daß Smith 1880 in die Dienste der Reederei trat und seit 1887 Kapitän ist. Er besitzt nicht nur das Kapitänspatent, sondern auch das Extra Master Patent[3]. Außerdem hat er den Status eines pensionierten Kapitäns der Reserve der britischen Kriegsmarine.

Dieser erfahrene Mann steckt an Bord der *Titanic* in einem ganz großen Dilemma. Er hat alle Voraussetzungen für eine erfolgreiche Jungfernfahrt, doch dadurch steht er auch unter einem immensen Druck. Die Jungfernfahrt muß ein Erfolg werden, ein anderes Ergebnis ist als Versagen des Kapitäns zu werten. Das wird Smith bewußt sein. Bisher ist er immer damit fertig geworden. Er hat – vielleicht auch, weil ihm in schwierigen Lagen das Glück treu zur Seite stand – die Erwartungen erfüllt oder gar übertroffen. Doch niemals zuvor waren die Voraussetzungen so wie auf der *Titanic*.

Die Ansprüche der Öffentlichkeit sind enorm, schließlich gilt Edward John Smith als bester Kapitän einer Reederei, die ein hohes Ansehen genießt und über einen ausgezeichneten Ruf bei den Passagieren verfügt. Dieser Seemann kommandiert das beste Schiff seines Arbeitgebers, da muß die Jungfernfahrt ganz einfach ein triumphaler Erfolg werden.

Die White Star Line hat nicht die schnellsten Schiffe – Weltrekorde können diese Dampfer nicht aufstellen. Das ist auch nicht das Ziel der Reederei.[4] Der Auftrag an die »Hauswerft« Harland & Wolff lautete lediglich, das beste Schiff zu bauen, das auf dem Atlantik fährt. Die Einrichtung der *Titanic*, einschließlich der navigatorischen Hilfsmittel, ist auf dem neuesten Stand der Technik. Das Schiff wird als »unsinkbar« angepriesen, da es über eine besondere Konstruktion verfügt. Der Rumpf ist mit wasserdichten Abteilungen ausgestattet. Alle Unfälle, die bisher Schiffen zugestoßen sind und zum Untergang geführt haben, würden der *Titanic* deshalb nicht zum Verhängnis werden. Und dann ist da auch noch das ältere Schwesterschiff, die *Olympic*, die im Frühsommer 1911 in Dienst gestellt wurde und ein großer Erfolg war. Die *Titanic* hat den Vorteil des zweiten Schiffes, denn man hat mit der *Olympic* Erfahrungen sammeln können, so daß die *Titanic* die verbesserte Version der *Olympic*[5] ist. Es ist also eigentlich alles klar, wenn, ja, wenn da nicht einige andere Umstände wären …

Die erste Fahrt der *Titanic* ist zugleich ein Stelldichein der High-Society an Bord des Schiffes, das als »Königin der Meere« bezeichnet wird. Diese Kombination verspricht einen gewaltigen Presserummel bei der Ankunft in New York. Eine verspätete Ankunft paßt nicht in den Plan. Die *Olympic*, die bis zum März 1912 von Edward John Smith geführt wurde, schafft eine Überfahrt in fünf Tagen und sieben Stunden. Die *Titanic* ist zwar ein ganz neues Schiff, das erst eingefahren werden muß, aber sie ist die verbesserte Version der *Olympic*. Von daher darf sie einfach nicht sehr viel langsamer als die *Olympic* sein, selbst wenn es ihre erste Überfahrt ist. Schließlich hat die *Olympic* – nach Angaben von Ismay vor dem britischen Untersuchungsausschuß – eine Höchstgeschwindigkeit von 22,75 Knoten. Von der *Titanic* erwartet man, daß sie nach der Einfahrzeit 23 Knoten schafft. Außerdem ist der Konkurrenzkampf auf der Atlantikroute nach New York sehr hart. Viele Reedereien bemühen sich um die Gunst der Passagiere. Der Transport von Auswanderern aus Europa nach Amerika ist ein Massengeschäft. Viel lukrativer und damit noch härter umkämpft ist die Gruppe der Passagiere, die es sich leisten können, 1. Klasse zu fahren. Das sind Geschäftsreisende und ganz besonders die den Atlantik auf ihren Urlaubsreisen überquerende High-Society. Die White Star Line hat viel Geld in den Bau der *Olympic* und der *Titanic* investiert, das erst mal wieder auf dem Nordatlantik verdient werden muß.[6] Außerdem baut Harland & Wolff bereits ein drittes Schiff der *Olympic*-Klasse. Auch dieses Schiff muß in absehbarer Zeit abgenommen und damit bezahlt werden.[7] Je schneller die *Titanic* in der Gewinnzone fährt, um so besser. Eine gute erste Passage hilft dabei natürlich sehr.

Natürlich kann dieser wirtschaftliche Hintergrund einen Kapitän wie Edward John Smith, der auf dem Nordatlantik quasi zu Hause ist, nicht sonderlich erschüttern. Er hat lange Jahre seinen Teil dazu beigetragen, daß die White Star Line gut im Konkurrenzkampf besteht. Unglücklicherweise findet die Jungfernfahrt der *Titanic* im April statt. Es ist nicht gerade die günstigste Jahreszeit, denn in diesem Monat besteht die Gefahr von schweren Stürmen, die im schlimmsten Fall aus Sicherheitsgründen eine Reduzierung der Geschwindigkeit erforderlich machen, oder Nebel, bei dem die Geschwindigkeit auf jeden Fall reduziert werden muß, oder auch Eis. Von diesen drei Widrigkeiten ist Eis die größte. Es gibt Eisberge in allen nur denkbaren Größen, die eine Gefahr für jedes Schiff darstellen. Da ist Packeis, so dicht, daß es kein Durchkommen für ein Schiff mehr gibt. Der Dampfer muß wenden und das Eis umfahren. Jede Form von Eis kann den Rumpf beschädigen. Natürlich erwartet niemand durch so eine Beschädigung eine Gefahr für die *Titanic*. Aber ein Schaden ist immer ärgerlich, und kein Journalist würde es sich nehmen lassen, das in seinem Bericht über die erste Ankunft des Schiffes in New York zu erwähnen. Zu allem Überfluß ist bereits bekannt, als die *Titanic* noch in Southampton liegt, daß Eisberge und Eisfelder auf die Schiffahrtsroute[8] nach New York zutreiben. Diese Meldungen weisen darauf hin, daß die Eissituation auf dem Nordatlantik in diesem Jahr sehr ungewöhnlich werden könnte, denn das Eis kommt zu früh. Auf jeden Fall muß Smith von diesem Moment an befürchten, daß es möglicherweise keine völlig unproblematische Jungfernfahrt wird. Aber er kennt den Nordatlantik in allen Jahreszeiten und hat bisher jede Situation gemeistert. Und da sind ja auch noch seine nautischen Offiziere ... Leider gibt es aber auch da einen Haken.

Die White Star Line ist in der glücklichen Lage, seit Jahren zahlreiche Bewerbungen von Offizieren zu erhalten und unter diesen Bewerbern auswählen zu können.[9] Ihre Nautiker gehören deswegen zu den besten der britischen Handelsmarine. Die besten von diesen Spitzenkräften wiederum sind auf die *Titanic* abkommandiert worden. Es gibt den Chief Officer, den 1. und den 2. Offizier, das sind die dienstälteren oder Senior-Offiziere, und es gibt den 3., 4., 5. und 6. Offizier, das sind die dienstjüngeren oder Junior-Offiziere. Die dienstälteren Offiziere arbeiten im Dreiwachensystem: Ein Offizier hat also vier Stunden Wache und acht Stunden Freiwache. Die dienstjüngeren Offiziere dagegen gehen Wache um Wache, das bedeutet, vier Stunden Dienst und danach vier Stunden frei. Zwischen vier Uhr nachmittags und acht Uhr abends finden traditionell die Hundewachen statt, was nichts anderes ist als zwei Stunden Wache und zwei Stunden Freiwache. Auf der *Titanic* bilden der 3. und der 5. Offizier ein Paar, das andere wird dementsprechend vom 4. und 6. gestellt. Zu den Aufgaben der Junior-Offiziere gehören Arbeiten an der Seekarte, Beaufsichtigen des Rudergängers, Peilungen nehmen, das Logbuch führen[10], Wasser- und Lufttemperaturen schriftlich festhalten und Positionen berechnen. Sie sind für die Navigation des Schiffes zuständig, auch wenn Kurs und Geschwindigkeit vom Kapitän festgelegt werden. Die Junior-Offiziere der *Titanic* sind Herbert John Pitman (3. Offizier, 34 Jahre alt), Joseph Groves Boxhall (4. Offizier, 28 Jahre alt), Harold Godfrey Lowe (5. Offizier, 29 Jahre alt) und James Paul Moody (6. Offizier, 24 Jahre alt).

Die Senior-Offiziere vertreten während ihrer Wachen den Kapitän auf der Brücke, da dieser dort nicht ständig anwesend sein kann. Nur bei Nebel, schwerer See oder in anderen kritischen Situationen sowie beim Ein- und Auslaufen aus einem Hafen verläßt der Kapitän die Brücke nicht. Zwar trägt er die volle Verantwortung für die Unversehrtheit des Schiffes und aller Menschen an Bord, doch bei Abwesenheit des Kapitäns von der Brücke liegt es am Senior-Offizier, alle Maßnahmen, die für die Sicherheit des Schiffes erforderlich sind, zu treffen. Er darf aber nie eigenmächtig Kurs oder Geschwindigkeit ändern, außer um einem Hindernis auszuweichen. Nach einem solchen Ausweichmanöver muß er den vom Kapitän befohlenen Kurs und die angeordnete Geschwindigkeit unverzüglich wieder einhalten. Bei Wetterumschwüngen hat er den Kapitän sofort zu informieren, damit dieser eventuell erforderliche neue Anweisungen hinsichtlich Kurs und Geschwindigkeit geben kann.

Der 5. Offizier der *Titanic* stellte die Pflichten der Offiziere vor dem amerikanischen Untersuchungsausschuß folgendermaßen dar: »Wir (die Junior-Offiziere) sind dazu da, die Navigation zu machen, damit der Senior-Offizier volles Kommando über die Brücke haben kann und soll und sich über nichts den Kopf zerbrechen muß. Wir haben den ganzen Schotter, die Junior-Offiziere, wir sind vier. Die drei Senior-Offiziere haben das volle Kommando über das Schiff. Sie müssen sich keine Gedanken machen. Sie müssen nur vor und zurück laufen und sich um das Schiff kümmern, und wir machen alle Berechnungen und all das in unserem Kartenraum.«

Bis zum 9. April 1912 hat die *Titanic* als dienstältere Offiziere William McMaster Murdoch (Chief), Charles Herbert Lightoller (1. Offizier) und David Blair (2. Offizier) an Bord. Wie auch die Junior-Offiziere wurden die Senior-Offiziere vom Marine-Superintendenten der White Star Line ausgewählt. Ab dem Ausreisetag sind aber Henry Tingle Wilde (Chief Officer, 39 Jahre alt[11]), William McMaster Murdoch (1. Offizier, 39 Jahre alt) und Charles Herbert Lightoller (2. Offizier, 38 Jahre alt) die dienstälteren Offiziere, während bei den Junior-Offizieren keine Änderung stattfindet. Diese Umbesetzung ist sehr ungewöhnlich, auch wegen des Zeitpunktes, zu dem sie stattfand. Warum sie stattfand, ist nie erklärt worden. Für die Untersuchungsausschüsse ist eine Aufklärung nicht relevant, da diese Änderung bei den Senior-Offizieren anscheinend keinerlei Einfluß auf die späteren Geschehnisse, die mit dem Untergang der *Titanic* im Zusammenhang stehen, hat. Dennoch ist diese Angelegenheit ausgesprochen spannend und eines jener Rätsel der *Titanic*, das eine nähere Betrachtung wert ist.

Die folgenden beiden Vermutungen zu den Hintergründen werden später immer wieder angestellt und in verschiedenen Publikationen verbreitet:

1. Kapitän Smith hat die Umbesetzung der Senior-Offiziere gefordert, weil er entweder gerne Wilde oder einen erfahreneren Chief Officer an Bord haben wollte;
2. die Reederei hat die Umbesetzung veranlaßt, weil die ursprünglich auf die *Titanic* abkommandierten Senior-Offiziere über zuwenig Erfahrung mit der *Olympic* verfügten.

Bisher noch nicht publiziert, aber immer mal wieder in Gesprächen geäußert wird die Mutmaßung, daß der ursprüngliche

Chief Officer in irgendeiner Form versagt haben muß und deswegen die Umbesetzung eingeleitet wurde.

Von den direkt Betroffenen ist als zeitgenössischer Kommentar nur eine Äußerung William McMaster Murdochs in einem Brief vom 8. April 1912 an seine Schwester bekannt. Murdoch schreibt:

> »... Bis zum Ausreisetag bin ich noch Chief Offr + dann sieht es so aus, als wenn ich zurückstecken muß, aber ich hoffe, es wird nicht für lange sein. Der Leitende Marine Supt. (Superintendent) aus Liverpool schien äußerst positiv beeindruckt + zufrieden damit zu sein, daß alles 1A vorangeht + so gut wie versprochen, daß ich wieder aufsteige, wenn Wilde geht.«

Das gibt natürlich keine Aufschlüsse über die Hintergründe der Umbesetzung, läßt allerdings die Vermutung zu, daß die Offiziere selbst keine Erklärung erhalten haben. Gleichzeitig widerlegt diese Passage des Briefes eine Aussage, die Lightoller Jahre später macht und nach der die Umbesetzung bereits kurz nach der Ankunft der *Titanic* in Southampton stattfindet. Es scheint, daß die Erinnerung Lightollers an die Vorgänge vor der Jungfernfahrt der *Titanic* mit den Jahren doch verblassen.

Eine näherer Blick auf die publizierten und noch nicht publizierten Gerüchte bringt folgende Ergebnisse:

Es ist fraglich, ob Kapitän Smith über soviel Einfluß verfügt, daß er sich seine Offiziere aussuchen kann. Außerdem ist da die Aussage von Harold Sanderson vor dem britischen Untersuchungsausschuß, die besagt, daß die Reederei die Offiziere auswählt. Doch selbst wenn mit dieser Aussage verdeckt werden soll, daß Kapitän Smith für die Zusammenstellung der Offiziere der *Titanic* verantwortlich ist, macht die Umbesetzung in diesem Fall keinen Sinn. Es erscheint äußerst unlogisch, daß der Kapitän erst drei Offiziere nimmt und sie dann kurz vor der Jungfernfahrt der *Titanic* noch mal austauscht, weil er es sich doch wieder anders überlegt hat.

Die Erfahrungen mit der *Olympic* können aus zwei Gründen sowohl in Sachen »Umbesetzung auf Wunsch von Smith« als auch »Umbesetzung von der Reederei aus« nicht zählen:

1. Schon bei der ersten Auswahl der Offiziere ist bekannt, daß außer Smith nur Murdoch über Erfahrungen mit der *Olympic* verfügt. Unabhängig davon, wer für die Umbesetzung verantwortlich ist, spricht es nicht für gute Personaleinsatzplanung, wenn das im März 1912 übersehen und dann so kurzfristig vor der Jungfernfahrt wieder korrigiert wird. Das erscheint besonders, wenn die

Reederei für die Auswahl der Offiziere zuständig ist, unplausibel, denn Personal einzusetzen ist eine alltägliche Aufgabe.

2. Als die *Olympic* in Dienst gestellt wurde, waren die Erwartungen an das Schiff und an den Kapitän ähnlich hoch. Alle, die auf die *Olympic* versetzt wurden, mußten selbst ihre Erfahrungen mit dem Schiff sammeln. Außerdem muß der Kapitän der *Olympic*, der Edward John Smith auf dem Schiff abgelöst hat, mit neuem Chief Officer und 1. Offizier arbeiten, so daß die drei ranghöchsten Nautiker auf der *Olympic* im April 1912 ebenfalls über keine oder wenig Erfahrung mit diesem Schiff verfügen.

Ein Nebeneffekt der Umbesetzung auf der *Titanic* ist übrigens, daß zwei der Senior-Offiziere von der Besatzung immer wieder als »Chief Officer« bezeichnet werden – der nominelle Chief Officer Wilde und Murdoch. Zum Teil sprechen Besatzungsmitglieder in einem Satz vom »Chief Officer Murdoch« und vom »1. Offizier Murdoch«, wenn sie vor den Untersuchungsausschüssen in den USA und in Großbritannien aussagen. Selbst der Staatsanwalt, der vor dem britischen Untersuchungsausschuß das britische Handelsministerium vertritt, erwähnt »Chief Officer Murdoch«. Die Umbesetzung sorgt also für einige Verwirrung, auch als die *Titanic* schon lange nicht mehr schwimmt.

Die Vermutung, daß der Chief Officer Murdoch in irgendeiner Form versagt haben muß und deswegen die Umbesetzung stattfindet, läßt sich allein schon dadurch widerlegen, daß in so einem Fall nur Murdoch von Bord hätte gehen müssen, während Lightoller und Blair ihre Posten behalten würden. Und wenn Murdochs Erfahrung mit der *Olympic* und mit Jungfernfahrten von Schiffen im allgemeinen (die Jungfernfahrt der *Titanic* ist die vierte Jungfernfahrt eines Schiffes, die er mitmacht) als so wertvoll angesehen wird, daß sie unverzichtbar erscheint, ist es unverständlich, daß aus Gründen, die allein Murdoch zu verantworten hat, auch Lightoller degradiert wird, während Blair ganz und gar aussteigen muß. In so einem Fall hätte Lightoller von Bord gehen müssen, und Blair hätte seinen Posten behalten.

Die kursierenden Gerüchte helfen also in keiner Weise bei der Aufklärung der Hintergründe der Umbesetzung unter den Senior-Offizieren. Deshalb noch mal ein weiterer Blick auf die Fakten, wie sie sich nach der Umbesetzung darstellen: William McMaster Murdoch ist lange Jahre als 1. Offizier gefahren, zuletzt auf der *Olympic*, und seine Versetzung auf die *Titanic* ist eine doppelte Beförderung:

Zum einen wird er Chief Officer, zum anderen ist er auf die *Titanic* abkommandiert. Im Regelfall beinhaltet die Beförderung um einen Rang die Versetzung auf ein anderes, »schlechteres« Schiff. Wird dagegen ein Offizier auf ein besseres oder – wie in Sachen *Titanic* – auf das beste Schiff der Reederei versetzt, ist eine Rangabstufung nicht ungewöhnlich. Der 4. Offizier Boxhall war vorher 3. Offizier auf der *Arabic*, einem älteren und bedeutend kleineren Schiff, das auf einer Nebenroute der Reederei eingesetzt wird, der 5. Offizier Lowe war vorher sogar 3. Offizier auf der *Belgic*, einem Schiff, das im Australiendienst fährt. Murdoch wird aber zum Chief Officer befördert, und er kommt auf die *Titanic*, dem neuen Flaggschiff der Reederei.

Charles Herbert Lightoller ist ebenfalls ein sehr erfahrener 1. Offizier, und auch für ihn ist die Versetzung auf die *Titanic* eine Beförderung, nachdem er vorher als 1. Offizier auf der *Oceanic* war.

Die *Oceanic* ist ein gutes Schiff der White Star Line, das zur Jahrhundertwende in den Dienst gestellt wurde und sich großer Beliebtheit bei Passagieren und Besatzung erfreute.[12] Ebenso kommt David Blair von der *Oceanic*, die von der Tonnage her nicht mal halb so groß wie die *Titanic* ist. Auch für ihn ist die Versetzung auf die *Titanic* eine Beförderung.

Durch die Umbesetzung der Senior-Offiziere in das Trio Wilde/Murdoch/Lightoller gibt es folgende Veränderungen:

Henry Tingle Wilde war vorher Chief Officer auf der *Olympic*. Da er nicht mehr auf der *Olympic* gewesen sein kann, als sie am 3. April 1912 mittags Southampton verläßt – die *Titanic* erreichte diesen Ort erst in der Nacht zum 4. April 1912 –, muß er schon vorher von der *Olympic* abgezogen worden sein. Es hält sich hartnäckig das Gerücht, daß Wilde ein eigenes Kommando erhalten sollte, was nach 14 Jahren in Diensten der Reederei[13] und im Alter von fast 40 Jahren durchaus im Bereich des Möglichen liegt. Doch er erhält kein eigenes Kommando. Statt dessen wird er als Chief Officer auf die *Titanic* abkommandiert, wobei ein weiteres Gerücht sagt, daß Wilde von der Reederei gefragt wurde, ob er auf das Schiff wollte, und er nach einigem Zögern und mehr auf Anraten von Freunden als aus eigener Überzeugung angenommen hatte.

William McMaster Murdoch ist ein sehr erfahrener 1. Offizier, der nun auch auf der *Titanic* in diesem Rang dient, und Charles Herbert Lightoller, ebenfalls ein sehr erfahrener 1. Offizier, wird zum 2. Offizier degradiert.

So verfügt die *Titanic* über einen äußerst erfahrenen Chief Officer, der vermutlich in Kürze ein eigenes Kommando erhalten wird und damit »Kapitänsreife« hat. Sie hat einen 1. Offizier, der bereits kurze Zeit als Chief Officer gedient hat und, sobald der neue Chief Officer der *Titanic* von Bord geht, diesen Rang auch wieder einnehmen soll, und sie hat einen 2. Offizier, der bereits lange als 1. Offizier gefahren ist und den die Degradierung ohne eigenes Verschulden deswegen vielleicht noch am härtesten von allen trifft.

Offensichtlich völlig zusammenhanglos in Verbindung mit der Umbesetzung der Senior-Offiziere ist die Tatsache, daß in Großbritannien die Kohlearbeiter seit Monaten streiken, aber gerade dieser Fakt bringt mehr Licht in die Angelegenheit.

Viele Schiffe sind als Folge dieses Streiks wegen Kohlenmangels aufgelegt worden, und die *Titanic* hat nur 6 000 Tonnen Kohle an Bord, was ausreichend sein soll für eine Passage nach New York, und einen Extravorrat für zwei weitere Tage Fahrt. Das ist aber nicht die volle Bunkerkapazität der *Titanic*. Diese liegt bei über 9 500 Tonnen. Ob die Angabe hinsichtlich der Reichweite der gebunkerten Kohle, die Joseph Bruce Ismay vor dem amerikanischen Untersuchungsausschuß macht, richtig ist, darf bezweifelt werden, denn die Reederei steht nach der Katastrophe unter großem öffentlichen Druck, muß verzweifelt versuchen, entweder verlorenen Boden wiedergutzumachen oder aber nicht noch mehr Boden zu verlieren. Wenn in einer öffentlichen Verhandlung in Anwesenheit von Dutzenden von Reportern, die bereit sind, jedes Husten und jedes Verziehen einer Miene zu publizieren, vom Chef der Reederei gesagt wird, daß man die *Titanic* mit einem Kohlevorrat auf die Reise geschickt hat, der sie nur auf der normalen Route und ohne weitere große Umwege New York erreichen ließ, hätte das große Empörung in aller Welt ausgelöst. Man glaubt schon fast, die Schlagzeilen in den Zeitungen vor sich zu sehen: »Skandal! *Titanic* hätte New York mit der Kohle nie erreichen können«, »Verantwortungslose Reederei, Umwege aus Sicherheitsgründen waren aus Kohlenmangel nicht möglich«, »*Titanic* konnte dem Eisfeld nicht ausweichen, weil sie nicht genug Kohle an Bord hatte« … Vor dem britischen Untersuchungsausschuß spricht der 2. Offizier Lightoller übrigens ganz offen von einer »shortage of coal« (»Kohlenmangel«) an Bord der *Titanic*. Allerdings sieht sich niemand veranlaßt, bei diesem Punkt nachzuhaken. Es hätte unangenehme Tatsachen ans Licht bringen können. Lightoller ist es übrigens auch, der den britischen Untersuchungsausschuß später als »Persilaktion« bezeichnet, während der amerikanische in seinen Augen eine »Farce« ist.

Bereits vor Beginn der Jungfernfahrt der *Titanic* ist bekannt, daß Eis in nicht unerheblichen Mengen vom Norden her auf die Schiffahrtsroute nach New York zutreibt. Wenn man dann noch daran denkt, welche Erwartungen schon mit der ersten Reise der *Titanic* verbunden sind und daß Verzögerungen unbedingt vermieden werden müssen, erscheint eine Umbesetzung unter den Senior-Offizieren in einem ganz anderen Licht. Nach der Änderung ist der 2. Offizier eigentlich ein 1. Offizier, der 1. Offizier ein »Beinahe-Chief-Officer« und der Chief Officer ein »Fast-Kapitän«. Es ist ganz einfach ein zu herausragendes Aufgebot an Senior-Offizieren, als daß es nicht zu verlockend ist, die Fakten so zu verbinden. Gleichzeitig kann es auch eine Erklärung dafür sein, warum Wilde gezögert haben soll, das Angebot, die Jungfernfahrt der *Titanic* als Chief Officer mitzumachen. Wenn während seiner Wache ein Unfall passierte, könnte er alle Hoffnungen auf weitere Beförderungen aufgeben.

Auch wenn die Umbesetzung nun wie eine Sicherheitsmaßnahme erscheint, die Gefahren durch Eis oder ein Eisfeld vorbeugen soll, zeigt sie zugleich, daß man schon vor Reisebeginn damit rechnet, unterwegs auf Eis zu treffen, dem man aber aus Kohlenmangel nicht weiträumig nach Süden ausweichen kann. Nichts wäre schließlich peinlicher, als wenn die *Titanic* mit der letzten Schaufel Kohle in den Hafen von New York einführe oder gar schon auf See liegenbliebe und abgeschleppt werden müßte. Außerdem ist da ja auch noch die große Erwartung an das Schiff, die ein Einhalten des Fahrplanes unbedingt erforderlich macht. Eine deutliche Verlängerung der Fahrtstrecke würde unweigerlich eine Verspätung nach sich ziehen, denn die *Titanic* ist nicht schnell genug, um diesen Zeitverlust durch eine viel höhere Geschwindigkeit wieder herauszufahren.

Die Umbesetzung unter den Senior-Offizieren soll also das Problem mit der knappen Kohle an Bord und dem zu erwartenden Eis ausgleichen, doch Kapitän Smith hat noch mit einem anderen Handikap zu kämpfen. Dieses Handikap heißt Joseph Bruce Ismay, ist General-Manager der IMM und Leitender Direktor der White Star Line in Personalunion und macht die erste Fahrt der *Titanic* als Passagier mit. Allein schon Ismays Anwesenheit an Bord wird Smith ständig daran erinnern, wie das Ergebnis der Jungfernfahrt der *Titanic* auszusehen hat. Es ist nicht einfach für einen Kapitän, stark zu sein, wenn der Chef der Reederei ständig da ist.

Nach dem Untergang der *Titanic* kursieren Gerüchte, daß Ismay Kapitän Smith Kurs und Geschwindigkeit des Schiffes vorgeschrieben hat und Smith seine Marionette war. Mittels eines amerikanischen Untersuchungsausschusses, der in diesem Punkt nach guten Ansätzen nicht konsequent genug weiterforscht, eines ihm gegenüber sehr wohlwollenden Vorsitzenden des britischen Untersuchungsausschusses, der zum Teil für Ismay unangenehme Fragen abblockt, und von Kapitänen, die fast alle zu Reedereien, die die IMM besitzt, gehören und die in Ismays Sinne aussagen, erreicht dieser, daß die Vorwürfe gegen ihn fallengelassen werden. Das ändert aber nichts daran, daß einige ausgesprochen merkwürdige Punkte zu diesem Thema in den Protokollen der Untersuchungsausschüsse festgehalten werden.

Vor dem amerikanischen Untersuchungsausschuß sagt Ismay zu diesem Thema Folgendes aus:

> Senator Smith[14]: »Hatten Sie einen Anlaß, den Kapitän wegen der Bewegungen des Schiffes zu konsultieren?«
>
> Ismay: »Niemals.«
>
> Senator Smith: »Konsultierte er Sie deswegen?«
>
> Ismay: »Niemals. Vielleicht liege ich falsch, wenn ich das sage. Ich möchte sagen: Ich weiß nicht, ob es wirklich eine Sache war, von der man behaupten kann, daß er mich deswegen konsultierte oder ich ihn deswegen konsultierte, aber was wir arrangiert hatten, war, daß wir nicht versuchen würden, das Feuerschiff in New York am Mittwoch vor fünf Uhr morgens zu erreichen.«
>
> Senator Smith: »Das war die Abmachung?«
>
> Ismay: »Ja. Aber das wurde arrangiert, bevor wir Queenstown verließen.«
>
> Senator Smith: »Wurde davon ausgegangen, daß Sie New York zu diesem Zeitpunkt erreichen konnten, ohne das Schiff voll auszufahren?«
>
> Ismay: »O ja, Sir. Es gab nichts zu gewinnen, wenn wir früher in New York ankommen würden.«

So weit die Aussage von Ismay am 19. April 1912 zu Beginn des amerikanischen Untersuchungsausschusses. Die *Carpathia*, die die Überlebenden an Bord hatte, erreichte New York am späten Abend des 18. April. Ismay ist der erste Zeuge, der aufgerufen wird.

Im weiteren Verlauf der ersten Sitzung dieses Ausschusses wird Ismay auch zu Eis auf dem Kurs der *Titanic* und zu Eiswarnungen befragt, und seine ersten vereidigten Angaben geben – im Vergleich mit späteren Aussagen – einen weiteren Einblick:

Senator Smith: »Wußten Sie im Verlauf der Reise, von Ihrem eigenen Wissensstand, daß Sie in der Nähe von Eisbergen waren?«

Ismay: »Ob ich wußte, daß wir in der Nähe von Eisbergen waren?«

Senator Smith: »Ja.«

Ismay: »Nein, Sir, ich wußte es nicht. Ich wußte, daß Eis gemeldet war.«

Senator Smith: »Eis wurde gemeldet?«

Ismay: »Ja.«

(...)

Senator Smith: »Waren Sie sich am Sonntag über die Nähe von Eisbergen bewußt?«

Ismay: »Am Sonntag? Nein, ich wußte nichts davon am Sonntag. Ich wußte, daß wir irgendwann in der Nacht in der Eisregion sein würden.«

Senator Smith: »Daß Sie sein würden oder waren?«

Ismay: »Daß wir Sonntag nacht in der Eisregion sein würden.«

Senator Smith: »Haben Sie deswegen mit dem Kapitän irgendeine Rücksprache gehalten?«

Ismay: »Absolut keine.«

Senator Smith: »Oder mit irgendeinem anderen Offizier des Schiffes?«

Ismay: »Mit überhaupt keinem Offizier, Sir. Das war absolut nicht meine Aufgabe. Ich bin kein Navigator. Ich war einfach ein Passagier an Bord des Schiffes.«

Am 30. April muß Ismay erneut vor dem amerikanischen Untersuchungsausschuß aussagen, und jetzt will er von seiner am 19. April gemachten Angabe hinsichtlich seiner Unterhaltung über die Ankunftszeit in New York mit Kapitän Smith nichts mehr wissen:

Senator Smith: »Haben Sie mit dem Kapitän während der Reise von Southampton konferiert?«

Ismay: »Ich war während der ganzen Reise nicht in den Räumen des Kapitäns, Sir, und der Kapitän war nicht in meinem Raum. Ich hatte keine Unterhaltung mit dem Kapitän, abgesehen von gelegentlichen Gesprächen auf dem Deck.«

Am gleichen Tag wird Ismay ein weiteres Mal zu Eiswarnungen befragt, und er gibt eine Sache zu, die ihn später vor dem britischen Untersuchungsausschuß in große Schwierigkeiten bringen wird:

Senator Fletcher: »Mr. Ismay, ich glaube, einige Passagiere sagen aus, daß Kapitän Smith Ihnen ein Telegramm, das Eis meldete, gab.«

Ismay: »Ja, Sir.«

Senator Fletcher: »Am Sonntag nachmittag?«

Ismay: »Ich glaube, es war Sonntag nachmittag.«

Senator Fletcher: »Stimmt das?«

Ismay: »Ja, Sir.«

Senator Fletcher: »Was wurde aus diesem Telegramm?«

Ismay: »Ich gab es Kapitän Smith zurück, ich glaube, es war gegen zehn Minuten nach sieben am Sonntag abend. Ich saß im Rauchsalon, als Kapitän Smith aus irgendwelchen Gründen – ich weiß nicht, welche es waren – in den Raum kam, und auf dem Rückweg sprach er mich an und fragte: ›Haben Sie das Telegramm, das ich Ihnen heute nachmittag gab?‹ Ich sagte: ›Ja.‹ Ich holte es aus meiner Tasche und sagte: ›Hier ist es.‹ Er sagte: ›Ich möchte es haben, um es im Kartenraum der Offiziere auszuhängen.‹ Das ist die einzige Unterhaltung, die ich mit Kapitän Smith hinsichtlich dieses Telegramms hatte. Als er es mir gab, machte er keinerlei Bemerkung.«

Senator Fletcher: »Können Sie mir sagen, wann er es Ihnen gab und was der Inhalt war?«

Ismay: »Es ist sehr schwierig, die Zeit zu nennen. Ich weiß nicht, ob es nachmittags oder direkt vor dem Lunch war, ich bin mir nicht sicher. Ich schenkte der Marconi-Nachricht[15] – sie kam von der *Baltic* –, die die Position von irgendwelchem Eis gab, keine besondere Aufmerksamkeit. Auch die Position eines Dampfers, der keine Kohle mehr hatte und nach New York geschleppt werden wollte, wurde angegeben, und ich denke, es endete damit, daß es Erfolg für die *Titanic* wünschte. Es war vom Kapitän der *Baltic*.

Senator Fletcher: »Sahen Sie irgendwelche anderen Marconigramme an jenem Nachmittag?«

Ismay: »Nein, Sir.«

Wichtig in diesem Zusammenhang ist eine Angabe in der eidesstattlichen Versicherung von Mrs. Douglas, die im Protokoll des amerikanischen Untersuchungsausschusses aufgenommen wird.

Mrs. Douglas war 1.-Klasse-Passagier auf der *Titanic*, und sie erinnert sich an etwas, das Mrs. Ryerson, eine andere Überlebende, die ebenfalls 1.-Klasse-Passagier auf der *Titanic* war, nach dem Untergang berichtete:

> »Sonntag nachmittag ging Mr. Ismay, den ich flüchtig kenne, auf dem Deck an mir vorbei. Er zeigte mir, in seiner brüsken Art, ein Marconigramm und sagte: ›Wir haben gerade Nachricht erhalten, daß wir zwischen Eisbergen sind.‹ – ›Sie werden sicherlich mit der Geschwindigkeit heruntergehen‹, sagte ich. ›Oh, nein‹, erwiderte er, ›wir werden mehr Kessel in Betrieb[16] nehmen und daraus herauskommen.‹«

Vor dem britischen Untersuchungsausschuß wird es Ismay nicht ganz so leicht gemacht, denn eine Frage, die den britischen Untersuchungsausschuß im Zusammenhang mit der Eiswarnung der *Baltic* beschäftigt, ist, warum Kapitän Smith Ismay die Eiswarnung zeigte und für einige Stunden überließ. Es erscheint merkwürdig, daß der amerikanische Untersuchungsausschuß, der sogar den Funker der *Carpathia* fragte, ob die *Carpathia* eine Funkanlage hatte, sich nicht damit befaßt.

Vor dem britischen Untersuchungsausschuß weiß Ismay auch wieder, daß Kapitän Smith ihm die Eiswarnung der *Baltic* vor dem Lunch gab. Ismay betrachtete es lediglich als eine Art Information. Ismay ist schon öfter mit Smith gefahren und hat während dieser Fahrten hin und wieder Nachrichten zur Kenntnis erhalten, die völlig unbedeutend waren. Daher maß er auch dieser Eiswarnung keine große Bedeutung zu. Er erhielt die Eiswarnung, als er auf dem Deck mit einigen Passagieren sprach. Smith kam auf ihn zu, gab ihm das Telegramm und ging dann wortlos weiter, während Ismay das Telegramm sofort in seine Tasche steckte. Ismay erklärt, daß er keine weitere Unterhaltung mit Smith hatte, bis der Kapitän fragte, ob er die Eiswarnung haben könnte, um sie im Kartenraum der Offiziere auszuhängen.

Im weiteren Verlauf seiner Aussage verwickelt Ismay sich dann in Widersprüche. Er betont immer wieder, daß er kein Navigator ist und die in der Eiswarnung angegebenen Positionen ihm gar nichts sagen; er wußte nur durch seine Unterhaltung mit dem Schiffsarzt beim Dinner, daß die *Titanic* in der Nacht in die Eisregion kommen würde. Doch auf der anderen Seite gibt Ismay auch wieder an, daß er aufgrund der Eiswarnung der *Baltic* wußte, daß die *Titanic* nachts in die Eisregion geraten würde. Das spricht dafür, daß er mit den im

Funkspruch der *Baltic* angegebenen Positionen etwas anfangen konnte. Oder aber der Kapitän hat ihm die Eiswarnung näher erklärt. Das Zitieren von Mrs. Ryerson durch Mrs. Douglas in ihrer eidesstattlichen Erklärung zeigt übrigens, daß Ismay bereits vor dem Dinner mit dem Schiffsarzt wußte, daß die *Titanic* in der Nähe von Eis und Eisbergen war.

Außerdem sagt Ismay, daß er es vom Kapitän »absolut nicht« erwartete, daß die Geschwindigkeit für die Nacht reduziert wird. Seine Antwort auf die nachhakende Frage, warum ein Schiff mit voller Kraft durch die Nacht fährt, wenn Eis erwartet wird, ist: »Ich nehme an, der Mann möchte durch die Eisregion kommen. Er möchte nicht die Geschwindigkeit reduzieren, wenn die Möglichkeit besteht, daß Nebel aufkommt. Ich gehe davon aus, daß er absolut richtigliegt, wenn er so schnell wie möglich durch die Eisregion fährt.« Wenn man das mit dem Mrs.-Ryerson-Zitat in der Erklärung von Mrs. Douglas verbindet, weiß Ismay schon am Sonntag nachmittag, daß die Geschwindigkeit der *Titanic* nicht reduziert, sondern womöglich noch erhöht werden wird. Allerdings ist damit immer noch nicht erklärt, ob es eine freie Entscheidung von Kapitän Smith war oder ob Ismay den Kapitän unter Druck gesetzt hat, die Geschwindigkeit beizubehalten oder sogar zu erhöhen, um die Gefahr schneller hinter sich zu lassen.

Lord Mersey und der Staatsanwalt kommen in einer Diskussion zu dem Ergebnis, daß die Warnung der *Baltic* einen eindeutigen Hinweis auf ein Eisfeld auf dem Kurs der *Titanic* gibt, und der Staatsanwalt stellt deutlich heraus, daß man auf der *Titanic* kein Eisfeld hätte erwarten können, wenn nicht die Warnung der *Baltic* gewesen wäre.

Sofort nach dieser Diskussion gibt Ismay ungefragt zu zu wissen, daß die *Titanic* innerhalb der nächsten 24 Stunden ein Eisfeld erreichen würde. Die Frage, die sich hierbei aufdrängt, ist, woher Ismay diese Information hat, denn er betont oft genug, daß er kein Navigator ist, und auch der Schiffsarzt – er hat nicht überlebt –, der in Ismays Aussage manchmal als Informant genannt wird, ist kein Navigator, sondern ein Mediziner. Da es äußerst unwahrscheinlich ist, daß dieser Doktor, obwohl er schon lange Jahre als Schiffsarzt fährt, zugleich ein Navigator ist, muß Ismay diese Information von einer anderen Person erhalten haben. Die Eiswarnung der *Baltic* ist im Kartenraum der Offiziere erst wenige Minuten bekannt, als Ismay mit dem Arzt dinniert, und es ist die Meldung der *Baltic*, die einen sehr konkreten Hinweis auf ein Eisfeld auf dem Kurs der *Titanic* gibt, so daß der Doktor nicht irgendwelche Gespräche, die er nachmittags womöglich mit Offizieren führte, wiedergibt. Es ist daher äußerst naheliegend, daß Smith doch mit Ismay über die Eiswarnung der *Baltic* sprach – und Ismay möglicherweise noch mehr machte, als nur den Ausführungen des Kapitäns zu lauschen.

Ganz offensichtlich spukt die Sache mit der Eiswarnung der *Baltic* weiterhin durch den Kopf des Staatsanwalts, denn einige Tage später gibt es eine offene Diskussion zwischen Sir Rufus Isaacs, Staatsanwalt, und Sir Robert Finlay, Anwalt der White Star Line, in die auch Lord Mersey ab und an mit eingreift:

Lord Mersey: »Es gibt keine Aussage, daß er (Ismay) sich in die Navigation einmischte.«

Der Staatsanwalt: »Dem schließe ich mich an, aber ich bin nicht der Meinung, daß er ein normaler Passagier war.«

Sir Robert Finlay: »Aber er fuhr als normaler Passagier.«

Der Staatsanwalt: »Da ist die Sache mit der Eiswarnung.«

Sir Robert Finlay: »Diese Nachricht meldete nicht nur Eis, es war auch die Rede von einem Dampfer, der nicht mehr unter Kontrolle war, und ich kann nicht verstehen, warum unterstellt wird, daß Mr. Ismay in irgendeiner Form konsultiert wurde oder daß ihm die Nachricht mit irgendeiner bestimmten Absicht übergeben wurde.«

Der Staatsanwalt: »Mein Eindruck ist, daß Mr. Ismay zugab zu wissen, daß ihm die Meldung gegeben wurde, weil es eine Eiswarnung war und eine wichtige dazu.«

Sir Robert Finlay: »Aber ist die Unterstellung, daß dieses Telegramm vom Kapitän an Mr. Ismay gegeben wurde, damit er ihn beraten kann?«

Der Staatsanwalt: »Nein, nein.«

Sir Robert Finlay: »Dann weiß ich nicht, was die Unterstellung ist.«

Der Staatsanwalt: »Die Unterstellung ist, daß der Grund, warum er das Telegramm erhalten hat, war, daß er als Präsident der Reederei an Bord war und daß es für eine sehr ernste Meldung betrachtet wurde, daß er sie erhielt, damit er die Fakten bedenken und sich mit ihnen vertraut machen konnte. Sie wurde dem Kapitän zurückgegeben, wie wir wissen, als er darum bat. Der Grund, warum er sie erhielt, war, daß, wenn er irgendwelche Anweisungen zu geben hatte, der Zeitpunkt gekommen war, sie zu geben.«

Der Staatsanwalt deutet hier ganz offensichtlich darauf hin, daß er – entgegen allen Aussagen und seinen eigenen Beteuerungen – es doch für sehr wahrscheinlich hält, daß Ismay in die Navigation der *Titanic* eingegriffen hat. Gleichzeitig scheint er damit erfahren zu wollen, ob es von Lord Mersey gewünscht wird, weiter in diese Richtung zu ermitteln. Dabei besteht das Problem, daß weder der Kapitän noch der Schiffsarzt, die beide Ismays Angaben entweder stützen oder aber erschüttern können, überlebt haben.

Lord Mersey: »Ja, aber der wahre Punkt ist, daß er keine Anweisungen gab, deswegen scheint da nichts dran zu sein, außer daß es eine außergewöhnliche Sache ist, daß der Kapitän anstatt sie im Kartenraum auszuhängen, was er meiner Meinung nach hätte machen müssen, er sie an Mr. Ismay oder irgendeinen anderen gab, damit der sie in seine Tasche stecken konnte.«

Der Staatsanwalt: »Ja, und ich denke, es ist eine außergewöhnliche Sache, daß keine Unterhaltung stattfand.«

Sir Robert Finlay: »Da ist die Aussage, daß es keine gab.«

Der Staatsanwalt: »Ich glaube nicht, daß es keine gab.«

Sir Robert Finlay: »Mein Freund hat die Aussage.«

Der Staatsanwalt: »Ja, aber wir können nur die Aussage von einer einzigen Person bekommen.«

Sir Robert Finlay: »Wenn Mr. Ismays Wort in diesem Punkt angezweifelt wird, ist es eine andere Sache.«

Es wird also ganz offensichtlich vermutet, daß Ismay Anweisungen hinsichtlich Kurs und Geschwindigkeit der *Titanic* gab, doch dieser Vermutung wird nicht nachgegangen. Das liegt möglicherweise an Lord Mersey, der sich im Grunde sehr fair verhält, aber der auch mehrfach deutlich macht, daß er keine Neigung verspürt, zu einem Ergebnis zu kommen, das möglicherweise einen Prozeß nach sich zieht. Und es ist auch Lord Mersey, der mehrere Male Fragen von Thomas Scanlan, Vertreter der Seemänner und Heizer, Clement Edwards, Vertreter der Hafen- und Werftarbeiter, und Mr. Harbinson, Vertreter der 3.-Klasse-Passagiere, die eindeutig in die Richtung, daß Ismay den Kapitän beeinflußt oder ihm sogar Vorschriften gemacht hat, zielen, abblockt, ehe Ismay antworten kann. Offensichtlich haben Scanlan und Edwards, der mehrfach öffentlich feststellt, daß es Ismays Pflicht gewesen wäre, mit dem Schiff unterzugehen, als auch Harbinson weniger Hemmungen als der Staatsanwalt Sir Rufus Isaacs, Ismays wirkliche Rolle an Bord der *Titanic* aufzudecken. Aber Lord Mersey bremst diese drei Herren in ihrem Elan.

Als Scanlan zum Beispiel etwas heftiger nachhakt, mit welchem Recht Ismay als normaler Passagier sich in die Frage der Geschwindigkeit der *Titanic* einmischt, würgt Mersey ihn mit der Bemerkung: »Die Antwort auf die Frage, die Sie ihm gestellt haben, ist ganz offensichtlich. Er hat kein Recht, dem Kapitän Vorschriften zu machen« ab. Scanlan bleibt nur noch die Feststellung, Ismay könnte als Super-Kapitän agieren, ehe er dieses Thema fallenläßt. Und als Mr. Harbinson auf die Frage: »Sie sagten ›Es war unsere Absicht, mit voller Kraft voraus zu fahren‹?« von Ismay die Antwort: »Es was unsere Absicht, sie am Montag oder Dienstag für drei oder vier Stunden mit Höchstgeschwindigkeit fahren zu lassen, wenn das Wetter mitspielte«, erhält, kommentiert Lord Mersey das alles mit: »Ich bin oft auf diesen Dampfern gewesen, und ich habe sehr oft zu anderen Passagieren gesagt: ›Wir fahren viel zu schnell.‹ Das bedeutet aber nicht, daß ich irgendwas mit der Navigation zu tun hatte.« Keine Frage, Lord Mersey war ein Verteidiger Ismays.

Wenn schon die Sache mit der Eiswarnung der *Baltic* einen merkwürdigen Eindruck hinterläßt, ist da noch etwas anderes, was ebenfalls Ismays Rolle als »normaler Passagier« auf der *Titanic* durchaus in Zweifel zieht.

War es vor dem amerikanischen Untersuchungsausschuß noch Kapitän Smith, mit dem Ismay vor dem Verlassen Queenstowns über die Ankunftszeit in New York spricht, ist vor dem britischen plötzlich der Chefingenieur der *Titanic*, Joseph Bell, der Gesprächspartner gewesen, während das in New York unter Eid angegebene Gespräch mit dem Kapitän vor dem britischen Untersuchungsausschuß mit keiner Silbe mehr erwähnt wird. Als Zeugen für die Unterhaltung mit dem Chefingenieur benennt Ismay seinen Diener, und wie auch Bell hat der Diener nicht überlebt, so daß ein weiteres Mal nur Ismays Aussage in dieser Angelegenheit existiert. Die Unterhaltung mit Bell gibt Ismay wie folgt wieder:

> »Bell kam zu meinem Raum. Ich wollte wissen, wieviel Kohle sie an Bord hatte, weil der Kohlenarbeiterstreik im Gange war. Ich sagte ihm, daß ich es für unmöglich hielt, New York am Dienstag zu erreichen, deswegen war da kein Grund, sie zu prügeln. Ich sagte auch, daß wir am Mittwoch morgen um fünf Uhr in New York ankommen würden. Deswegen sagte ich ihm, keine zu hohe Geschwindigkeit zu fahren, sondern mit der Kohle zu wirtschaften. Ich sagte, daß wir die Möglichkeit hätten, sie am

Montag oder Dienstag für einige Stunden mit voller Kraft zu fahren.«

Diese Wiedergabe des Gesprächs deutet zum einen darauf hin, daß man sich an Bord der *Titanic* durchaus Sorge wegen des Kohlevorrates machte, zum anderen hinterläßt sie den Eindruck, daß Ismay den Chefingenieur eher noch gebremst hat. Das erweckt Zweifel an seiner Rolle als normaler Passagier, denn welcher normale Passagier spricht mit dem Chefingenieur des Schiffes über den Treibstoffvorrat, die Geschwindigkeit und die Ankunftszeit im Bestimmungshafen? Ismay verwickelt sich im weiteren Verlauf seiner Aussage in einen Widerspruch. Als er von Thomas Scanlan, dem Vertreter der Seeleute und Heizer, ins Kreuzverhör genommen und unter anderem auch zu seinem Gespräch mit Bell befragt wird, gibt es folgenden Dialog:

Mr. Scanlan: »Wer sagte, daß es möglich war, New York am Dienstag zu erreichen?«

Mr. Ismay: »Keiner. Mr. Bell sagte, wir könnten nicht am Dienstag ankommen. Ich sagte, daß ich davon ausging, daß wir das *Ambrose*-Feuerschiff am Mittwoch um fünf Uhr morgens erreichen werden.«

Ismays erste Aussage hinterließ noch den Eindruck, daß er Bell die Idee, New York am Dienstag zu erreichen, ausgeredet hätte.

Übrigens wird die Geschwindigkeit der *Titanic* nach dem Verlassen Queenstowns täglich erhöht, bis sie am Sonntag, also drei Tage später, über 22 Knoten fährt. Diese Tatsache wird in Verbindung mit einer Feststellung in einem Brief, den der 1. Offizier William McMaster Murdoch am 11. April vor dem Erreichen Queenstowns an seine Eltern schreibt und der von Queenstown aus abgeschickt wird, ausgesprochen interessant. Murdoch schreibt:

»... doch wegen des Kohlenarbeiterstreiks fahren wir nur mit 19 oder 20 Knoten.«

Das zeigt zum einen, daß der Kohlevorrat der *Titanic* äußerst knapp war, aber außerdem deutet es schon sehr stark darauf hin, daß Ismay auf die Geschwindigkeit der *Titanic* und damit auf die Ankunftszeit in New York Einfluß genommen hat. Der Brief wurde geschrieben, bevor das Gespräch zwischen Ismay und Bell stattgefunden hat, und auch das Gespräch zwischen Ismay und Kapitän Smith über die Ankunft in New York, das Ismay am 19. April 1912 vor dem amerikanischen Untersuchungsausschuß beichtet, ist erst nach dem Schreiben der zitierten Briefpassage geführt worden. Vor diesem Gespräch bzw. den Gesprächen bestand ganz offensichtlich die Absicht, nur mit 19 bis 20 Knoten zu fahren. Der Kohlenarbeiterstreik wird als Grund dafür angegeben. Ein anderer Kapitän hat vor dem britischen Untersuchungsausschuß ebenfalls ausgesagt, daß er wegen des Kohlenarbeiterstreiks nicht die maximale Geschwindigkeit seines Schiffes fahren kann, sondern eine geringere Geschwindigkeit wählen muß, um weniger Kohle zu verbrauchen. Eine Frage, die sich förmlich aufdrängt, ist, was gewesen wäre, wenn Scanlan, Harbinson und Edwards den Brief von Murdoch an dessen Eltern gekannt hätten.

Natürlich sagt Ismay, daß beabsichtigt war, erst am Mittwoch morgen anzukommen und nicht schon am Dienstag abend. Er sagte, daß er auch keine frühere Ankunft wünschte, sonst wäre er womöglich sehr schwer in Bedrängnis geraten. Doch weder Smith noch Bell noch Ismays Diener können zu den Gesprächen befragt werden. Man muß also Ismays Aussage als gegeben hinnehmen. Allerdings wirft eine kurze Rechenübung ein anderes Licht auf die ganze Angelegenheit:

Die *Olympic* benötigt für eine Überfahrt fünf Tage und sieben Stunden. Wäre die *Titanic* am Mittwoch morgen in New York angekommen, hätte ihre erste Passage fünf Tage, 19 Stunden und 20 Minuten gedauert[17]. Eine überschlägige Rechnung ergibt, daß die *Titanic* zum Zeitpunkt ihrer Kollision mit dem Eisberg 46 Stunden von New York entfernt war, vorausgesetzt, sie schaffte eine Durchschnittsgeschwindigkeit von 22 Knoten[18]. Das hätte gleichzeitig eine Ankunftszeit von Dienstag abend 17 Uhr ermöglicht, also genau das, was Ismay angeblich nicht erreichen wollte. Die Durchschnittsgeschwindigkeit von 22 Knoten ist durchaus gewährleistet gewesen, schließlich war angedacht, die *Titanic* am Montag oder Dienstag für einige Stunden voll auszufahren. Schon zum Zeitpunkt der Kollision mit dem Eisberg fuhr sie nach Angaben von einigen Besatzungsmitgliedern und Offizieren zwischen 22 und 22,5 Knoten. Wäre die *Titanic* am Dienstag abend 17 Uhr in New York angekommen, hätte sie eine Überfahrt in fünf Tagen, sieben Stunden und 20 Minuten geschafft, was in etwa der Leistung der *Olympic* entspricht. Diese Zahlen stimmen dann schon wieder zu sehr überein, als daß man nur Zufall darin vermuten möchte. Ismay wäre sicherlich nicht Ismay, wenn er nicht die Werbemöglichkeit, die darin steckte, einem triumphalen Empfang der *Titanic*, der am Mittwoch morgen eher möglich gewesen wäre als am Dienstag abend, durchaus vorgezogen hätte. Die *Titanic* schafft schon auf ihrer Jungfernfahrt dieselbe Zeit, die ihr älteres Schwesterschiff für die gleiche Route benötigt – das ist doch etwas! Und wenn New York am 17. April morgens erwacht, liegt die *Titanic* am White-Star-Pier. Selbst eine Ankunft um 17 Uhr abends ermöglicht immer noch einen Empfang, der der *Titanic* durchaus würdig ist.

Da aber vor Queenstown noch geplant ist, nicht schneller als 20 Knoten zu fahren, ist es einfach zu verlockend, das Gespräch zwischen Ismay und dem Kapitän sowie das Gespräch zwischen Ismay und Bell mit der wirklich gefahrenen Geschwindigkeit in Verbindung zu bringen. Und auch wenn Ismay es abstreitet: Die Initiative für die höhere Geschwindigkeit und die dann damit verbundene frühere Ankunftszeit in New York muß von ihm ausgegangen sein[19]. Nur kann er das vor den Untersuchungsausschüssen nicht zugeben, denn dann hätte selbst Lord Mersey ihm wenigstens eine Teilschuld an der Katastrophe zusprechen müssen.

Abschließend ergibt das Folgendes:

Ismay spricht Kapitän Smith auf die Ankunftszeit in New York an. Smith sagt, er plane, daß die *Titanic* am Mittwoch morgen ankommen wird. Ismay fragt, ob auch eine Ankunft am Dienstag, aber nicht in der Nacht, möglich ist. Smith verweist auf den Kohlenvorrat sowie die Maschinen, die erst eingefahren werden müssen, stellt aber möglicherweise heraus, daß, wenn Bell keine Einwände hat, er durchaus bereit ist, Ismays Wunsch zu entsprechen und am Dienstag nachmittag in New York anzukommen. Ismay unterhält sich mit Bell – vielleicht auf Anraten des Kapitäns, vielleicht aber auch aus eigener Initiative, um Smith mit den Angaben Bells zu konfrontieren und unter Druck zu setzen. Bell stellt klar, daß mit der Kohle gewirtschaftet werden muß, bietet jedoch an, die Geschwindigkeit allmählich zu erhöhen und die *Titanic* für einige Stunden auch mal voll auszufahren. Eine Kalkulation von Smith, oder einem der Offiziere, ergibt dann die zu fahrenden Geschwindigkeiten sowie die voraussichtliche Ankunftszeit in New York: Dienstag 17 Uhr anstatt Mittwoch fünf Uhr morgens.

Doch dann erreichen Eiswarnungen die *Titanic*, und die Eiswarnung der *Baltic* berichtet von einem Eisfeld und auch Eisbergen, die auf den geplanten Kurs der *Titanic* zutreiben. Die *Titanic* wird dieses Eis in den Nachtstunden erreichen. Smith zeigt Ismay die Eiswarnung, erklärt ihm höchstwahrscheinlich, daß er aus Sicherheitsgründen entweder einen deutlich südlicheren Kurs fahren oder aber die Geschwindigkeit reduzieren muß und deswegen die Ankunftszeit

Dienstag, 17 Uhr nicht mehr gewährleisten kann. Ismay macht deutlich, was er von Smith erwartet: Er steckt die Eiswarnung einfach in seine Tasche. Vielleicht weist Ismay Smith noch darauf hin, daß er die *Titanic* kommandiert und nicht irgendein anderes Schiff, vielleicht sagt Ismay irgendwas in der Art: »Je schneller wir fahren, um so schneller sind wir durch« oder aber »Augen zu und durch«. Vielleicht macht Ismay Smith auch noch in aller Deutlichkeit darauf aufmerksam, daß er die besten Senior-Offiziere hat, die die White Star Line aufbieten kann. Diese Offiziere fahren sogar alle unter ihren eigentlichen Rängen. Smith versteht: Es muß bei der Ankunft am Dienstag nachmittag bleiben. Die Eiswarnung erhält er dann auch erst von Ismay zurück, als er ihn direkt darauf anspricht.

Das ist natürlich genau das Gegenteil davon, was Ismay vor den Untersuchungsausschüssen aussagt, aber es gibt keine anderen Zeugen. Ismay hat zum Beispiel auch nie gesagt, mit welchen Passagieren er – angeblich – zusammen war, als Smith ihm die Eiswarnung der *Baltic* gab und er sofort weiterging, ohne daß irgendwelche Worte gewechselt wurden. Alle, die er namentlich nennt, haben nicht überlebt. Doch es gibt die Widersprüche in Ismays Aussagen. Es gibt die laut ausgesprochenen Zweifel des Staatsanwalts, denen aber nicht weiter nachgegangen wird. Es gibt den Brief von William McMaster Murdoch an seine Eltern, in dem er die Geschwindigkeit mit 19 bis 20 Knoten angibt, und es gibt die Übereinstimmung an Fahrzeiten zwischen *Olympic* und *Titanic*, wenn die *Titanic* am Dienstag um 17 Uhr in New York angekommen wäre. Da Ismay, besonders in den USA, schon zu erklären hat, warum er überlebte, während so viele andere Passagiere, unter ihnen auch einige amerikanische Multimillionäre, umgekommen sind, hat er mit Sicherheit keine Neigung verspürt, zuzugeben, daß er durch das Festlegen der Ankunftszeit in New York Kurs und Geschwindigkeit der *Titanic* bestimmte. Immerhin ist die Öffentlichkeit ziemlich empört darüber, daß die *Titanic* mit voller Kraft voraus fuhr, obwohl die Schiffsführung wußte, daß Eis in der Nähe oder sogar auf dem Kurs war. Eine Überlebende sagt sogar: »Es war unvorsichtig und verantwortungslos. Es ist unsinnig, darüber zu reden.«[20]

Bleibt nur noch die Frage, warum Kapitän Smith sich solche Vorschriften machen läßt. Ein Kapitän war, ist und bleibt der Alleinherrscher, der nur noch Gott über sich hat, auf einem Schiff, sobald es auf See ist. Alles liegt in seinem Ermessen, und wenn etwas schiefgeht, ist er verantwortlich. Doch das ist nur Theorie, und die Anwesenheit des Chefs der Reederei kann die Ausgangslage enorm ändern. Zwar haben alle Kapitäne, die vor den Untersuchungsausschüssen als Zeugen ausgesagt haben, bestätigt, daß keiner von der Reederei, selbst wenn einer von den Direktoren an Bord mitfährt, das Recht hat, in die Navigation einzugreifen, und auch keiner dies tue – allerdings muß bei diesen Aussagen bedacht werden, daß fast alle vorgeladenen Kapitäne zu Reedereien gehören, die Teil der IMM sind. Damit ist Ismay auch Vorgesetzter dieser Kapitäne. Kein Angestellter, der alle seine Sinne beisammen hat, belastet seinen Chef, wenn es auch die Möglichkeit gibt, ihn zu entlasten. Damit bleibt nur die Aussage, die Kapitän Arthur Henry Rostron von der Cunard Line, die nicht zur IMM gehört, vor dem amerikanischen Untersuchungsausschuß gemacht hat:

Senator Smith: »Von wem erhalten Sie Befehle?«

Rostron: »Von keinem.«

Senator Smith: »Auf dem Schiff?«

Rostron: »Auf See, sofort nachdem ich den Hafen verlassen habe, bis ich im Hafen ankomme, hat der Kapitän absolute Befehlsgewalt und nimmt von keinem Befehle an. Ich habe es weder in unserer Reederei noch von anderen großen Reedereien gehört, daß ein Direktor oder Besitzer Befehle für das Schiff erläßt. Es spielt keine Rolle, wer an Bord kommt, sie sind entweder Passagiere oder Besatzungsmitglieder. Sie haben keinen offiziellen Status und auch keinerlei Autorität.

Doch in seiner Aussage wirft Rostron noch einen anderen Gesichtspunkt auf:

Senator Smith: »Sie sagen, der Kapitän eines Schiffes hat die absolute Befehlsgewalt und Entscheidungsfreiheit über alle Bewegungen seines Schiffes?«

Rostron: »Absolut. Ich möchte das jedoch qualifizieren. Vom Gesetz her hat der Kapitän des Schiffes die absolute Befehlsgewalt, doch nehmen wir mal an, daß die Besitzer des Schiffes uns Befehle erteilen, eine bestimmte Sache zu machen, und wir führen sie nicht aus. Die einzige Sache ist dann, daß uns eine Entlassung droht.«

Nun steht Smith bereits kurz vor seinem Ruhestand, und es gibt Gerüchte, daß er nach der ersten Rundreise der *Titanic* seine Laufbahn zur See beenden wollte. Es erscheint schon unverständlich, daß er sich von Ismay unter Druck setzen ließ. Unterstellungen ohne einen Beleg haben hier keinen Platz. Mrs. Ryerson allerdings soll gemäß Mrs. Douglas gesagt haben, daß Ismay eine sehr brüske Art hatte. Das hat womöglich jede Diskussion zwischen ihm und Smith über Kurs und Geschwindigkeit der *Titanic* beendet, noch ehe sie begonnen hatte. Außerdem ist Smith bereits so lange im Geschäft, daß die Macht der Gewohnheit, nämlich den Wünschen Ismays unbedingt entsprechen zu wollen, vielleicht zu stark war, um sie auf der *Titanic* abzuschütteln.

Welche Gründe es auch immer waren, die Smith bewogen haben, Ismay einen Gefallen zu tun und zu versuchen, bereits am Dienstag, dem 16. April, gegen 17 Uhr New York zu erreichen, sie führen in eine Sackgasse, die in einer Katastrophe endet und in der fast 1500 Menschen ihr Leben verloren.

Anmerkungen

1 *Hawke* = der Kreuzer, mit dem die *Olympic* unter Smiths Kommando im September 1911 kollidierte.

2 Lt. Gary Cooper, *The Man Who Sank the Titanic? The Life and Times of Captain Edward J. Smith,* ISBN 0 9508981 7 1

3 Gemäß Kommodore Sir James Bisset in seiner Autobiographie »Tramps & Ladies« (Angus & Robertson, 1959) ist das Extra Master Patent über dem Kapitänspatent angesiedelt, da in der Prüfung höhere Ansprüche gestellt werden.

4 Die besonders in Deutschland verbreitete Meinung, daß die *Titanic* den Atlantik mit einem Weltrekord überqueren und das Blaue Band holen sollte, ist grundsätzlich falsch. 1912 hielt die *Mauretania* das Blaue Band. Dieses Schiff schaffte eine Atlantikpassage in viereinhalb Tagen, die *Titanic* hätte über fünf Tage benötigt. Auch das Verhältnis Tonnage/PS führt die Behauptung, daß die *Titanic* das Blaue Band gewinnen sollte, ad absurdum. Die *Mauretania* hatte ca. 35 000 BRT und entwickelte über 70 000 PS, die *Titanic* hatte ca. 45 000 BRT und konnte ca. 55 000 PS leisten. Sie war also größer und schwerer und hatte eine geringere Antriebsleistung, deswegen konnte sie die Geschwindigkeit der *Mauretania* nicht erreichen.

5 Laut *A Tribute to the Engineering Staff,* Reprint 1992, anläßlich des 80. Jahrestages der Katastrophe; produziert von The Institute of Marine Engineers, Guild of Benevolence, hatte die *Titanic* eine Antriebsleistung von mindestens 55 000 PS, die *Olympic* verfügte über 50 000 PS. Dieses Detail war in der Öffentlichkeit offensichtlich nicht bekannt, aber die Reederei wußte davon – wie Ismays Aussage vor dem britischen Untersuchungsausschuß eindeutig zeigt –, und das hat die Erwartungshaltung der Reederei an die *Titanic* weiter erhöht.

6 Die Baukosten der *Titanic* betrugen nach Angaben von Ismay vor dem amerikanischen Untersuchungsausschuß US$ 7 500 000 beziehungsweise vor dem britischen Untersuchungsausschuß ca. £ 1 500 000 – nach damaligem Wert. Der Betrieb eines Schiffes verursacht laufende Kosten, und letztendlich ist eine Reederei kein Wohltätigkeitsunternehmen, es geht nur darum, einen möglichst hohen Gewinn zu erzielen.

7 Der Ausbruch des 1. Weltkrieges macht jedoch einen Strich durch diese Rechnung. Die *Britannic*, so der Name des dritten Schiffes der *Olympic*-Klasse, wurde erst 1915 fertiggestellt und dann gleich als Lazarettschiff genutzt. Die *Britannic* lief 1916 in

der Ägäis auf eine Mine und sank, ohne jemals für die White Star Line im kommerziellen Dienst gefahren zu sein.

8 In einem Übereinkommen aller auf dem Nordatlantik im Passagierdienst verkehrenden Reedereien wurden um die Jahrhundertwende verbindliche Routen festgelegt, an die sich alle halten wollten. Es gab Sommer- und Winterrouten, wobei die Winterrouten kürzer waren. Sie wurden – nach Angaben von Kapitän Rostron vor dem amerikanischen Untersuchungsausschuß – von September bis Januar befahren. Von Februar bis August benutzten die Schiffe die längere Sommerroute, die weiter südlich verlief und normalerweise so gut wie eisfrei blieb.

9 Besatzungsmitglieder im Offiziersrang mußten zwar, wie die einfachen Besatzungsmitglieder, vor jeder Reise anmustern, doch im Gegensatz zu den anderen Besatzungsmitgliedern bestand ihr Beschäftigungsverhältnis mit der Reederei auch nach Ende der Fahrt fort. Wenn Offiziere auf kein Schiff abkommandiert worden waren, erhielten sie von der Reederei sogenannte »half pay«, d. h. die Hälfte der regulären Heuer. Nur wenn ein Offizier nicht mehr bei der Reederei bleiben wollte oder aber sein Arbeitgeber keinen Wert mehr auf seine Dienste legte, wurde er abgemustert.

10 Hierbei handelt es sich um das sogenannte Groblog, das vom Chief Officer in das »richtige« Log umgetragen wird. Das Logbuch des Chief Officers ist das offizielle Log.

11 Auch wenn alle Publikationen über die *Titanic*, in denen das Alter des Chief Officers genannt wird, die Musterrolle und selbst Wildes Grabstein behaupten, er sei 38 Jahre alt gewesen, ist das falsch. Gemäß seiner Geburtsurkunde, die von Geoff Whitfield, British *Titanic* Society, im Oktober 1996 eingesehen wurde, wurde Wilde am 21. September 1872 geboren, und damit ist er im April 1912 39 Jahre alt gewesen.

12 Die *Oceanic* war das erste Schiff, das von der Tonnage her größer war als die *Great Eastern,* ein Versuchsschiff des Ingenieurs Brunel, das im 19. Jahrhundert das größte Schiff der Welt, aber ihrer Zeit einfach um 50 Jahre voraus, war. Mit der *Oceanic* setzte die White Star Line auch ihr Konzept, mehr auf Komfort als auf Schnelligkeit zu setzen, durch. Dieses Programm war so erfolgreich, daß die Hamburg–Amerika-Linie, ein scharfer Konkurrent auf dem Nordatlantik, es nachahmte.

13 Angabe von Harold Sanderson vor dem britischen Untersuchungsausschuß.

14 Vorsitzender des amerikanischen Untersuchungsausschusses

15 Telegramme, die per Funk übermittelt wurden, bezeichnete man auch nach deren Erfinder Marconi als »Marconigramm« oder eben »Marconi-Nachricht«.

16 Das heißt, die Geschwindigkeit erhöhen.

17 Angaben vom Staatsanwalt vor dem britischen Untersuchungsausschuß.

18 Berechnungsgrundlage: Die *Carpathia* brauchte von der Stelle, an der sie die Rettungsboote aufnahm, bis nach New York ungefähr dreieinhalb Tage, also etwa 84 Stunden. Sie ist – wegen des Eises – nicht den für die Jahreszeit vorgeschriebenen Schiffahrtsweg gefahren, der für die *Titanic* als Route beabsichtigt war, sondern südlich davon geblieben. Das verlängerte die Strecke. Bei einer Durchschnittsgeschwindigkeit der *Carpathia* von 10 Knoten waren es 840 Seemeilen. Ein Schiff, das 22 Knoten macht, braucht für die 840 Seemeilen etwas über 38 Stunden. Die Kollision der *Titanic* fand am 14.4. gegen 22.10 Uhr New Yorker Zeit statt. 38 Stunden weiter gerechnet, ergibt das den 16.4. (Dienstag) 14 Uhr als Ankunftszeit. Allein schon die überschlägige Rechnung zeigt, daß eine Ankunft der *Titanic* am Dienstag abend näher lag als eine Ankunft am Mittwoch morgen.

19 Der Sohn von James McGiffin, 1912 Hafenkapitän der White Star Line in Queenstown, schrieb in einem Brief, Lightoller hätte seinem Vater berichtet, daß Ismay Kapitän Smith Geschwindigkeit und Ankunftszeit in New York vorschrieb.

20 Mrs. Stuart White vor dem amerikanischen Untersuchungsausschuß.

Eisige Warnungen

Nordatlantik, 14. April 1912. Es ist ein schöner Tag, eigentlich viel zu schön für die Jahreszeit und das Seegebiet. Die *Titanic* macht ihren Weg durch die schwach bewegte See. Sie hat sich Nordamerika inzwischen so weit genähert, daß die Funkstation, die über eine hohe Sendeleistung verfügt, in den Abendstunden mit der Landstation Cape Race auf Neufundland direkt in Verbindung treten kann. Und während die Passagiere einen weiteren sorgenfreien Tag an Bord genießen, wissen Kapitän und Offiziere des Schiffes, daß sie den kritischsten Teil der Route nach New York in der Nacht erreichen werden und durchqueren müssen. Eiswarnungen, die bekannt wurden, als die *Titanic* noch in Southampton lag, sowie weitere Meldungen von Schiffen, die während der Reise von der Funkstation empfangen wurden, haben bereits darauf hingedeutet, daß das Eis früher als üblich und in größeren Mengen als in anderen Jahren auf den Schiffahrtsweg nach New York zutreibt. Allerdings zeigen all diese Warnungen nur Eis in einer sicheren Distanz nördlich zur Route der *Titanic* an.[1] Auch am 14. April erhält die *Titanic* Eiswarnungen. Diese Warnungen ergeben ein ganz anderes Bild der Lage.

Die Meldungen des 14. April 1912 unkommentiert und in chronologischer Reihenfolge:

Caronia an *Titanic*:

»Nach Westen fahrende Dampfer melden Eis auf 42° Nord von 49° bis 51° West am 12. April.« (von der *Titanic* am 14.4. 1912 vormittags empfangen)

Baltic an *Titanic*:

»Griechischer Dampfer *Athinai* meldet das Passieren von Eisbergen und große Mengen an Eis heute auf 41° 51' nördlicher Breite,

49° 52' westlicher Länge.«[2] (von der *Titanic* um die Mittagszeit empfangen)

Baltic an *Titanic*:

»Eine Anzahl an Dampfern haben Eis und Eisberge passiert auf Positionen auf der südlichen Route nach New York, die von 49° 9' bis 50° 20' westliche Länge variieren.«[3] (von der *Titanic* um die Mittagszeit empfangen)

Amerika an das Hydrographische Institut in Washington über *Titanic* und Cape Race:

»*Amerika* passierte am 14. April zwei große Eisberge auf 41° 27' Nord, 50° 8' West.« (von der *Titanic* am frühen Nachmittag empfangen und abends, als Funkverbindung mit Cape Race bestand, weitergeleitet)

Californian an *Titanic*:

»Auf 42° 3' nördlicher Breite und 49° 9' westlicher Länge waren drei große Eisberge fünf Meilen südlich von uns.« (gegen 19.30 Uhr Schiffszeit von der *Titanic* empfangen)

Mesaba an *Titanic*:

»Eismeldung. Von 42° bis 41° 25' nördlicher Breite, 49° bis 50° 30' westlicher Länge sahen wir viel schweres Packeis und eine hohe Anzahl an großen Eisbergen, auch Treibeis. Wetter gut, klar.« (gegen 21.45 Uhr Schiffszeit *Titanic* empfangen)

Vor dem britischen Untersuchungsausschuß läßt Staatsanwalt Sir Rufus Isaacs den 4. Offizier der *Titanic*, Joseph Groves Boxhall, fünf dieser sechs Eiswarnungen in eine Seekarte einzeichnen, in der auch der Kurs der *Titanic* markiert ist. Die erste Eiswarnung der *Baltic* fehlte in diesem Zusammenhang.

Sir Rufus Isaacs: »Nun, ist die Position, die von der *Baltic* angegeben wurde, in diesem Rechteck?«

Boxhall: »Ja, sie ist darin.«

Sir Rufus Isaacs: »Ist die von der *Caronia* angegebene Position in diesem Rechteck?«

Boxhall: »Ja, und die Position von der *Amerika* und der *Californian*.«

Sir Rufus Isaacs: »Ist die Unglücksstelle in diesem Rechteck?«

Boxhall: »Ja.«

Lord Mersey: »Demnach, um es zu summieren, nachdem diese Meldungen erhalten wurden und so lauteten, wie sie hier angegeben wurden, demnach fuhr der Dampfer auf einem Kurs durch einen rechteckigen Bereich und war gewarnt worden, daß Eisberge nördlich und Eisberge südlich von ihr waren?

Boxhall: »Ja, Sie haben recht, wenn sie sagen, daß der Dampfer in der Position sank.«

Lord Mersey: »Aber er dampfte für einige Zeit dadurch, oder?«

Boxhall: »Er muß es getan haben.«

Lord Mersey: »Können Sie uns eine Erklärung geben, warum es solche Navigation geben sollte?«

Boxhall: »Ich glaube nicht für einen Moment, daß wir alle diese Warnungen hatten.«

Lord Mersey: »Angenommen, daß die Warnungen bekannt waren, wie kann es sein, daß es der *Titanic* erlaubt wurde, ihren Weg durch eine so gefährliche Region zu pflügen?«

Boxhall gibt keine Antwort.

Die Eiswarnungen sind im Fall *Titanic* ein ganz zentraler Punkt, denn mit diesen Meldungen haben andere Schiffe der *Titanic* die Existenz von Eis dicht bei, direkt auf und sogar südlich von ihrem Kurs berichtet. Die *Titanic* aber ändert die Geschwindigkeit gar nicht und den Kurs nur ganz leicht. Wenn alle Eiswarnungen die Brücke und damit den Kapitän erreicht haben, ist der Schiffsführung bekannt, daß die *Titanic* mit voller Kraft voraus mitten durch ein Eisfeld fährt. Dann wäre ein Urteil »Fahrlässigkeit seitens des Kapitäns« kaum noch zu vermeiden gewesen. Keine Versicherung hätte bezahlt und die Reederei Schadensersatz in einer nicht unerheblichen Summe leisten müssen.

Deswegen ist hinsichtlich der Eiswarnungen die Verteidigungsstrategie der White Star Line, nicht zuzugeben, welche dem Kapitän und den Offizieren der *Titanic* bekannt waren. Bei Boxhalls Aussage verspürt man fast Mitleid mit dem Offizier, der angesichts der Tatsachen auf der Seekarte nicht mehr weiß, wie er sich an diese Strategie halten soll. Wenn es auch an dieser Stelle so scheint, daß sich der Strick zusammenzieht, gelingt es der White Star Line trotzdem, den Verdacht der Fahrlässigkeit abzuweisen. Dabei helfen die überlebenden Offiziere, und die Tatsache, daß der Funker, der bis auf die Meldung der *Californian* um 19.30 Uhr abends alle Eiswarnungen des 14. April angeblich aufnahm, nicht überlebt hat, wird rücksichtslos ausgenutzt. Daß die Eiswarnungen die Funkstation der *Titanic* erreichen, läßt sich anhand der Funklogbücher der sendenden Schiffe beweisen, aber es läßt sich bei einigen Warnungen nicht belegen, daß sie den Funkraum der *Titanic* in Richtung Brücke verlassen haben. Die Offiziere bestreiten hartnäckig die Kenntnis dieser Warnungen. Aber auch ihnen unterlaufen Fehler in ihren Aussagen, nur haben sie Glück, daß an diesen Punkten nicht nachgefragt wird.

Der amerikanische Untersuchungsausschuß wird von *Titanic*-Autoren als der bessere und effektivere angesehen, der der Wahrheit näher kommt. Es ist zu offensichtlich, daß der Vorsitzende des britischen Untersuchungsausschusses sehr bestrebt ist, die White Star Line zu schützen. Dennoch ist der britische Untersuchungsausschuß nicht nur in Sachen Eiswarnungen viel ergiebiger als der amerikanische, da intensiver zu allen Themen, die direkt mit der Katastrophe in Verbindung stehen, nachgeforscht wird. Doch als sich die Wahrheit abzeichnet, gibt es erfolgreiche Bemühungen, diese zu vertuschen.

Ein wichtiger Zeuge, der in Großbritannien aussagt, ist Mr. Turnbull, ein Manager der Marconi International Communication Company. Turnbulls Aussage erfolgt einen Tag nach Boxhalls Auftritt im Zeugenstand, der vor der Seekarte mit dem ominösen Rechteck endete. Der 4. Offizier der *Titanic* hat mit Sicherheit keinen besonders starken Eindruck hinterlassen. Die White Star Line und deren Juristen haben zweifellos die Unterbrechung der Verhandlung genutzt, um die Lage zu diskutieren, denn Sir Robert Finlay, Vertreter der White Star Line vor dem britischen Untersuchungsausschuß, erklärt vor Turnbulls Aussage, daß er die Absicht hat, Lightoller und Boxhall erneut in den Zeugenstand zu rufen und sie zum Thema Eiswarnungen zu befragen. Welchen Kurs die White Star Line einschlagen will, deutet Finlay an, indem er klarstellt: »Ich denke, daß der Funker in keiner Weise ein Angestellter der Reederei ist. Natürlich steht auch er unter der Disziplin des Schiffes, aber er ist von der Marconi-Gesellschaft angestellt.«

Lord Mersey entgegnet darauf: »Ja, aber er ist da, um den Leuten, die das Kommando über das Schiff haben, alle Meldungen mitzuteilen, die die Navigation des Schiffes betreffen könnten.«

Finlay ist sich seiner Sache absolut sicher: »Ich denke, wir sollten in der Lage sein, Ihre Lordschaft davon zu überzeugen, daß die Nachrichten der *Amerika* und der *Mesaba* nicht an die Offiziere der *Titanic* weitergeleitet wurden.«

Die Warnungen der *Amerika* und der *Mesaba* sind die kritischsten von allen, denn die *Amerika* meldet die Sichtung von Eisbergen südlich vom Kurs der *Titanic*, was ein eindeutiges Indiz dafür ist, daß das Eis für die Jahreszeit bereits ungewöhnlich weit nach Süden vorgedrungen ist und die *Titanic* auf ihrer Route mit Eis rechnen muß. Mit der Meldung der *Mesaba* läßt sich das Rechteck bilden, das der Staatsanwalt Boxhall in die Seekarte einzeichnen ließ und das anzeigt, daß der Kurs der *Titanic* schon in den Stunden vor der Katastrophe mitten durch ein Eisfeld führte. Für die White Star Line ist es daher von großer Wichtigkeit, daß diese Eiswarnungen weder dem Kapitän noch den Offizieren bekannt waren. Bei allen anderen Eiswarnungen kann man sich noch damit herausreden, daß sie Eis nördlich vom Kurs der *Titanic* anzeigten und kein Anlaß zu besonderen Vorsichtsmaßnahmen bestand. Die überlebenden Offiziere müssen den Eindruck hinterlassen, daß niemand ernsthaft damit rechnete, Eis zu sichten. Dafür ist es wichtig, daß möglichst wenig Eiswarnungen auf der Brücke der *Titanic* bekannt waren. Mr. Turnbull von der Marconi Company, ist im Besitz der Funklogbücher von allen Marconi-Stationen und hat damit Informationen, die den Absichten der White Star Line gefährlich werden können.

> Staatsanwalt: »Haben Sie einen Eintrag in dem Logbuch, der zeigt, daß der Funker der *Caronia* am 14. April um 7.10 Uhr morgens[4] an die *Titanic* sandte?
>
> Turnbull: »Ja, die Nachricht lautet: ›Kapitän, *Titanic*, nach Westen fahrende Dampfer melden Eisberge, Kälber[5] und Treibeis am 12. April auf 49° bis 51° West.‹«
>
> (...)
>
> Staatsanwalt: »Haben Sie eine Empfangsbestätigung der *Titanic*?«
>
> Turnbull: »Ja.«
>
> Staatsanwalt: »Man stimmt darin überein, daß 12. April bedeutet, daß das Eis an dem Tag gesehen wurde. Wie lautete die Antwort?«
>
> Turnbull: »Sie ist datiert mit 13.26 Uhr, 14. April, und lautet: ›Danke für die Nachricht und Information. Hatten die ganze Zeit wechselhaftes Wetter.‹«

An dieser Antwort sind zwei Sachen auffällig. Zuerst einmal – auch wenn es unwichtig ist – macht es stutzig, daß die *Titanic* sagt, daß sie »wechselhaftes Wetter« hatte, denn diese Angabe wird von allen

Zeugen widerlegt. Alle Überlebenden sind sich darin einig, daß das Wetter die ganze Zeit schön war. Das ist übrigens so ziemlich der einzige Punkt, in dem alle Zeugen übereinstimmen. Viel bedeutsamer im Zusammenhang mit den Eiswarnungen ist aber die Tatsache, daß zwischen Sendung der Warnung und Empfang der Antwort über sechs Stunden verstrichen sind. Es spielt keine Rolle, ob es nun Schiffszeit *Caronia* oder New Yorker Zeit ist – sechs Stunden sind sechs Stunden, egal in welcher Zeit.

Staatsanwalt: »Haben Sie einen Beleg über die *Amerika*-Nachricht?«

Turnbull: »Ja. Wir haben ein Telegramm, das von dem Dampfer *Amerika* der Hamburg–Amerika-Linie über die *Titanic* und Cape Race an das Hydrographische Institut in Washington gesendet wurde, und es lautet: ›*Amerika* meldet, daß sie zwei große Eisberge auf 41° 27' Nord, 50° 8' West passiert hat, 14. April, Zeit: 11.45 Uhr morgens.‹ Da ist auch ein Eintrag bei Cape Race, der besagt: ›Direkt von der *Titanic* empfangen, 14. April, Dampfer *Amerika* via *Titanic*, *Amerika* passierte zwei große Eisberge auf 41° 27' Nord, 50° 8' West, 14. April.‹«

Lord Mersey: »Diese Nachricht überzeugt mich, daß die Meldung den Marconi-Operator auf der *Titanic* erreichte und daß sie von ihm an Cape Race weitergeleitet wurde.«

Staatsanwalt: »Schließt das Senden dieser Nachricht an das Hydrographische Büro über die *Titanic* mit ein, daß der Funker der *Titanic* sie niederschrieb?«

Turnbull: »Ja, in all solchen Fällen schreibt er sie nieder. Wir erlauben es ihnen nicht, sich auf die Erinnerung zu verlassen.«

Staatsanwalt: »Wie ist so eine Meldung normalerweise zu behandeln?«

Turnbull: »Normalerweise wird es als private Nachricht betrachtet, doch der Funker, der sieht, daß sie wichtig ist und daß sie eine Information enthält, die der Kapitän haben sollte, würde sie sofort an ihn weiterleiten.«

(...)

Staatsanwalt: »Haben Sie Unterlagen über die Nachrichten zwischen der *Baltic* und der *Titanic* am 14. April?«

Turnbull: »Ja. Im Logbuch heißt es: ›11.55 Uhr morgens, 14. April, sendete zwei an die *Titanic*.‹ Da ist auch ein Eintrag, der besagt, daß eine Antwort um 12.55 Uhr empfangen wurde. Die Nachricht selbst lautet: ›11.52 Uhr, haben mäßige, umlaufende

Winde und klares, schönes Wetter seit dem Auslaufen gehabt. Ein griechischer Dampfer meldet das Passieren von Eisbergen und große Mengen an Treibeis heute auf 41° 51' nördlicher Breite, 49° 52' westlicher Länge. Letzte Nacht sprach ich mit dem deutschen Öltanker *Deutschland*, auf dem Weg von Stettin nach Philadelphia, er ist nicht unter Kontrolle, hat Kohlenmangel, 40° 42' nördliche Breite, 55°11' westliche Länge. Er wünscht, daß es an New York und andere Dampfer gemeldet wird. Wünsche der *Titanic* allen Erfolg.‹ Dann ist da die Antwort, die lautet: ›*Baltic* Büro, 14. April. Empfangen von der *Titanic* um 12.55 Uhr, an den Kapitän der *Baltic*: Danke für die Nachricht und die guten Wünsche. Hatten schönes Wetter seit der Ausreise. Smith.‹«

Von geringer Bedeutung, aber trotzdem interessant ist, daß Kapitän Smith einem anderen Schiff seiner Reederei mitteilt, daß er seit dem Verlassen Southamptons schönes Wetter hatte. In der Nachricht an die *Caronia*, die zur Cunard Line und damit zum härtesten britischen Konkurrenten der White Star Line gehört, hat er noch von »wechselhaftem Wetter« gesprochen. Auffällig ist auch, daß Smith gerade mal 63 Minuten benötigt, um einem anderen Schiff der White Star Line auf eine Eiswarnung und auf gute Wünsche zu antworten. Mit einer Antwort an die *Caronia* hat er sich noch die sechsfache Zeit gelassen.

Lord Mersey: »Ich registriere, daß diese Eiswarnungen zeigen, daß Eis nur einen Hauch nördlich von der südlichen Route gesehen wurde.«

Staatsanwalt: »Ich denke, Ihre Lordschaft wird feststellen, daß diese hier die dichteste von allen ist.«

Sir Robert Finlay, Vertreter der White Star Line: »Das ist das erste Mal, das wir von dieser Nachricht hören.«

Lord Mersey: »Bestreiten Sie, daß diese Nachricht empfangen wurde?«

Sir Robert Finlay: »Ich weiß nichts darüber. Ich habe bis eben nichts darüber gehört.«

Und Finlay hätte davon wissen müssen, schließlich ist die eben zitierte Eiswarnung die gewesen, die Kapitän Smith Joseph Bruce Ismay gezeigt und die Ismay dann den ganzen Nachmittag mit sich herumgetragen hat. Nach Angaben Ismays ist es sehr zweifelhaft, daß diese Eiswarnung den Offizieren bekannt war, ehe er sie vom Kapitän erhielt, denn Ismay hat unter Eid erklärt, Smith holte sich die Warnung abends von ihm zurück, um sie im Kartenraum der Offiziere auszuhängen. Damit belastet Ismay den Kapitän hinsichtlich »nachlässiger Navigation«, was nicht im Interesse der White Star Line ist, da der Kapitän an Bord eines Schiffes als Vertreter der Reederei handelt und mit allen Vollmachten ausgestattet ist. Aber es heißt im Funklogbuch der *Baltic* auch, daß zwei Meldungen an die *Titanic* gesendet wurden, Turnbull nennt nur eine. Weitere Informationen über eine zweite Warnung von der *Baltic* an die *Titanic* liefert Sir Rufus Isaacs, der eine Aussage vom Kapitän der *Baltic* besitzt, in der es heißt, daß die *Baltic* die *Titanic* darüber informierte, daß am 14. April diverse Dampfer Eis und Eisberge von 49° 19' West bis 50° 20' West auf der südlichen Route nach New York passierten. Diese Meldung wurde von der *Baltic* auch an andere Schiffe abgesetzt. Turnbull allerdings erklärt, daß in seinen Unterlagen kein Beleg zu finden ist, daß die *Baltic* der *Titanic* dieses per Funk mitgeteilt hat. Lord Mersey stellt, sicherlich zur Erleichterung aller von der White Star Line, fest: »Es scheint keinen einzigen Beweis dafür zu geben, daß das von der *Titanic* empfangen wurde.«

Damit entschwindet diese Meldung, die immerhin auf einer Aussage des Kapitäns der *Baltic* basiert und die sich mit dem Eintrag im Funklog jenes Schiffes, in dem von zwei Meldungen an die *Titanic* die Rede ist, deckt, für immer aus der *Titanic*-Geschichtsschreibung. Doch es ist wichtig zu wissen, daß es möglicherweise zwei Eiswarnungen, die fast zeitgleich abgesetzt wurden, von der *Baltic* an die *Titanic* gab. Eine von diesen Warnungen steckt für einige Stunden in Ismays Tasche und ist den Offizieren damit bis zum Abend unbekannt, doch was ist mit der anderen Meldung? Noch etwas ist hochinteressant: Die Warnung der *Baltic*, deren Existenz eindeutig bewiesen und auch allgemein akzeptiert ist, zeigt Eis ziemlich dicht am Kurs der *Titanic* an. Schon diese Warnung ist für die Interessen der White Star Line vor dem britischen Untersuchungsausschuß nicht von Vorteil. Doch die zweite Warnung, deren mögliche Existenz nur in einer kurzen Episode vor ebendiesem Untersuchungsausschuß in Erwägung gezogen wird, berichtet von Eis direkt auf der Route, die auch die *Titanic* fährt. Der Kapitän der *Titanic* hat der *Baltic* bestätigt, daß er die Nachricht erhielt. Damit kann die White Star Line sich nicht – wie sie es in den beiden anderen kritischen Fällen macht – darauf berufen, daß die Warnung den Funkraum nicht verlassen hat. Welche andere Möglichkeit hat die Reederei, diesen Funkspruch, der womöglich zwei Warnungen enthielt, verschwinden zu lassen? Ist es zulässig, einen Zusammenhang darin zu sehen, daß die *Baltic* und die *Titanic* zur White Star Line gehören und daß diese zweite Eiswarnung, von der der Kapitän der *Baltic* in einer Aussage zu Sir Rufus Isaacs gesprochen hat, nicht im Funklogbuch auftaucht?

Staatsanwalt: »Haben Sie einen Beleg über eine Sendung der *Californian* an die *Antillian*?«

Turnbull: »Ja. Sie lautet: ›14. April, 6.30 Uhr abends, adressiert an den Kapitän der *Antillian*: 42° 3' Nord, 49° 9' West, passierte drei große Eisberge fünf Meilen südlich[6] von uns.‹«

Staatsanwalt: »Haben Sie einen Beleg über eine Nachricht, die von dem Atlantic-Transport-Dampfer *Mesaba* an die *Titanic* gesendet wurde?«

Turnbull: »Ja, da ist ein Logeintrag, der lautet: ›14. April, 7.50 Uhr[7] abends, tauschte T.R.'s mit SS *Titanic*[8], nach Westen fahrend, aus, sendete Eiswarnung.‹ Die Nachricht selbst lautete: ›7.50 Uhr abends, von *Mesaba* an *Titanic* und alle anderen nach Osten fahrenden Dampfer: Von 42° bis 41° 25' nördlicher Breite, von 49° bis 50° 30' westlicher Länge sahen wir viel schweres Packeis und eine hohe Anzahl an großen Eisbergen, auch Treibeis. Wetter gut, klar.‹ Am Ende des Formblatts ist die Anmerkung: ›Antwort erhalten, danke. Sendete das ebenfalls zu ungefähr zehn anderen Schiffen.‹«

Lord Mersey: »Meine Sorge ist es, genau festzustellen, welches Wissen Kapitän Smith hatte.«

Staatsanwalt: »Ja, my Lord, ich möchte herausstellen, daß, während die Meldung generell an die *Titanic* und alle nach Osten fahrenden Schiffe (die *Titanic* fuhr natürlich nach Westen) gerichtet ist, die Antwort nicht in einer Form niedergeschrieben ist, als wenn sie von der *Titanic* erhalten wurde, sondern sie sagt nur: ›Antwort erhalten, danke.‹«

Lord Mersey: »Da ist nichts, wodurch man diese Antwort als von der *Titanic* gesendet identifizieren könnte.«

Im weiteren Verlauf des britischen Untersuchungsausschusses wird der Funker der *Mesaba* in den Zeugenstand gerufen, und er sagt, daß der Funker der *Titanic* ihm den Empfang dieser Warnung bestätigte.

Lord Mersey: »Diese Aussage rechtfertigt das, was gestern gesagt wurde, daß die *Titanic* davon gewußt haben muß, daß Eis auf ihrem Kurs war.«

Sir Robert Finlay: »Es zeigt, daß der Funker, der die Nachrichten aufnahm, es gewußt hat. Ich denke, es muß Phillips, der unglücklicherweise tot ist, gewesen sein. Aber es bringt uns keinen Schritt weiter in dem Punkt, daß der Kapitän oder irgendeiner der Offiziere davon wußte.«

Es klingt schon ein wenig zynisch, wenn Finlay sagt, daß Phillips unglücklicherweise tot ist. Für die White Star Line ist es ein Glücksfall, daß wenigstens einer der beiden Funker umgekommen ist. Und Phillips hätte zum Hauptbelastungszeugen der White Star Line werden können und sogar müssen, um seine eigene Laufbahn als Funker zu retten. Die Reederei muß Phillips, der Angestellter der Marconi Company ist und sich selbst nicht mehr verteidigen kann, belasten und ihm Nachlässigkeit und mangelnde Pflichterfüllung unterstellen, um ihre eigenen Interessen zu retten. Übrigens scheint Lord Mersey Finlays Absicht sofort zu durchschauen. Der Vorsitzende des britischen Untersuchungsausschusses unterstützt bereitwillig dieses Manöver. Er erwidert auf Finlays Feststellung: »Es wäre eine sehr außergewöhnliche Sache, obwohl es natürlich möglich ist, daß der Marconi-Mensch Nachrichten dieser Art nicht weitergeleitet hat.«

Nach Vernehmung aller vorgeladenen Zeugen vor dem britischen Untersuchungsausschuß kommt es während des Plädoyers von Sir Robert Finlay zu einer kurzen Aussprache zwischen ihm, Lord Mersey und Sir Rufus Isaacs, die ein Ergebnis ganz im Sinne der White Star Line liefert.

Sir Robert Finlay stellt klar, daß nur drei Eiswarnungen vom 14. April die Brücke der *Titanic* erreichten: Die von der *Caronia*, die von der *Baltic* und die erste von der *Californian*. Die zweite Warnung der *Californian* wurde vom Funker nicht aufgenommen. Die Eiswarnung der *Mesaba* wurde niemals zur Brücke gebracht, und die Nachricht der *Amerika* wurde nur zur Weiterleitung an Cape Race gesendet und laut Aussagen niemals zum Kapitän gegeben. Die Offiziere kannten die Eiswarnungen der *Caronia* und der *Baltic*, doch hinsichtlich der *Californian*-Nachricht sagt Bride, der überlebende Funker, daß sie zur Brücke gebracht wurde. Die Offiziere auf der anderen Seiten streiten die Kenntnis dieser Warnung ohne einen einzigen Versprecher ab.

Lord Mersey: »Schlagen Sie vor, Herr Staatsanwalt, daß ich andere Telegramme außer denen, auf die sich Sir Robert Finlay bezogen hat, mit einbeziehen sollte, denn meiner Ansicht nach sollten wir keine anderen außer den dreien mit einbeziehen.«

Der Staatsanwalt: »Ich habe schon vor einigen Tagen diese Ansicht gebilligt.«

Sir Robert Finlay merkt an, daß der Grund, warum die Brücke die anderen Meldungen nicht erhielt, war, daß der Funker mit der Übermittlung von privaten Telegrammen an Cape Race beschäftigt war.

Der Staatsanwalt: »Würde mein Freund im Hinterkopf behalten, daß die Aussagen zeigen, daß es genau das war, was er nicht tun soll? Die Vorschrift ist, daß Telegramme, die sich auf die Navigation des Schiffes beziehen, Vorrang haben sollten, aber ob Phillips sich daran hielt, ist eine andere Sache.«

Lord Mersey: »Wenn ich zu dem Schluß komme, daß der Funker seine Anweisungen nicht befolgte, dann werde ich dazu etwas zu sagen haben.«

Sir Robert Finlay: »Es ist nur fair, daran zu denken, daß Phillips tot ist und daß diese Nachricht die Brücke nicht erreichte (...), und das Unglück wäre möglicherweise verhindert worden, wenn die Nachricht aufgenommen und zum Kapitän oder dem Offizier der Wache auf die Brücke gebracht worden wäre.«

Sah es während Boxhalls Aussage an der Seekarte noch ganz schlecht aus für die White Star Line, so ist die Lage für die Reederei gegen Ende des britischen Untersuchungsausschusses schon wieder rosig. Das Urteil »Fahrlässigkeit« oder gar »grobe Fahrlässigkeit« liegt in ganz weiter Ferne. Die Verteidigungsstrategie, daß weder Kapitän noch Offiziere der *Titanic* wußten, wie nahe sie dem Eis waren bzw. daß sie mitten durch ein Eisfeld fuhren, hat gegriffen. Doch die Frage, welche Eiswarnungen nun wirklich der Schiffsführung bekannt waren, ist damit nicht aus der Welt geschafft.

In Publikationen wird die Meinung von Sir Robert Finlay, Sir Rufus Isaacs und Lord Mersey geteilt oder nicht hinterfragt wiedergegeben. Die generelle Meinung ist, daß Kapitän und Offizieren nur drei Eiswarnungen bekannt waren, zwei die Funkstation nicht verließen und eine vom Funker gar nicht erst aufgenommen wurde. Merkwürdigerweise sind gerade die zwei Eiswarnungen, die vom Funker nicht an den Kapitän oder auf die Brücke weitergeleitet worden sein sollen, die Meldungen, die von Eis und Eisbergen auch südlich vom Kurs der *Titanic* berichten. Wenn von den Untersuchungsausschüssen auch nur angenommen wird, daß diese beiden Warnungen der Schiffsführung der *Titanic* bekannt waren, würde die Verteidigungsstrategie der White Star Line, die darauf basiert, daß man davon ausging, Eis sei nur nördlich vom Kurs und damit ohne Gefahr für die *Titanic*, zusammenbrechen. Von daher stellt sich also die Frage, welche Eiswarnungen Kapitän und Offizieren der *Titanic* wirklich bekannt waren.

Auf den ersten Blick scheint nichts dafür zu sprechen, daß mehr als nur die drei von Lord Mersey und Sir Rufus Isaacs angenommenen Eiswarnungen auf der Brücke der *Titanic* bekannt waren. Für den amerikanischen Untersuchungsausschuß ist es anfangs ein Ding der Unmöglichkeit, überhaupt präzisere Angaben zu den Eiswarnungen zu bekommen. Erst mit Hilfe der Funklogbücher der anderen Schiffe kann eine Übersicht erstellt werden. Aber zu dem Zeitpunkt richtet sich das Hauptaugenmerk der Amerikaner auf andere Punkte, so daß die Bedeutung dieser späten Informationen nicht mehr hinterfragt wird.

Die Verteidigungsstrategie der White Star Line zu diesem Thema ist einfach, aber sehr effektiv: Die überlebenden Besatzungsmitglieder der *Titanic* sagen, daß sie nichts von Eiswarnungen wußten, weil es nicht in ihr Aufgabengebiet fiel und es sie deswegen nicht interessierte. Der 3. und der 5. Offizier stellen deutlich heraus, daß sie sich nicht darum kümmerten, ob und welche Eiswarnungen vorlagen, weil sie nichts damit zu tun hatten, während der 4. Offizier Boxhall zugibt, daß es seine Aufgabe war, alle Positionen von gemeldetem Eis in die Seekarte zu verzeichnen. Seiner Meinung nach erhielt er die letzte Eiswarnung zum Einzeichnen am 13. April. Er revidiert das allerdings später, da ein Kollege von ihm aussagt, daß Boxhall am 14.4. eine Eiswarnung in die Seekarte eingezeichnet hat. Doch natürlich kann Boxhall sich nicht mehr erinnern, welche Warnung das war. Und der 2. Offizier sagt, die Eiswarnungen betrafen ihn nicht direkt, deswegen schenkte er ihnen keine besondere Beachtung, kann also auch nicht angeben, welche Warnungen von welchem Schiff wann erhalten wurden. Während den Besatzungsmitgliedern geglaubt wird, wird bei den Offizieren immer wieder nachgehakt. Dadurch ergeben sich Aussagen, die das vereidigte Desinteresse an den Eiswarnungen schwer erschüttern. Doch leider nutzt weder der amerikanische noch der britische Untersuchungsausschuß die Anhaltspunkte, die sich durch nachlassende Konzentration – es erfordert eine hohe Konzentration, stur bei einer Darstellung zu bleiben, die dem eigenen Erleben widerspricht – oder gar richtige Blackouts bei den Zeugen ergeben, so daß die Strategie der White Star Line aufgeht.

Ein geschickter Verteidiger der White Star Line in Sachen Eiswarnung ist der 2. Offizier Charles Herbert Lightoller. Zeigt er vor dem amerikanischen Untersuchungsausschuß noch leichte Schwächen und Unsicherheiten, so überzeugt er in Großbritannien. Doch es gibt Widersprüche in seinen Aussagen, die es nicht geben dürfte, wenn er die Wahrheit sagt.

Vor dem amerikanischen Untersuchungsausschuß ist Lightoller offensichtlich überrascht, daß den Senatoren bekannt ist, daß die *Titanic* Eiswarnungen erhalten hat und eine sogar im genauen Wortlaut vorliegt. Dadurch wird der 2. Offizier ganz schnell einer plumpen Lüge überführt. Bevor Senator Smith sich diesem Thema zuwendet, hat er Lightoller zu den Wassertemperaturen während seiner letzten Wache und was sich daraus ableiten läßt, befragt. Lightoller bestritt hartnäckig, daß die Wassertemperatur überhaupt irgend etwas aussagt.

Senator Smith: »Sie wußten, daß Sie in der Nähe von Eisbergen waren, oder?«

Lightoller: »Wasser ist absolut kein Indikator von Eisbergen, Sir.«

Senator Smith: »Das habe ich nicht gefragt. Wußten Sie, daß Sie in der Nähe von Eisbergen waren?«

Lightoller: »Nein, Sir.«

Senator Smith: »Wußten Sie von einer Funknachricht von der *Amerika* an die *Titanic*, die Sie warnte, daß Sie in der Nähe von Eisbergen waren?«

Lightoller: »Von der *Amerika* an die *Titanic*?«

Senator Smith: »Ja.«

Lightoller: »Ich kann nicht sagen, ob ich diese individuelle Nachricht sah.«

Senator Smith: »Haben Sie davon gehört?«

Lightoller: »Das kann ich nicht sagen.«

Senator Smith: »Würden Sie davon gehört haben?«

Lightoller: »Höchstwahrscheinlich, Sir.«

Senator Smith: »Wenn es der Fall war?«

Lightoller: »Höchstwahrscheinlich, Sir.«

Senator Smith: »Wirklich, wäre es nicht die Pflicht derjenigen Person, die die Nachricht empfangen hat, diese Nachricht an Sie weiterzugeben, weil Sie das Kommando auf dem Schiff hatten?«

Lightoller: »Unter den Befehlen des Kapitäns, Sir.«

Senator Smith: »Aber Sie erhielten keine Nachricht dieser Art?«

Lightoller: »Ich weiß nicht, ob ich die der *Amerika* erhielt. Ich weiß, daß eine Meldung von einem Schiff gekommen ist. Ich kann nicht sagen, ob es die der *Amerika* war.«

Senator Smith: »Die Breiten- und Längengrade von diesen Eisbergen wurden gegeben?«

Lightoller: »Nein, keine Breitengrade.«

Senator Smith: »Und daß sie weit verbreitet waren?«

Lightoller: »Es wurde von Eisbergen gesprochen, und ihre Längengrade wurden benannt.«

Senator Smith: »Sagen Sie uns nur, was Sie darüber hörten, wenn überhaupt, und von wem, wenn Sie es können.«

Lightoller: »Ich habe vergessen, von welchem Schiff die Nachricht kam, aber die Nachricht enthielt Information, daß Eis von 49 bis 51[9] vorhanden war.«

Senator Smith: »Woher wissen Sie, daß sie aufgenommen wurde?«

Lightoller: »Weil ich sie sah.«

Senator Smith: »Nach der Kollision?«

Lightoller: »Davon weiß ich nichts.«

Senator Smith: »Haben Sie sie seit der Kollision gesehen?«

Lightoller: »Nicht, daß ich wüßte. Ob es dieselbe Nachricht war oder nicht. Ich habe einige gesehen. Ob es dieselbe war oder nicht, weiß ich nicht. Ich habe dieselbe nicht gesehen, soweit ich weiß.«

Hier ist es wichtig zu registrieren, daß Lightoller sagt, er habe einige gesehen, die nicht identisch waren, denn das streitet er in späteren Aussagen vor dem amerikanischen Untersuchungsausschuß vehement ab.

Senator Smith: »Von wem erhielten Sie die Information?«

Lightoller: »Vom Kapitän.«

Senator Smith: »Jene Nacht?«

Lightoller: »Ja.«

Senator Smith: »Und um welche Uhrzeit erhielten Sie diese Information?«

Lightoller: »Ich denke, es war an jenem Nachmittag.«

Auch zwischen »Nacht« und »Nachmittag« besteht ein zu großer Unterschied. Hier liegt die Vermutung nahe, daß Lightoller nicht darauf vorbereitet war, zu diesem Thema befragt zu werden, und er sucht offensichtlich verzweifelt nach einem Ausweg, um den Schaden für die White Star Line gering zu halten.

Senator Smith: »Um welche Uhrzeit?«

Lightoller: »Ungefähr um ein Uhr.«

Senator Smith: »Wo waren Sie da?«

Lightoller: »Auf der Brücke.«

Senator Smith: »Mit dem Kapitän?«

Lightoller: »Ja.«

Senator Smith: »Auf welchem Breitengrad befand sich das Schiff?«

Lightoller: »Das kann ich nicht sagen, ohne es auszuarbeiten, Sir.«

Senator Smith: »Wie spät war es da?«

Lightoller: »Ungefähr ein Uhr.«

Senator Smith: »Sie waren nicht der Offizier der Wache?«

Lightoller: »Ich wurde zum Lunch abgelöst.«

Senator Smith: »Damit waren Sie von der Zeit, als diese Meldung kam, bis sechs Uhr abends nicht im Kommando über das Schiff?«

Lightoller: »Ganz genau.«

Senator Smith: »Wer löste Sie als wachhabender Offizier ab?«

Lightoller: »Der 1. Offizier, Mr. Murdoch[10].«

Senator Smith: »Gaben Sie ihm diese Information, die der Kapitän Ihnen auf der Brücke gegeben hatte?«

Lightoller: »Ich sagte es ihm, als ich ihn um ein Uhr ablöste.«

Senator Smith: »Was sagten Sie ihm?«

Lightoller: »Genau das, was in dem Telegramm stand.«

Senator Smith: »Was sagte er?«

Lightoller: »›In Ordnung.‹«

Senator Smith: »Also waren die Offiziere des Schiffes, der wachhabende Offizier, Mr. Murdoch, war vollständig darüber unterrichtet, daß Sie in der Nähe von diesen Eisbergen ...«

Lightoller: »Ich würde es kaum Nähe nennen.«

Senator Smith: »Entschuldigen Sie, und ich werde meine Frage komplettieren. Und Sie wurden vom Kapitän darüber unterrichtet, daß es so war. Oder, anders ausgedrückt, Sie wurden vom Kapitän mündlich unterrichtet, und Sie gaben die Worte an Offizier Murdoch, der das Kommando auf dem Schiff hatte, weiter, worauf er erwiderte: ›In Ordnung.‹?«

Lightoller: »Ja, Sir.«

Senator Smith: »Gab es eine weitere Unterhaltung darüber?«

Lightoller: »Mit dem 1. Offizier? Nein, Sir.«

(…)

Senator Smith: »Sie übernahmen wieder das Kommando über das Schiff oder besser gesagt die Wache um sechs Uhr abends?«

Lightoller: »Um sechs Uhr.«

Senator Smith: »Sagten Sie zu der Zeit irgend etwas zu den anderen Offizieren, die zu der Zeit auf Wache waren, über die Information, die Sie vom Kapitän erhalten hatten?«

Lightoller: »Nicht, daß ich wüßte, Sir.«

Das ist das, was Lightoller zum Thema Eiswarnungen am 19. April in New York aussagt. Es wird ganz deutlich, daß Lightoller einiges verschweigt. Der Senator hat große Probleme, überhaupt Auskünfte zu bekommen, und doch muß der 2. Offizier zugeben, daß er zumindest eine Eiswarnung gesehen hat. Interessant ist, daß Lightoller sich in dieser Aussage in einigen Punkten leicht widerspricht, ehe er sich offensichtlich dazu durchringt, einzugestehen, daß er eine Eiswarnung kannte. Die von Lightoller genannten Längengrade sind die, die in der Meldung der *Caronia* genannt wurden. Doch es gibt auch schwache Anhaltspunkte dafür, daß Lightoller mehr Eiswarnungen als diese eine kannte. So sagt er erst, daß er die Eiswarnung in jener Nacht vom Kapitän erhielt, um dann, als er nach der Uhrzeit gefragt wird, zu sagen, daß es am Nachmittag war. Später fixiert er die Uhrzeit dann auf »ungefähr ein Uhr«. Lightoller wird sicherlich erkannt haben, daß er fast einen schweren Fehler begangen hätte. Wenn er sagt, daß er während seiner Abendwache eine Eiswarnung sah, dann muß er damit rechnen, daß – sobald die Warnung der *Mesaba* an die *Titanic* bekannt wird – daraus der Schluß gezogen wird, ihm wurde diese Warnung gezeigt. Es gibt genug Anhaltspunkte, die darauf schließen lassen, daß die erste Eiswarnung der *Californian* den Offizieren entgegen allgemeiner Annahme nicht bekannt war, denn sonst hätte Lightoller sich auch auf diese Meldung beziehen können, da sie Eis einige Meilen nördlich vom Kurs der *Titanic* anzeigte und damit für die Verteidigungsstrategie der White Star Line nicht gefährlich ist. Die Warnung der *Mesaba* war die kritischste von allen, denn sie gab die Positionen, die das Rechteck, das Boxhall auf Order des Staatsanwalts vor dem britischen Untersuchungsausschuß in die Seekarte einzeichnen muß, bilden. Es muß auch hinsichtlich der Uhrzeit gezweifelt werden, denn als 2. Offizier hat Lightoller Wache von sechs bis zehn Uhr morgens und abends und kann damit niemals zum Lunch abgelöst werden. Da die Eiswarnung der *Caronia*, auf die Lightoller sich immer wieder bezieht, bereits während seiner Morgenwache von der *Titanic* aufgenommen wurde, liegt die Vermutung nahe, daß Kapitän Smith schon vor zehn Uhr morgens mit der Warnung auf die Brücke kam und Lightoller dem 1. Offizier Murdoch während der Wachübergabe um zehn Uhr davon berichtet hat. Um die Mittagszeit sendet die *Baltic* eine oder zwei Eiswarnungen. Vielleicht spielt Lightollers Erinnerung ihm einen Streich, und er verwechselt die beiden Meldungen, oder aber er verschiebt die Kenntnis der *Caronia*-Warnung absichtlich auf die Zeit, in der ihm die oder eine Warnung der *Baltic* bekannt wurde, um damit zu verdecken, daß ihm die Nachricht der *Caronia* und der *Baltic* bekannt waren. Bezeichnenderweise kann Lightoller sich in den USA auch nicht erinnern, von welchem Schiff die Meldung kam. Später, als generell akzeptiert wird, daß er mittags die Warnung der *Caronia* sah, gibt er auch den zur Eiswarnung passenden Schiffsnamen an. Doch es spricht nicht unbedingt für Smith, daß er sich mit Bekanntgabe einer Eiswarnung an die Offiziere mehrere Stunden Zeit ließ. Es sei denn, diese Verzögerung ist Absicht, um zu belegen, daß der Funker Phillips, der nach Angaben seines überlebenden Kameraden alle Eiswarnungen mit Ausnahme jener von der *Californian* abends gegen 19.30 Uhr aufgenommen hat, sich regelmäßig Zeit mit der Weiterleitung von Navigationstelegrammen ließ.

Am 24. April muß Lightoller erneut vor dem amerikanischen Untersuchungsausschuß aussagen. Dieses Mal ist der 2. Offizier redseliger, so daß Senator Smith an einer Stelle trocken feststellt: »Ihre Erinnerung ist heute etwas besser als neulich, und ich möchte sie gerne ein bißchen austesten.«

Zum Thema Eiswarnungen sagt Lightoller nun Folgendes aus:

Senator Smith: »Ich glaube, Sie sagten, daß Sie persönlich nicht diese Kartenmarkierung mit Eis sahen?«

Lightoller: »Die Position auf der Karte eingezeichnet?«

Senator Smith: »Ja.«

Lightoller: »Nein, ich erinnere mich nicht, das gesehen zu haben.«

Senator Smith: »Und niemand machte sie darauf aufmerksam, als Sie Sonntag nacht von der Brücke gingen?«

Lightoller: »Die Markierung auf der Karte?«

Senator Smith: »Ja.«

Lightoller: »Nein.«

Lightollers Glück ist, daß der Senator fragt, ob er darauf aufmerksam gemacht wurde, als er von der Brücke ging. Zu diesem Zeitpunkt waren die Eiswarnungen für Lightoller völlig uninteressant geworden, da die *Titanic* mit Beginn seiner nächsten Wache die gefährliche Region seit einigen Stunden verlassen haben würde.

Senator Smith: »Keiner machte Sie auf ein Telegramm oder einen Funkspruch von einem anderen Schiff, das Sie vor Eis warnte, aufmerksam?«

Lightoller: »Doch.«

Senator Smith: »Wer?«

Lightoller: »Ich weiß nicht, von wem das Telegramm kam. Der Kapitän kam auf die Brücke, als ich fürs Lunch abgelöst wurde, ich glaube, es war dann. Es kann auch früher gewesen sein; ich kann mich nicht an die Zeit erinnern. Ich erinnere mich, daß der Kapitän an jenem Tag zu mir kam und mir ein Telegramm zeigte, und in diesem Telegramm ging es um die Position von Eis.«

Senator Smith: »Was gab es an?«

Lightoller: »Eine ungefähre Position und anscheinend die östlichste Grenze.«

Senator Smith: »Eine Warnung über die Nähe von Eis an Sie?«

Lightoller: »Die Position wurde angegeben. Keine Warnung, nur eine Positionsangabe – eine einfache nackte Darstellung von einem Fakt.«

Senator Smith: »Betrachteten Sie es als eine Warnung, als Sie es erhielten?«

Lightoller: »Wir erhalten so was und verschiedene andere Sachen wiederholt, und wir betrachten sie als Information.«

Senator Smith: »Haben Sie irgendeine andere Warnung dieser Art nach dem Verlassen Southamptons erhalten?«

Lightoller: »Davon ist mir nichts bekannt.«

Senator Smith: »Das war die erste Warnung, die Sie erhielten?«

Lightoller: »Soweit ich weiß.«

Senator Smith: »Warnte sie Sie?«

Lightoller: »Sie informierte uns und warnte uns natürlich.«

Senator Smith: »Was machten Sie damit?«

Lightoller: »Arbeitete die ungefähre Zeit aus, in der wir die angegebene Position erreichen würden.«

Senator Smith: »Was fanden Sie heraus?«

Lightoller: »Ungefähr 23 Uhr.«

Diese Zeitangabe stellt deutlich heraus, daß die Position nicht während Lightollers Wache erreicht werden kann, was für ihn den Vorteil hat, daß er sich im Zweifelsfall damit herausreden kann, es beträfe ihn nicht. Ganz deutlich kann man auch Lightollers Bestreben, möglichst knapp zu antworten, erkennen. So kann der 2. Offizier viel von seinem tatsächlichen Wissen verstecken.

Senator Smith: »Meldeten Sie diese Tatsache irgendeinem?«

Lightoller: »Ja.«

Senator Smith: »Wem?«

Lightoller: »Dem 1. Offizier.«

Senator Smith: »Murdoch?«

Lightoller: »Ja.«

Senator Smith: »Um welche Uhrzeit?«

Lightoller: »Ich glaube, als er mich zur Lunchzeit ablöste, sprach ich zum ersten Mal darüber. Ich sprach inoffiziell in unseren Quartieren darüber, und natürlich sprach ich auch darüber, als er mich um 22 Uhr ablöste.«

Hier ist es wichtig zu registrieren, daß eine Eiswarnung, deren Bedeutungslosigkeit Lightoller immer wieder herauszustellen versucht, sogar für Gesprächsstoff in der Freiwache sorgt. An dieser Stelle drängt sich durchaus die Vermutung auf, daß Lightoller mehr Eiswarnungen als nur die eine, von der er immer spricht, kennt, und während seiner ersten Aussage, als der 2. Offizier noch etwas unsicher wirkt, als es um die Eiswarnungen geht, spricht Lightoller kurzzeitig in der Mehrzahl von Eiswarnungen, die er sah.

Senator Smith: »Wie lautete die Unterhaltung zwischen Ihnen?«

Lightoller: »Ich erwähnte die generellen Wetterbedingungen und so weiter und so fort, und dann meinte ich nur, wie ich es schon zuvor getan hatte: ›Wir werden das Eis ungefähr gegen 23 Uhr erreichen, vermute ich.‹ Das ist alles.«

Senator Smith: »Das ist alles, was Sie zu ihm sagten?«

Lightoller: »Im Hinblick auf das Eis, ja.«

Mitte Mai 1912 muß Lightoller vor dem britischen Untersuchungsausschuß aussagen. Hier erklärt er, daß die einzige Eiswarnung, die er sah, von der *Caronia* kam und der Kapitän sie ihm um 12.45 Uhr zeigte. Der 2. Offizier sagt auch, daß er bei Eiswarnungen nichts auf

Breitengrade gibt, sondern ihn nur die Längengrade interessieren. Und hat Lightoller noch vor dem amerikanischen Untersuchungsausschuß behauptet, daß er davon ausging, daß die *Titanic* das in der Warnung angegebene Eis nicht vor 23 Uhr erreichen würde, erwähnt er in Großbritannien, daß er sich sicher war, es würde nicht vor seiner nächsten Wache, das heißt vor 18 Uhr der Fall sein.

Während seiner Abendwache befahl er dem 6. Offizier Moody, herauszufinden, wann die *Titanic* das Eis erreichen würde. Moody kam zu dem Ergebnis, daß es 23 Uhr sein würde, während Lightoller der Meinung war, die *Titanic* würde gegen 21 Uhr in die Zone geraten. Er wußte auch, daß die *Titanic* den von der *Caronia* angegebenen 49. Längengrad gegen 21.30 Uhr abends passieren würde.

Es wird nachgehakt, ob Lightoller sich erkundigt hat, auf welchen Grundlagen Moodys Berechnungen basierten. Der 2. Offizier verneint und erklärt, daß er davon ausging, Moodys Kalkulationen beruhten auf anderen Eiswarnungen. Das, was vielleicht nach Lightollers Meinung als angemessene Vorsichtsmaßnahme erscheinen soll, wird durch die Diskrepanz in den Berechnungen fast zu einer Falle. Denn nun muß Lightoller erklären, daß es wohl andere Eiswarnungen gegeben hat, die er aber nicht kannte.

Interessant an dieser Sache ist auch, daß Lightoller sagt, er hat Moody die Berechnungen ausführen lassen. Moody war ab 20 Uhr auf Wache, und Moody hat nicht überlebt. Die Angaben des 2. Offiziers lassen sich also nicht überprüfen. Dabei stehen sie im krassen Widerspruch zu Lightollers Aussage in Amerika.

Beharrte Lightoller vor dem amerikanischen Untersuchungsausschuß noch darauf, daß er davon ausging, die *Titanic* würde das Eis gegen 23 Uhr erreichen, und dieses habe er bei der Wachübergabe an den 1. Offizier um 22 Uhr auch erwähnt, sagt er vor dem britischen Untersuchungsausschuß, daß er ab 21.30 Uhr mit Eis rechnete. Mit einem Blick auf eine Seekarte läßt sich dieser Widerspruch aufklären. Gleichzeitig kann man erkennen, daß Lightoller mindestens zwei Warnungen kannte: Die von der *Caronia* – sie meldet Eis ab dem Längengrad, der gegen 21.30 Uhr passiert wird – und die erste Warnung von der *Baltic* – der Längengrad wird gegen 23 Uhr passiert. Die möglicherweise zweite Warnung der *Baltic* deckt sich von den Längengraden her zu sehr mit der von der *Caronia*, als daß man diese beiden Meldungen eindeutig unterscheiden kann. Vielleicht ist das etwas, was Lightoller ausgenutzt hat, um eine kritische Warnung ganz zu verdecken.

Lightoller wird ein weiteres Mal in den Zeugenstand vor dem britischen Untersuchungsausschuß gerufen, nachdem Turnbull von der Marconi Company seine Aussage gemacht hat. Für die White Star Line geht es nach diesem Zeugen nur noch darum zu belegen, daß nicht alle Eiswarnungen die Funkstation verließen.

Staatsanwalt: »Von wie vielen Eiswarnungen hörten Sie am 14. April?«

Lightoller: »Ich habe eine klare Erinnerung an eine Meldung, die der Kapitän zu mir brachte und mir vorlas, während er sie in der Hand hielt. Das war am Sonntag um 12.45 Uhr.«

Staatsanwalt: »Wurden, abgesehen von dieser Warnung, von den anderen Offizieren am 14. April keine anderen erhalten?«

Lightoller: »Ich bin überzeugt, daß da andere Warnungen waren, aber ich habe keine Informationen, und ich kann nicht sagen, ob da welche waren oder nicht. Sie müssen verstehen, daß alles, was ich sage, Erinnerung ist, und ich tue mein Bestes, um zu helfen.«

Hier also eine erneute Kehrtwendung Lightollers, die ein Hinweis darauf sein kann, daß Moody nie im Auftrag von Lightoller Berechnungen hinsichtlich des Erreichens des Eises angestellt hat. Der Staatsanwalt summiert daraufhin alle Eiswarnungen und überprüft, wo Lightoller zum Zeitpunkt des Erhalts der Meldungen war. Lightoller erfuhr von der Warnung der *Caronia* gegen 12.45 Uhr, als er Murdoch für dessen Lunch ablöste. Da war diese Nachricht schon einige Stunden alt. Als die Warnung der *Amerika* einging, hatte der 2. Offizier Freiwache. Auch beim Erhalt der Meldung von der *Baltic*. Als er Moody die Anweisung gab, Berechnungen anzustellen, wann sie das Eis erreichen würden, gab es, soweit Lightoller wußte, nur eine einzige Nachricht. Die Warnung der *Californian* kam gegen 19.30 Uhr.

Staatsanwalt: »Diese Meldung wäre in Ihrer Wache gekommen?«

Lightoller: »Ja.«

Staatsanwalt: »Sie hatten Freiwache, um während Ihrer Wache zum Dinner zu gehen?«

Lightoller: »Ja, von 19 Uhr bis 19.30 Uhr.«

Staatsanwalt: »Sie wissen gar nichts von der Warnung der *Californian*?«

Lightoller: »Nein.«

Staatsanwalt: »Die Warnung der *Baltic* kam gegen 13 Uhr?«

Lightoller: »Ja.«

Staatsanwalt: »Das wäre zum Zeitpunkt des Wachwechsels gewesen?«

Lightoller: »Ja.«

Auch wenn Lightollers »Ja« auf die Frage nach dem Zeitpunkt des Erhalts der Warnung der *Baltic* durchaus den Eindruck hinterläßt, als wüßte er doch mehr darüber, als er zugibt, muß zu Lightollers Verteidigung in diesem Punkt angemerkt werden, daß in Turnbulls Aussage die Uhrzeiten genannt wurden und diese Angaben Lightollers erfolgen, nachdem Turnbull im Zeugenstand war. Es liegt dennoch durchaus im Bereich des Möglichen, daß Lightoller die *Caronia*-Warnung während seiner Morgenwache sah und die Eiswarnung der *Baltic*, vielleicht sogar die, deren Längenangaben fast mit denen von der *Caronia* übereinstimmen, bekannt wurde, als er den 1. Offizier für dessen Lunch ablöste.

Staatsanwalt: »Angenommen, da ist eine Eiswarnung, die nicht an den Kapitän gegeben werden kann. Wo würde sie hingelegt werden?«

Lightoller: »Sie würde nirgendwo hingelegt werden. Sie würde dem Offizier auf der Brücke gegeben werden.«

Staatsanwalt: »Waren Sie im Gerichtssaal, als Mr. Bride (überlebender Funker) seine Aussage machte?«

Lightoller: »Ja.«

Staatsanwalt: »Hörten Sie ihn sagen, daß er die Nachricht der *Californian* aufnahm, aber sie nicht in einen Umschlag steckte?«

Lightoller: »Ja.«

Staatsanwalt: »Sie wissen nichts davon?«

Lightoller: »Nein.«

Lord Mersey: »Was war die Bedeutung von dem Stück Papier auf dem Tisch im Kartenraum mit dem Vermerkt ›Eis‹?«

Lightoller: »Ich denke, daß einer der Offiziere eine Meldung erhielt und sie auf ein Stück Papier schrieb und es dann auf die Routenkarte auf dem Kartenraumtisch pinnte.«

Lord Mersey: »Können Sie mir sagen, von welchen anderen Eiswarnungen außer der der *Caronia* Sie hörten?«

Lightoller: »Keine.«

Staatsanwalt: »Hörten Sie irgendwelche Gespräche über andere Eiswarnungen?«

Lightoller: »Nein.«

Lightoller selbst hat jedoch in Amerika gesagt, daß er sich selbst während seiner Freiwache, offensichtlich mit Murdoch, über mindestens eine Eiswarnung unterhalten hat. Wenn auch die Aussage in Großbritannien widersprüchlich dazu erscheint, so läßt sie sich damit erklären, daß Lightoller nicht danach gefragt wurde, ob er selbst über Eiswarnungen gesprochen hat, sondern die Frage lautet, ob er von Gesprächen gehört hat.[11] Es wäre spannend zu wissen, welche Antwort Lightoller gegeben hätte, wenn man ihn gefragt hätte, ob er mit anderen Offizieren über Eiswarnungen gesprochen hat.

Die Schwächen in Lightollers Aussagen bezüglich der Eiswarnungen sind minimal, es gibt nur den Widerspruch in den Zeitangaben. Doch damit lassen sich nur die Warnungen der *Baltic* und der *Caronia* ableiten. Es ist mit Hilfe von Lightoller nicht möglich nachzuweisen, daß auch die Warnungen der *Amerika* und besonders der *Mesaba* – beide meldeten Eis auch südlich vom Kurs der *Titanic* – auf der Brücke bekannt waren. Doch die leichten Unsicherheiten, die Lightoller zu Beginn zeigt, sollten mißtrauisch machen. Und es gibt ja noch drei weitere Offiziere, die überlebt haben.

Der unterhaltsamste Zeuge überhaupt ist Harold Godfrey Lowe, 5. Offizier der *Titanic*. Er entnervt die Senatoren, und Senator Smith, dessen bevorzugte Fragetechnik ständige Wiederholungen sind, unterläßt es im Laufe der Befragung von Lowe, dieses Mittel zu benutzen. Auch der britische Untersuchungsausschuß hat das Vergnügen mit dem 5. Offizier, und als Lord Mersey im weiteren Verlauf der Verhandlungen im Hinblick auf eine Aussage, die von Lowe gemacht wurde, anmerkt: »Ich erinnere mich an Mr. Lowe«, gibt es Gelächter im Saal.

Doch es ist der 5. Offizier, der von einem Stück Papier, auf dem eine Position und das Wort »Eis« vermerkt ist, das im Kartenraum aushing, berichtet. Vor dem amerikanischen Untersuchungsausschuß bemüht sich Senator Smith sehr intensiv, mehr darüber in Erfahrung zu bringen. Doch Lowe kann – oder will – sich nicht mehr im Detail daran erinnern. Für den 5. Offizier ist übrigens eine oftmals sehr flapsige Ausdrucksweise charakteristisch.

> Senator Smith: »Ist Ihnen bekannt, Mr. Lowe, ob die *Titanic* am Sonntag einen Funkspruch der *Amerika*, der Eis meldete, empfing und an Cape Race weiterleitete?«
>
> Lowe: »Ich weiß es nicht, Sir.«
>
> Senator Smith: »Hörten Sie irgendwas darüber?«

Lowe: »Ich weiß, daß da irgendwas wegen Eis im Busche war, aber ich weiß nichts darüber.«

Senator Smith: »Hörten Sie irgendwas darüber?«

Lowe: »Ich erinnere mich, daß da eine Position war, auf der Karte, irgendwas über Eis, aber ich erinnere mich nicht, was es war.«

Senator Smith: »Meinen Sie, daß auf der Karte etwas angezeigt war?«

Lowe: »Da war ein Fetzen, der die Position von Eis zeigte, die Länge und die Breite[12]; doch wer es meldete oder irgendwas anderes, darüber weiß ich nichts.«

Senator Smith: »Und Sie untersuchten es nicht genau?«

Lowe: »Nein, Sir.«

Senator Smith: »Können Sie mir aus Ihrer Erinnerung sagen, welche Position es war?«

Lowe: »Welche Position, Sir?«

Senator Smith: »Von dem Eis, das im Kartenraum auf diesem Vermerk beschrieben war.«

Lowe: »Nein, ich kann es nicht. Es ist nutzlos für mich, es zu versuchen.«

Senator Smith: »War es offensichtlich ein offizieller Vermerk?«

Lowe: »Ja, Sir, ich nehme an, daß es so was war. Es kann nicht von irgendeinem anderen dort hingebracht worden sein, weil es unser eigener Kartenraum war. Der Kapitän hat einen Kartenraum für sich alleine, und wir haben einen. (...)«

Senator Smith: »Wie lautete sie (die Eiswarnung)?«

Lowe: »Ich weiß die Worte nicht – irgendwas von 40 –, ich kann mich jetzt nicht erinnern, was es war.«

Senator Smith: »War es der Platz, an dem sie normalerweise diese Warnungen auslegten?«

Lowe: »Das Notizbrett. Wir haben ein Notizbrett.«

Senator Smith: »Ein Gestell, das für diese Zwecke benutzt wird?«

Lowe: »Es ist hervorragender, wo dieses Teil war, aus dem einfachen Grund, daß Sie immer in diese Richtung sehen, wenn Sie an den Tischen arbeiten.«

(...)

Senator Smith: »Und als Sie an dem Tisch arbeiteten, konnten Sie aufblicken und diese Meldung sehen?«

Lowe: »Aber ich beachtete sie nicht. Es war nur die Position, die Länge und Breite.«

Senator Smith: »Können Sie die Position nennen?«

Lowe: »Und das Wort ›Eis‹ stand darüber.«

Senator Smith: »Können Sie die Position nennen?«

Lowe: »Nein, Sir, kann ich nicht. Es ist nicht gut für mich, es zu versuchen.«

Senator Smith: »Sie sind nicht in der Lage zu sagen, ob es eine Funknachricht war oder ob diese Information von irgendeinem Offizier des Schiffes aufgeschrieben wurde?«

Lowe: »Wenn Sie darüber nachdenken, dann kann es nichts anderes als Funk gewesen sein.«

Senator Smith: »Demnach, gemäß Ihrem Eindruck, war eine Eiswarnung irgendeiner Art im Kartenraum, die Position anzeigend, in der Eis zu welcher Stunde oder Uhrzeit erwartet werden könnte?«

Lowe: »Das ist mein Schluß, ja.«

Senator Smith: »Und Sie untersuchten es nicht sorgfältig?«

Lowe: »Nein. Ich sah nur gelegentlich darauf.«

Senator Smith: »Um welche Uhrzeit war das?«

Lowe: »Ich vermute, es war nach 14 Uhr.«

Senator Smith: »Am Sonntag?«

Lowe: »Zwei Uhr nachmittags am Sonntag.«

Diese Zeitangabe ist durchaus interessant. Die *Caronia*-Meldung war definitiv schon bekannt, bevor Lightoller die Wache an den 1. Offizier Murdoch wieder übergab, und danach gingen – gemäß Lightollers Angaben – die Warnungen der *Baltic* und der *Amerika* ein. Um 14 Uhr übergibt der 1. Offizier die Wache an den Chief Officer. Es ist nicht auszuschließen, daß Murdoch, während dessen Wache diese beiden Meldungen eingingen, nach diesem Wachwechsel entweder über die Warnung der *Baltic* oder der *Amerika* diesen Vermerk angefertigt hat.

Senator Smith: »Sahen Sie diesen Vermerk jemals wieder?«

Lowe: »Nein.«

Senator Smith: »Fragten Sie jemals wieder danach?«

Lowe: »Nein.«

Senator Smith: »Wies Sie irgend jemand jemals wieder darauf hin?«

Lowe: »Nein.«

Senator Smith: »Wissen Sie, ob er von irgend jemandem abgezeichnet war?«

Lowe: »Nein.«

Senator Smith: »Wissen Sie, ob der Name des Schiffes darauf angegeben war?«

Lowe: »Nein. Ich gehe davon aus, daß er einfach eine Abschrift von einer Position von einer Nachricht, die wir erhielten, war. Ich weiß es nicht.«

(...)

Senator Smith: »Warum, glauben Sie, wurde er dort ausgehängt?«

Lowe: »Damit wir wissen, daß das Eis da war.«

Senator Smith: »War er als Warnung dort angebracht?«

Lowe: »Ich glaube, er war, in einer Weise.«

Senator Smith: »Hatte er diesen Effekt auf Sie?«

Lowe: »Aber ich bin machtlos, irgendwas zu tun ...«

Senator Smith: »Ich fragte Sie nicht danach. Ich fragte Sie, ob Sie ihn als Warnung verstanden?«

Lowe: »Ich kann nicht sagen, daß ich es tat. Es hieß einfach, daß das Eis da war, und das ist alles, was ich darüber weiß.«

(...)

Senator Smith: »Wissen Sie, ob das angegebene Eis auf dem Kurs Ihres Schiffes war?«

Lowe: »Ich glaube, es war nördlich von unserem Kurs.«

Senator Smith: »Warum glauben Sie das?«

Lowe: »Das ist meine Idee. Ich weiß es nicht. Ich weiß nicht, welche Schlüsse ... Ich dachte, es war nördlich von uns.«

(...)

Senator Smith verliest die Eiswarnung der *Amerika* und fragt dann: »War das die Meldung, die Sie sahen?«

Lowe: »Nein, Sir. Ich sah keine Meldung, das einzige, was ich sah, war, daß ein Fetzen Papier mit der Länge und der Breite in dem Rahmen steckte, und ich sah überhaupt keine Meldung.«

Senator Smith: »Hörten Sie irgendwas darüber, daß der Dampfer *Californian* eine Warnung gegeben hatte?«

Lowe: »Nein; nein.«

Senator Smith: »Oder von irgendeinem anderen Schiff?«

Lowe: »Nein.«

Senator Smith: »Oder von irgendeiner anderen Quelle?«

Lowe: »Nein, Sir.«

Senator Smith: »Das ist die einzige Warnung, die Sie sahen?«

Lowe: »Ich sagte nicht, daß ich diese sah.«

Senator Smith: »Und Sie unternahmen nichts, um sich damit vertraut zu machen?«

Lowe: »Ich sagte nicht, daß ich diese sah. Ich habe nicht festgestellt, daß ich diese sah, Sir.«

Senator Smith: »Ich sagte nicht, daß Sie es taten. Ich sage nicht, Sie sahen sie.«

Diese Erwiderung von Smith scheint einen aufgeregten Offizier beruhigen zu sollen.

Lowe: »Ich sah einfach, wie ich Ihnen sage, eine Position und das Wort ›Eis‹ darüber, und die Position – Länge und Breite – steckten in der Ecke eines Rahmens an der Kartenraumwand, oder Sie können auch Seite sagen, und das ist alles, was ich darüber weiß.«

Senator Smith: »Das war am Sonntag?«

Lowe: »Das war am Sonntag nachmittag.«

Senator Smith: »Sah es nach einem älteren oder neuem Papier aus?«

Lowe: »Es war nicht so beeindruckend, Sir. Da war nichts Besonderes dran.«

Senator Smith: »Wenn es vorher schon da war ...«

Lowe: »Es muß neu gewesen sein, weil ich es vorher nicht gesehen habe.«

Senator Smith: »Ja, Sie würden es gesehen haben, wenn es vorher schon da gewesen wäre.«

Vor dem britischen Untersuchungsausschuß sagt Lowe sinngemäß das gleiche, und er weiß nichts von einer Warnung der *Amerika* oder gar der *Mesaba*. Von den vier überlebenden Offizieren ist Lowe derjenige, der die White Star Line in Sachen Eiswarnungen am wenigsten belastet hat. Die Notiz mit der Überschrift »Eis« und irgendwelchen Positionsangaben kann jede nur denkbare Warnung gewesen sein, und Lowe ist clever genug, sich nicht auf irgendwelche Zahlen – abgesehen von der Uhrzeit, die aber gleich drei bis vier Warnungen möglich macht – festzulegen.

Herbert John Pitman, 3. Offizier der *Titanic*, hat – wie auch Lowe – am 14. April 1912 Wache von vier Uhr bis acht Uhr morgens, zwölf Uhr bis 16 Uhr nachmittags und von 18 bis 20 Uhr abends. Eiswarnungen, die laut Funklogbücher während dieser Zeiten an die *Titanic* gesendet wurden, sind die von der *Baltic* und der *Amerika* mittags und von der *Californian* abends. Wenn Lightollers Angaben stimmen, ist auch die Warnung der *Caronia* erst während der Mittagswache vom 3. und 5. Offizier bekanntgeworden. Vor dem amerikanischen Untersuchungsausschuß sagt Pitman zum Thema »Eiswarnungen« folgendes aus:

Senator Smith: »Hörten Sie am Sonntag irgendwas über irgendwelches Eis?«

Pitman: »Nein, Sir.«

Senator Smith: »Hörten Sie irgendwas über einen Funkspruch von der *Californian*?«

Pitman: »Nein, Sir.«

Senator Smith: »Am Samstag oder Sonntag?«

Pitman: »Ja, ich hörte irgendwas über einen Funkspruch von irgendeinem Schiff. Oder es kann auch Samstag nacht gewesen sein, ich bin mir nicht sicher.«

Senator Smith: »Als Sie auf Wache waren?«

Pitman: »Nein, ich war nicht auf Wache.«

Senator Smith: »Wann hörten Sie davon, soweit Sie sich erinnern können?«

Pitman: »Ich habe nicht die leiseste Idee, Sir, es war entweder Samstag nacht oder Sonntag morgen.«

Senator Smith: »Als Sie nicht auf Wache waren?«

Pitman: »Nein, Sir, denn Mr. Boxhall trug die Position des Eisberges auf die Karte ein.«

Senator Smith: »Und Sie wußten darüber Bescheid?«

Pitman: »Ich wußte davon, ja, Sir.«

Senator Smith: »Sahen Sie ihn die Markierung machen, oder sahen Sie die Karte?«

Pitman: »Ja, ich sah die Markierung da.«

Senator Smith: »Was war das für eine Markierung?«

Pitman: »Er machte einfach nur ein Kreuz und schrieb ›Eis‹ davor.«

Senator Smith: »Was Eis anzeigte?«

Pitman: »Eis, ja, Sir.«

Senator Smith: »Das war Sonntag?«

Pitman: »Es kann Samstag nacht gewesen sein.«

Senator Smith: »Samstag nacht oder Sonntag?«

Pitman: »Ja, Sir.«

Senator Smith: »Nun, Offizier, hatten Sie irgendein Gespräch mit Mr. Boxhall oder Mr. Murdoch oder Mr. Lowe über die Nähe der *Titanic* zum Eis?«

Pitman: »Ich hatte keines, Sir.«

Senator Smith: »Hatten Sie darüber irgendein Gespräch mit dem Kapitän?«

Pitman: »Es stand mir nicht zu, mit dem Kapitän über solche Sachen zu sprechen.«

(...)

Im weiteren Verlauf seiner Befragung legt Pitman sich dann darauf fest, daß die Eintragung in die Karte, an die er sich erinnert, am Sonntag gemacht wurde. Der 3. Offizier muß eine lange Zeit im Zeugenstand bleiben, es ist die längste Aussage, die in den USA an einem Tag von einem Zeugen aufgenommen wird.[13] Pitman ist nicht so souverän oder geschickt wie Lightoller oder Lowe, die die Senatoren teilweise richtig auflaufen lassen und Fragen abblocken. Der 3. Offizier, der in einem Rettungsboot der *Titanic* Führungsschwäche gezeigt hat, bekommt vor dem Untersuchungsausschuß einen Weinkrampf.[14] Als sich seine Befragung dem Ende nähert, ist er offensichtlich von den Fragen der Senatoren so zermürbt worden, daß er zwei kolossale Fehler macht:

Senator Smith: »Zeigte dieser Kurs, daß sie sich dem Eis näherte?«

Pitman: »Nein, Sir, kein Eis wurde direkt auf dem Kurs gemeldet.«

Senator Smith: »Ich will wissen, ob dieser Kurs anzeigte, daß sie sich dem Eis näherte.«

Pitman: »Wir sollten es nördlich passieren.«

Im englischen Original sagt Pitman: »We should pass the ice northward.« Intensive Diskussionen mit »native speakers« haben zu zwei Ergebnissen geführt:

1. Der 3. Offizier hat schwaches bis falsches Englisch verwendet.

2. Nachschlageaktionen in mehreren englischen Wörterbüchern brachten das Ergebnis, daß »We should pass the ice northward« nur bedeuten kann, daß die *Titanic* nördlich vom Eis, das Eis demnach südlich von ihr ist. Es gab aber nur zwei Eiswarnungen, die Eis südlich vom Kurs der *Titanic* anzeigten – die der *Amerika* und die der *Mesaba*. Da Pitman sich mit »Wir sollten es nördlich passieren« ausdrückt und er zum Zeitpunkt des Empfanges der *Mesaba*-Warnung Freiwache hatte und nach eigenen Angaben schlief, kann er nur von

der Eiswarnung der *Amerika* gesprochen haben, die aber die Funkstation nie verlassen haben soll, weil der Funker Phillips seine Pflichten – unterstellt Sir Robert Finlay – vernachlässigt hat. Daß Pitman nicht nur die Himmelsrichtungen verwechselt hat, wird kurz danach bestätigt:

> Senator Smith: »Um die Unterlagen komplett zu bekommen: Das Eis, das von der *Amerika* in einem Funkspruch gemeldet wurde, befand sich auf Breite 41° 27', Länge 50° 8'?«
>
> Pitman: »Ja.«

Die Eiswarnung der *Amerika* ist zu diesem Zeitpunkt noch nicht verlesen worden, bis zu diesem Moment ist während Pitmans Aussage kein einziger Name von den Schiffen, die Eiswarnungen gesendet haben, gefallen. Pitman sagt so wunderschön »Ja«, wo die natürlichste Sache der Welt, wenn er die Warnung nicht kennt, gewesen wäre, er hätte mit: »Das weiß ich nicht, Sir, ich habe die Warnung nie gesehen« oder »Ich habe erst hier von der Warnung der *Amerika* gehört« geantwortet.

> Senator Smith: »Wenn die Position der Kollision richtig ist mit der Breite 41° 46', ist der Kurs dann nicht weiter nördlich gewesen, in die Richtung auf diesen gemeldeten Eisberg?«
>
> Pitman: »Nein, die Position von dem Eisberg, der von der *Amerika* angegeben wurde, ist südlich von uns.«
>
> Senator Smith: »Der Kurs wurde südlich des Eises, das von der *Amerika* gemeldet wurde, gelegt, oder?«
>
> Pitman: »Nein, jene Position ist 20 Meilen südlich von der Position, auf der wir waren.«

Diese genaue Angabe ist – wenn man annimmt, daß er die Warnung der *Amerika* nicht kannte, da sie den Funkraum der *Titanic* nie in Richtung Brücke verlassen hat – sehr erstaunlich, da Pitman keine Karte hat, um die Distanz auszurechnen. Und andere Offiziere haben ausgesagt, sie können die Entfernungen nicht mehr aus der Erinnerung sagen, sondern müßten an der Karte neue Berechnungen anstellen. Es bleibt, auch angesichts der anderen Äußerungen Pitmans in diesem Zusammenhang, nur noch der Umkehrschluß als letzte Möglichkeit: Pitman kannte die Eiswarnung der *Amerika* bereits am 14. April 1912. Doch wenn Pitman die Warnung schon vor der Kollision gesehen hat, muß sie auch den anderen Offizieren bekannt gewesen sein.

Und erst nach diesen ganzen Anmerkungen, die für die White Star Line durchaus nachteilig sind, besinnt Pitman sich auf Schadensbegrenzung. Aber das steht in einem krassen Widerspruch zu den Angaben, die er gerade gemacht hat:

Senator Smith: »Würden Sie mit einbeziehen, daß das Eis eventuell driftet?«

Pitman: »Ich weiß nichts davon, daß wir die Position des Eises von der *Amerika* erhielten.«

Senator Smith: »Sie hörten nichts von deren Funkwarnung und wissen nichts über die Längen- und Breitengrade, in denen sie Eis meldeten?«

Pitman: »Ich kenne nur die eine, die in der Karte verzeichnet war, und ich weiß nicht, von wem die kam.«

Senator Smith: »Ich glaube, das ist für den Moment alles, Offizier.«

Sehr interessant ist auch Pitmans Aussage vor dem britischen Untersuchungsausschuß zum Thema Eiswarnungen:

Staatsanwalt: »Ich sehe, daß Sie in Amerika sagten, Mr. Boxhall meldete Samstag nacht Eis, und daß es in der Karte markiert war?«

Pitman: »Das war ein Fehler, es war Sonntag nacht. Die Markierung war einige Meilen nördlich von dem Kurs, den wir steuerten.«

Staatsanwalt: »Stimmt es, daß Sie an jenem Sonntag nichts von einer Eiswarnung der *Californian* hörten?«

Pitman: »Ich wußte bis jenen Montag morgen nichts von irgendeiner Meldung der *Californian*. Es kamen keine Meldungen zwischen sechs und acht.[15] Ich sah zwei Meldungen, die am Sonntag kamen, aber ich weiß nicht, von wem sie kamen.«

Staatsanwalt: »Wurden auf der Karte irgendwelche Markierungen gemacht?«

Pitman: »Ja, ich sah zwei.«

Staatsanwalt: »Kam der Kapitän während Ihrer Wache auf die Brücke?«

Pitman: »Ja, aber ich sprach mit ihm nicht über Eisberge.«

Staatsanwalt: »Hatten Sie irgendwelche Gespräche mit Ihren Offizierskollegen über Eisberge?«

Pitman: »Nicht, daß ich mich daran erinnern kann.«

Staatsanwalt: »Sie hatten keinen Eindruck davon, daß der Kurs des Schiffes in die Richtung von Eisbergen führte?«

Pitman: »Er führte nicht dahin. Der Kurs des Schiffes war einige Meilen nördlich von der Stelle, wo Eis lokalisiert worden war.«

Das ist eine Bestätigung dessen, was Pitman in den USA mit »We should pass the ice northward« beschrieb. Und diese Aussage in Großbritannien sollte letzte Zweifel daran ausräumen, daß der 3. Offizier lediglich die Himmelsrichtungen verwechselte. Da nur die *Amerika* von Eis an einer Stelle südlich vom Kurs der *Titanic* sprach, sind Pitmans Angaben vor dem amerikanischen und dem britischen Untersuchungsausschuß ein eindeutiger Beleg dafür, daß die Meldung der *Amerika* den Funkraum der *Titanic* auch in Richtung Brücke verlassen, der Funker Phillips seine Pflichten also nicht – wie die White Star Line ihm unterstellt und wie es seitdem in allen Publikationen zum Thema *Titanic* übernommen wird – vernachlässigt hat.

Der 4. Offizier Joseph Groves Boxhall hat am 14. April 1912 Wache von 0 bis vier Uhr morgens, acht bis zwölf Uhr vormittags, 16 bis 18 Uhr nachmittags und von 20 Uhr bis zur Kollision der *Titanic* mit einem Eisberg. Während seiner Wachen werden die Eiswarnungen der *Caronia*, die laut Lightoller aber verzögert weitergeleitet und erst während einer Freiwache Boxhalls den Offizieren bekannt wird, und der *Mesaba* von der Funkstation der *Titanic* empfangen.

Der 4. Offizier muß drei Mal vor dem amerikanischen Untersuchungsausschuß aussagen, wobei die dritte Aussage zwar unter Eid, aber nicht öffentlich, sondern im Anschluß an eine Sitzung vor einem einzelnen Senator stattfindet. Nach seiner ersten Aussage ist Boxhall einige Tage krank, ein ärztliches Attest wird vor dem Ausschuß verlesen.

Boxhalls erste Aussage findet vor Pitmans statt.

Senator Smith: »Wußten Sie, daß Sie in jener Nacht in der Nähe von Eisbergen waren?«

Boxhall: »Nein, ich wußte nicht, daß wir in der Nähe von Eisbergen waren.«

Senator Smith: »Machten nicht der 2. oder der 1. Offizier Sie auf den Fakt aufmerksam, daß sie Informationen hatten, daß Sie in der Nähe von Eisbergen waren?«

Boxhall: »Ich wußte, daß wir Informationen hatten. Sie machten mich an jenem Abend nicht darauf aufmerksam.«

Senator Smith: »Wann machten sie Sie darauf aufmerksam?«

Boxhall: »Sie erwähnten es tatsächlich nicht mir gegenüber.«

Senator Smith: »Wurde es niemals Ihnen gegenüber erwähnt?«

Boxhall: »Oh, doch, der Kapitän erwähnte es.«

Senator Smith: »Der Kapitän erwähnte es Ihnen gegenüber?«

Boxhall: »Ja.«

Senator Smith: »Wann?«

Boxhall: »Ich weiß nicht, ob es einen Tag oder zwei Tage zuvor war. Er gab mir einige Positionen von Eisbergen, die ich auf der Karte einzeichnete.«

Senator Smith: »Welche Sie auf der Karte einzeichneten?«

Boxhall: »Auf seiner Karte.«

Senator Smith: »Sagte der Kapitän Ihnen, daß die *Californian* der *Titanic* gefunkt hatte, daß Sie in der Nähe von Eisbergen waren?«

Boxhall: »Nein. Der Kapitän gab mir einige Funksprüche von Southampton, ich glaube, wir hatten die Information, bevor wir ablegten, und bat mich, die Position auf der Karte einzuzeichnen.«

Senator Smith: »Wissen Sie, ob ein Funkspruch von der *Amerika* empfangen wurde, daß die *Titanic* in der Nähe von Eisbergen war?«

Boxhall: »Nein, das kann ich nicht sagen.«

Senator Smith: »Möchten Sie uns glauben machen, daß Sie kein Wissen über die Nähe des Schiffes zu Eisbergen direkt vor der ...«

Boxhall: »Ich wußte nichts davon.«

Senator Smith: »Einen Moment. Direkt vor der Kollision oder während Ihrer Wache von acht Uhr bis die Kollision geschah?«

Boxhall: »Ich realisierte nicht, daß das Schiff dem Eisfeld so nahe war.«

Weit aufschlußreicher ist das, was Boxhall während seiner zweiten Aussage in Amerika zum Thema Eiswarnungen berichtet:

Senator Fletcher: »Ich habe Sie in Ihrer direkten Befragung so verstanden, daß Sie nichts über das Vorkommen von Eisbergen wußten, daß keine Information dieser Art Sie erreichte?«

Boxhall: »Ich kann mich nicht erinnern, daß irgendwelche Information am Sonntag kam. Es wurden Eisberge vom Kapitän der *Touraine*[16] einige Zeit zuvor gemeldet, es kann einige Tage zuvor gewesen sein. Ich markierte deren Position auf der Karte und stellte fest, daß diese Positionen weit nördlich vom Kurs waren. Ich denke, sie waren tatsächlich zwischen der Nord- und der Südroute[17]. Später trafen weitere Positionen ein. Ich kann mich nicht mehr an irgendwelche Namen erinnern, doch als ich die Positionen, die während einer Sitzung des Komitees gezeigt wurden, sah oder als irgendein Mitglied des Komitees mir die Positionen zeigte, mit dem Namen des deutschen Schiffes, der *Amerika*, erkannte ich die Positionen. Damit müssen es ganz offensichtlich die der *Amerika* gewesen sein, die gesendet wurden. Ich markierte diese auf der Karte. Ich erinnere mich nicht daran, daß irgendwelche von ihnen auf dem Kurs waren. Soweit ich mich erinnern kann, waren alle nördlich vom Kurs.«

Das, was sich anhand von Pitmans Aussage bereits ableiten ließ, bestätigt Boxhall in seiner. Und er ist nicht mal direkt danach gefragt worden. Es scheint dem 4. Offizier kurz danach aufzugehen, daß er einen kapitalen Fehler gemacht hat, und für ihn geht es jetzt nur noch um Schadensbegrenzung. Zu Boxhalls weiteren Behauptungen, daß kein Eis südlich vom Kurs der *Titanic* gemeldet wurde, sonst hätte er unverzüglich den Kapitän informiert, muß man wissen, daß Boxhall ein Jahr Navigation studiert hat. Doch auch ohne ein Studium dieser Art ist es ausgeschlossen, daß ein Offizier sich beim Einzeichnen von Positionen um mehr als 20 Seemeilen irrt. Selbst jeder Freizeitkapitän muß in der Lage sein, Positionen in Seekarten richtig einzuzeichnen, und Boxhall ist Berufsnautiker.

Senator Fletcher: »Wie weit nördlich?«

Boxhall: »Ich berechnete wirklich nicht die Entfernung. Sobald ich sah, daß sie nördlich vom Kurs waren, kümmerte ich mich nicht um das Abmessen der Entfernung.«

Senator Fletcher: »Wie weit vom Schiff voraus?«

Boxhall: »Auch das maß ich nicht. Aber es war natürlich, bevor wir um die Ecke fuhren.«[18]

Senator Fletcher: »Hatten Sie überhaupt irgendwelche Informationen, die Sie zu der Annahme veranlaßten, daß sich die *Titanic* Eisfeldern näherte, oder Positionen, wo Eisberge möglicherweise angetroffen werden könnten?«

Boxhall: »Von allen Positionen von Eisbergen, die ich hatte, wußte ich natürlich, daß wir dicht an diese Positionen frühestens während der ersten Stunden der Mittelwache[19] kommen sollten. Ich dachte nicht, daß wir irgendwelche Positionen vor Mitternacht in jener Nacht erreichen würden.«

Senator Fletcher: »Erhielten Sie die Positionen von Eisbergen, die Sie erwähnten, per Funk?«

Boxhall: »Ja, Sir.«

Senator Fletcher: »Und Sie markierten Sie, wie Sie sagten, auf der Karte?«

Boxhall: »Ja, Sir.«

Senator Fletcher: »Waren Sie sorgfältig, als Sie die Positionen einzeichneten?«

Boxhall: »Im Hinblick auf die Position des französischen Dampfers waren sie für uns völlig nutzlos. (...) Ich markierte sie auf der Karte, aber ich sagte zum Kapitän: ›Dieser Kerl ist die ganze Zeit nördlich von der Route gewesen.‹ Deswegen waren Sie von keinem Nutzen für uns, aber sie waren trotzdem auf der Karte.«

Senator Smith: »Half Ihnen jemand dabei, die anderen Positionen einzuzeichnen?«

Boxhall: »Nein, ich zeigte sie dem Kapitän, und ich hatte die Funktelegramme neben mir und sah, daß sie ganz richtig waren.«

Senator Smith: »Überprüfte Sie jemand, oder rechnete jemand Ihre Berechnungen nach oder half Ihnen dabei zu überprüfen, ob sie richtig waren?«

Boxhall: »Sie haben es vielleicht getan, ich weiß es nicht.«

Senator Fletcher: »Auf welchem Kurs war die *Amerika*?«

Boxhall: »Ich kann nicht sagen, ob sie nach Osten oder Westen[20] fuhr. Ich glaube, die *Touraine* fuhr nach Osten.«

Senator Fletcher: »Können Sie sagen, ob die *Amerika* praktisch denselben Kurs wie die *Titanic* fuhr?«

Boxhall: »Nein, das kann ich auch nicht sagen.«

Senator Fletcher: »Wissen Sie, ob sie das gewöhnlich machte?«

Boxhall: »Ja, ich denke, diese Schiffe halten sich an die Route.«

Senator Fletcher: »Damit war die *Amerika* praktisch auf demselben Kurs wie die *Titanic*?«

Boxhall: »Das hängt davon ab, ob sie nach Osten oder Westen fuhr.«

Senator Fletcher: »Angenommen, sie fuhr nach Osten, würde sie dann auf demselben Kurs sein?«

Boxhall: »Nein, sie würde südlich von uns sein.«

Senator Fletcher: »Wie weit?«

Boxhall: »Ich weiß nicht, wie weit südlich sie von uns in dieser Position sein würde. Gerade bei der Ecke. Vielleicht 40 oder 50 Meilen. Sie können das der Karte entnehmen.«

Senator Fletcher: »Sah sie die Eisberge in ihrer Nähe?«

Boxhall: »Sie lokalisierte die Eisberge, die sie gesehen hatte, soweit ich weiß. Irgend jemand anders kann die an sie gemeldet haben.«

Im letzten Moment hat Boxhall bemerkt, daß er einen weiteren schweren Fehler gemacht hat. Er weiß, daß die Senatoren in der Lage sind, herauszufinden, in welche Richtung die *Amerika* fuhr. Also versucht er zu unterstellen, daß die *Amerika* von Eisbergen berichtete, die ein anderes Schiff gesehen hat, so daß dann wieder die Möglichkeit besteht, darauf zu beharren, daß das andere Schiff nördlich von der *Titanic* gewesen sein muß. Natürlich ist dieser Versuch sinnlos, da den Senatoren der genaue Wortlaut des Funkspruchs der *Amerika*, der ja auch die Positionsangaben enthält, bekannt ist.

Senator Fletcher: »Wenn sie die Berge gesehen hat, muß sie die südlich von Ihrem Kurs gesehen haben?«

Boxhall: »Wenn sie nach Osten fuhr.«

Senator Fletcher: »Ja, wenn sie nach Osten fuhr.«

Boxhall: »Aber diese Berge markierte ich nicht in Positionen, die südlich von unserem Kurs waren, denn sonst hätte ich einen besonderen Vermerk für den Kapitän darüber gemacht. Wenn ich irgendwelche Berge auf dem Kurs oder südlich vom Kurs gesehen hätte, hätte ich das gemacht.«

Erst ganz zum Schluß scheint Boxhall die Gefährlichkeit der Fragen erkannt zu haben, und er riskiert sogar seinen Ruf als Navigator, um die Lage jedenfalls noch halbwegs zu retten.

Am selben Tag macht Boxhall noch eine Aussage vor Senator Burton, und ganz offensichtlich hat er die Pause genutzt, um über seinen kapitalen Fehler nachzudenken. Oder er ist noch mal nachdrücklich darauf hingewiesen worden, daß nicht bekanntwerden darf, daß die Offiziere der *Titanic* die Eiswarnung der *Amerika* schon vor der Kollision gesehen haben. Denn nun spricht Boxhall nur noch von der Meldung der *La Touraine*, die er einige Tage zuvor in die Karte eingezeichnet und die Eis weit nördlich vom Kurs der *Titanic* gemeldet hat. Die *Amerika* wird mit keiner Silbe mehr erwähnt, und Boxhall streitet auch ab, daß er am 14. April Positionen von Eis oder Eisbergen in die Karte eingezeichnet hat.

Boxhalls erster Auftritt im Zeugenstand vor dem britischen Untersuchungsausschuß deckt sich mit seinen Angaben in den USA bei seiner ersten und dritten Aussage dort und endet vor der Seekarte. Die Lage der *Titanic*, wie sie sich im wahrsten Sinne des Wortes an der Karte abzeichnet, sowie Turnbulls Aussage können von der White Star Line nicht einfach stehen gelassen werden, und der 4. Offizier wird einen Tag nach seiner ersten Aussage in Großbritannien von Sir Robert Finlay, dem Vertreter der White Star Line, ein weiteres Mal in den Zeugenstand gerufen und ins Kreuzverhör genommen.

Sir Robert Finlay: »Wissen Sie irgendwas?« (über das Stück Papier mit dem Wort »Eis«, von dem Mr. Lowe gesprochen hat)

Boxhall: »Ich schrieb es. Ich hatte es vom Notizbrett. Ich muß es zwischen vier und sechs Uhr abends geschrieben haben. Ich muß es von der *Caronia*-Meldung haben. Ich hatte nichts von der Meldung der *Amerika* gehört, bis ich in Amerika darüber hörte.«

Diese Aussage Boxhalls steht zeitlich im Widerspruch zu Lowe, der den Zettel schon um zwei Uhr gesehen haben will. Und die Erwähnung der Eiswarnung der *Amerika* wirkt bei dieser Frage sehr deplaziert, außerdem hat Boxhall in den USA gesagt, daß er die Warnung schon vor der Kollision kannte. – Nicht unwichtig in diesem Zusammenhang ist es, sich daran zu erinnern, daß die Befragung vom Vertreter der White Star Line durchgeführt wird, und es liegt der Verdacht nahe, daß die Unterbrechung der Verhandlung genutzt wurde, Absprachen zu treffen, so daß Boxhall wußte, welche Fragen ihm gestellt werden würden – und ihm gesagt wurde, was er sinngemäß zu antworten hatte, damit die White Star Line nicht in ganz große Schwierigkeiten kommt.

Sir Robert Finlay: »Im Hinblick auf die *Mesaba*-Nachricht: Kam diese Meldung jemals zu Ihrer Kenntnis?«

Boxhall: »Ich hörte niemals etwas darüber, bis wir mit der *Carpathia*[21] nach New York kamen. Dann erzählte mir jemand, der mit dem Kapitän der *Mesaba* gesprochen hatte, daß sie eine Warnung an uns gesendet hatte.«

Diese Antwort ist sehr clever gemacht, denn sollte wirklich einer nach dem »jemand« fragen, kann Boxhall sich mit Sicherheit nicht mehr an seinen Informanten erinnern. Interessant ist aber, daß von den vier Überlebenden Offizieren nur Boxhall mit jemandem gesprochen hat, der ihm von der Warnung der *Mesaba* an die *Titanic* erzählte – als die Warnung der *Mesaba* aufgenommen wurde, hatten Pitman und Lowe wachfrei, und Lightollers Wache näherte sich dem

Ende. Es ist nicht auszuschließen, daß die Warnung der *Mesaba* erst auf die Brücke gelangte, als der Wachwechsel bereits stattgefunden hatte. Von den nach 22 Uhr bis zur Kollision wachhabenden Offizieren hat nur Boxhall überlebt. Der 4. Offizier, der in New York von der Warnung der *Mesaba* gehört hat, ist also zufällig auch noch einer der Offiziere, die zum Zeitpunkt des Erhalts der Warnung Wache hatten. Angenommen, die Warnung der *Mesaba* ist dem Kapitän und den Wachoffizieren der *Titanic* bekannt gewesen: Sollte Boxhall sich versehentlich versprechen und dadurch zugeben, daß er Details von der Warnung der *Mesaba* kannte, kann er immer noch geltend machen, daß er diese Information erst in New York erhalten hat.

Staatsanwalt: »Können Sie uns sagen, ob Sie mehr als eine Eiswarnung kannten?«

Boxhall: »Ja, die *Caronia*, die *La Touraine* und eine andere kurz danach von einem Schiff, an das ich mich nicht erinnern kann. Alle drei Meldungen plazierten das Eis nördlich vom Kurs.«

Staatsanwalt: »Das Eis tendiert dazu, von Norden nach Süden zu treiben?«

Boxhall: »Ja.«

Staatsanwalt: »Das ist eine Meldung über Eis auf dem 42. Breitengrad?«

Boxhall: »Ja.«

Staatsanwalt: »Etwa zehn Meilen nördlich von Ihrem Kurs?«

Boxhall: »Ja.«

Lord Mersey: »Wie können wir Auskunft bekommen, wie schnell diese Berge nach Süden driften?«

Boxhall: »Ich kann es nicht sagen. Es ist eine Frage der Strömung, doch wir treffen dort durch den Golfstrom eine unveränderlich starke Versetzung nach Osten an.«

Sir Robert Finlay: »Die *Caronia*-Meldung war zwei Tage vor dem Unfall?«

Boxhall: »Ja.«

Sir Robert Finlay: »Und Sie würden die Stelle zwei Tage später erreichen?«

Boxhall: »Ja.«

Sir Robert Finlay: »Das Eis tendiert dazu, nach Süden zu driften?«

Boxhall: »Bis zu einem gewissen Maße, ja.«

Sir Robert Finlay: »Haben Sie jemals zuvor gehört, daß Eis auf dem 42. Breitengrad war?«

Boxhall: »Niemals!«

Diese Frage und Antwort sind ein wichtiger Punkt in der Verteidigungsstrategie der White Star Line, in der es darum geht, deutlich zu machen, daß es äußerst ungewöhnlich war, daß die *Titanic* dort, wo sie war, auf Eis getroffen ist, so daß wirklich niemand damit rechnen konnte.

Sir Robert Finlay: »Gingen Sie aufgrund von irgendwelchen Warnungen davon aus, daß das Schiff bald in der Eisregion sein würde?«

Boxhall: »Ich realisierte nicht, daß das Schiff der Eisregion so nahe war.«

Sir Robert Finlay: »Deuteten irgendwelche von den Eiswarnungen, die Sie sahen, an, daß Sie bald in der Eisregion sein würden?«

Boxhall: »Oh, ja.«

Von dieser Antwort wird sicherlich keiner bei der White Star Line begeistert gewesen sein, doch es kommt noch heftiger:

Sir Robert Finlay: »Welche?«

Boxhall: »Der ganze Haufen davon, mit Ausnahme der Meldung der *Touraine*.«

Hier sind mit Sicherheit Gesichtszüge bei den White-Star-Leuten entgleist. Kurz zuvor sagt Boxhall, er kennt nur drei Eiswarnungen, und nun spricht er von »the whole lot of them«, also von dem ganzen Haufen. Und nun müssen Sir Robert Finlay und Boxhall Schadensbegrenzung betreiben.

Sir Robert Finlay: »Welche Meldung zeigte es Ihnen an?«

Boxhall: »Die *Caronia*-Meldung.«

Lord Mersey: »Gemäß seiner Aussage ist die *Caronia*-Meldung die einzige Meldung, die von irgendeiner Bedeutung war.«

Sir Robert Finlay: »Sahen Sie außer der Meldung der *Caronia* noch andere an dem Notizbrett?«

Boxhall: »Ich glaube nicht, daß ich andere bemerkte. Da war eine von einem deutschen Tankschiff, glaube ich, die dort für zwei oder drei Tage war. Die Meldung der *Baltic* wurde nicht vor Sonntag erhalten.«

Und wieder ein Lapsus vom 4. Offizier, wie so oft, wenn Boxhall ausführlich antwortet, doch Sir Robert Finlay rettet die Situation:

Sir Robert Finlay: »Die Meldung der *Baltic* bezog sich ebenfalls auf den Tankdampfer?«

Boxhall: »Ja.«

Es ist wichtig, sich daran zu erinnern, daß die Meldung der *Baltic*, die auch von einem Tankschiff sprach, einige Stunden in Ismays Tasche steckte und laut Ismay den Offizieren während dieser Zeit nicht bekannt war. Doch der Kapitän der *Baltic* hat dem Staatsanwalt erzählt, daß es noch eine zweite Eiswarnung der *Baltic* an die *Titanic* gab. Boxhalls Aussage bezieht sich nicht auf ein Tankschiff in Seenot, sondern auf eine Eiswarnung von einem Tanker.

Sir Robert Finlay: »Sie sagen, daß Sie dieses Stück Papier geschrieben haben?«

Boxhall: »Ja.«

Sir Robert Finlay: »Von welcher Meldung bekamen Sie die Position?«

Boxhall: »Irgendwas über ›Nach Westen fahrende Dampfer melden Eis.‹«

Sir Robert Finlay: »Das ist die Meldung der *Caronia*?«

Boxhall: »Ja.«

Sir Robert Finlay: »Sind Sie sich sicher?«

Boxhall: »Ganz sicher.«

Sir Robert Finlay: »Wenn das so ist, dann würden Sie die östliche Grenze der Gefahrenzone bereits einige Stunden vor der Kollision erreicht haben?«

Boxhall: »Ja.«

Sir Robert Finlay: »Wissen Sie, ob andere von Ihren Offizieren dieses gesehen und sich das gemerkt haben?«

Boxhall: »Ja.«

Sir Robert Finlay: »Arbeiteten Sie das aus?«

Boxhall: »Es gab keinen Anlaß, das auszuarbeiten.«

Sir Robert Finlay: »Können Sie sagen, um welche Uhrzeit Sie das aufgeschrieben haben?«

Boxhall: »Ich kann es nicht sagen, aber mir wurde von einigen der Offiziere erzählt, daß es wohl zwischen 16 und 18 Uhr da war.«

Sir Robert Finlay: »Sie wurden danach nicht auf irgendeine andere Meldung aufmerksam gemacht?«

Boxhall: »Nein. Ich hörte niemals irgendwas über die Meldung der *Californian* oder der *Mesaba*.«

Soweit die Aussagen der überlebenden Offiziere zum Thema Eiswarnungen. Keine Zweifel darüber gibt es, daß die Meldung der *Caronia* bekannt war. Die Meldung der *Baltic*, die Ismay einen Nachmittag herumgetragen hat, war zumindest dem Kapitän bekannt. Lightollers Angabe, daß er – oder Moody – davon ausging, gegen 23 Uhr in die Nähe von Eis zu kommen, ist ein Hinweis darauf, daß auch den Offizieren diese Warnung bekannt war. Die zweite Warnung der *Baltic* an die *Titanic*, von der der Kapitän der *Baltic* berichtet hat, deckt sich von den angegebenen Längengraden her zu sehr mit der Eiswarnung der *Caronia*, als daß eine Unterscheidung anhand der Angaben der Offiziere möglich ist. Diese Warnung berichtet von Eis direkt auf der Route nach New York. Pitman und Boxhall haben aber übereinstimmend ausgesagt, daß der Kapitän der *Titanic* die Kursänderung von einem südlichen auf einen mehr westlichen Kurs um etwa 45 Minuten verschob. Dadurch fuhr die *Titanic* einige Meilen südlich von der Route nach New York. Die White Star Line – und später *Titanic*-Autoren – haben das als Vorsichtsmaßnahme des Kapitäns ausgelegt, was es mit Sicherheit auch war. Doch es kann auch der Hinweis darauf sein, daß auch die zweite Warnung der *Baltic*, die nicht im Funklogbuch des Schiffes ausgewiesen ist – aber im Logbuch ist die Rede von zwei Meldungen, die an die *Titanic* zeitgleich abgesetzt wurden –, der *Titanic* bekannt war. Es ist nicht auszuschließen, daß Smith die Warnung, deren Existenz so schwer nachzuweisen ist, seinen Offizieren zur Kenntnis gab, da sie Eis direkt auf der Route meldete, während er die andere – das darin erwähnte Eis befand sich einige Meilen nördlich der Route – Ismay gab.

Die Warnung der *Amerika* hat gemäß den Angaben Pitmans, der davon spricht, daß die *Titanic* nördlich vom gemeldeten Eis war, und die einzige Warnung, die Eis südlich vom Kurs der *Titanic* meldete, war die der *Amerika* und Boxhalls, der vor dem amerikanischen Untersuchungsausschuß ungefragt sagt, daß er die Warnung der *Amerika* schon auf der *Titanic* kannte, die Funkstation der *Titanic* nicht nur Richtung Cape Race, sondern auch Richtung Brücke verlassen. Der umgekommene Funker Phillips, der nie die Möglichkeit hatte, sich zu den Vorwürfen zu äußern, hat also bei dieser Warnung seine Pflicht erfüllt und ist nicht, wie ihm unterstellt wurde, nachlässig gewesen. Damit ist der Schiffsführung der *Titanic* bekannt gewesen, daß Eis bereits südlich von ihrem Kurs war.

Die *Californian* sendete zwei Eiswarnungen an die *Titanic*. Die erste wurde laut Funker Bride aufgenommen und an die Brücke weitergeleitet. Die Offiziere bestreiten dies und sind sich in dem Punkt auch so einig und so sicher, daß die Angaben des Funkers eine Überprüfung erfordern. Die zweite Eiswarnung der *Californian* wurde definitiv nicht von Phillips aufgenommen. Aber das liegt daran, daß der Funker der *Californian* einen Fehler gemacht hat.

Die erste Eiswarnung der *Californian* wird von Bride aufgenommen. Nach seinen Angaben vor dem amerikanischen Untersuchungsausschuß – die in vielen Punkten extrem von denen, die er später in Großbritannien macht, abweichen – hat er die Warnung gegen 19.30 Uhr aufgenommen. In einer Version hat er sie danach zum Kapitän gebracht, in einer anderen hat er sie dem Offizier auf der Brücke gegeben, aber er kann sich nicht erinnern, welcher Offizier das war. Bride sagt auch vor dem britischen Untersuchungsausschuß aus, und seine Angaben dort stimmen in zahlreichen Punkten nicht mit seiner Aussage in den USA, die sich wiederum sehr detailgenau mit seinem Bericht, den die »New York Times« veröffentlicht und für die Bride US$ 1000 erhalten hat, deckt, überein. Da Brides Aussage in Großbritannien weniger aufregend ist, liegt die Vermutung nahe, daß der Funker sich in den USA noch besser an den »New York Times«-Artikel erinnern konnte. Möglicherweise hat der Reporter, der mit Bride gesprochen hat, die Geschichte etwas geglättet, damit sie wirklich ihr Geld wert ist.

Sinngemäß übereinstimmend sind die Angaben Brides zu der Eiswarnung der *Californian*, die er am 14. April aufnahm. An dieser Stelle deswegen nur Brides Aussage vor dem britischen Untersuchungsausschuß, da sie über die Zeit nach der Aufnahme dieser Eiswarnung weitergehende Informationen liefert als die in den USA.

Staatsanwalt: »Was war die erste Eiswarnung, an die Sie sich erinnern?«

Bride: »Ich erinnere mich an die von der *Californian* am 14. April, und das ist die einzige, die ich über Eis erhielt.«

Staatsanwalt: »Erinnern Sie sich an welche von vor dem 14.?«

Bride: »Ich erinnere keine.«

Staatsanwalt: »Wann war das?«

Bride: »Gegen halb sechs, und sagte, daß die *Californian* dicht an großen Eisbergen vorbeifuhr.«

Staatsanwalt: »War die Nachricht an Sie gerichtet?«

Bride: »Nicht, als ich Sie aufschrieb.«

Staatsanwalt: »Schreiben Sie eine Nachricht immer auf?«

Bride: »Beständig.«

Staatsanwalt: »An wen war die Nachricht gerichtet?«

Bride: »Ich glaube, an die *Baltic*, und ich hörte sie mit. Ich hörte die *Baltic* den Empfang bestätigen. Ich wußte, daß es dieselbe Nachricht war, die die *Californian* für mich hatte.«

Staatsanwalt: »Woher wußten Sie das?«

Bride: »Weil die *Californian* mich vorher gerufen hatte und sagte, daß sie eine Eiswarnung für mich hatte. Ich war zu der Zeit beschäftigt und konnte sie nicht aufnehmen.«

Im Fall Phillips wird deutlich herausgestellt, daß Eiswarnungen höchste Priorität genießen. Ihm wird Pflichtverletzung vorgeworfen, obwohl er, wie Aussagen von Offizieren belegen, diese gar nicht begangen hat.

Lord Mersey: »Womit waren Sie beschäftigt?«

Bride: »Ich machte meine Abrechnung.«

Lord Mersey: »Das ist Pfund, Schilling, Pence?«

Bride: »Ja.«

Staatsanwalt: »Bestätigten Sie den Empfang dieser Meldung, als Sie hörten, daß sie an ein anderes Schiff gesendet wurde?«

Bride: »Ja, ich sagte ihm, ich hörte, daß es zur *Baltic* gesendet wurde, das Schiff von dem ich glaubte, er wäre damit in Kontakt.«

Staatsanwalt: »Ich sehe von dem Protokoll, daß Sie in Amerika sagten …«

Lord Mersey: »Ich habe das amerikanische Protokoll nicht, und ich möchte damit nicht belästigt werden. Ich gehe davon aus, daß, wann auch immer darauf Bezug genommen wird, es nur auf Steno-Notizen beruht.«

Staatsanwalt: »Wir haben keinen Beleg über eine Meldung der *Californian* an die *Baltic*, aber da ist eine an die *Antillian*; warum sagen Sie, es war die *Baltic*?«

Bride: »Ich ging zu der Zeit davon aus.«

Staatsanwalt: »Was machten Sie mit der Meldung?«

Bride: »Ich schrieb sie auf und brachte sie zum Offizier auf der Brücke.«

Lord Mersey: »Ist das die einzige Eiswarnung, an deren Empfang auf der *Titanic* Sie sich erinnern können?«

Bride: »Da ist keine, an die ich mich erinnern kann.«

Staatsanwalt: »Sahen Sie sie als wichtige Meldung an?«

Bride: »Ja, und ich lieferte sie so schnell ich konnte ab, zwei Minuten nach dem Erhalt.«

Bride, der die Warnung erst nicht aufnahm, weil er mit Abrechnungen beschäftigt war, will die Warnung später unverzüglich abgeliefert haben, da sie so wichtig war. Die Frage, die bleibt und die nicht gestellt wurde, lautet: Wenn er die Warnung als so wichtig erkennt, warum hat er sie dann nicht vorher schon aufgenommen?

In Amerika wird diese Frage gestellt, und Bride gibt eine Antwort: Er sagt, daß er weiß, daß solche Warnungen so oft wiederholt werden, daß er keinen Anlaß sah, sie aufzunehmen, während er mit seinen Abrechnungen beschäftigt war. Das also zur Bedeutung, die Bride dieser Eiswarnung zumaß. Doch damit müßten auch erste Zweifel aufkommen, ob Bride die Warnung der *Californian* wirklich auf die Brücke oder zum Kapitän gebracht hat. Diese Zweifel erhalten zusätzlich Nahrung durch Brides weitere Aussage vor dem britischen Untersuchungsausschuß:

Er gibt an, daß die Funker sich noch lange Zeit nach dem Dinner unterhalten haben, er sich danach ins Bett legte, aber nicht einschlafen konnte. Bride konnte hören, daß Phillips sendete, und er verstand auch, was Phillips sendete. Lord Mersey äußert sein Erstaunen darüber, daß Bride sich an diese Details erinnern kann, obwohl sie ihn nicht direkt betrafen. Darauf entgegnet Bride, daß sie ihn direkt betrafen, weil da das »jamming« (Funkerausdruck für das Unterbrechen und damit Stören einer Übermittlung zwischen zwei anderen Stationen) der *Californian* war.

Die *Californian* »jammte« in den Kontakt zwischen der *Titanic* und Cape Race, weil sie eine Eiswarnung an die *Titanic* absetzen wollte. Die Reaktion von Phillips auf dieses Jamming ist laut dem Funker der *Californian* gewesen: »Halt's Maul, halt's Maul, ich bin beschäftigt. Ich arbeite mit Cape Race.« Der Funker der *Californian* sagt auch, daß er die Reaktion nicht als unangemessen empfand, denn die Signale der *Titanic* drangen mit einem »Knall« in seine Kopfhörer, und er geht davon aus, daß seine Morsezeichen dem Funker der *Titanic* auch in den Ohren geschmerzt haben müssen. Phillips hat den Funker der *Californian* unterbrochen, noch ehe er seine Eiswarnung komplettieren konnte, und auch dafür hat der Funker der *Californian* Verständnis. Es ist sogar sehr wahrscheinlich, daß Phillips gar nicht wahrgenommen hat, was die *Californian* ihm mitteilen wollte, weil die Signale so laut waren und so unerwartet kamen, daß Phillips das Gefühl hatte, ihm würde das Trommelfell platzen. Die *Californian* unternimmt keinen weiteren Versuch, die Eiswarnung, die – was Bride möglicherweise nicht weiß – nicht identisch mit der vom Abend ist, an die *Titanic* abzusetzen.

Warum sollte also das Jamming der *Californian* Bride direkt betreffen? Es drängt sich die Vermutung auf, daß die Eiswarnung der *Californian* vom Abend die Brücke der *Titanic* nicht erreicht hat, und Bride erst durch das Jamming wieder an diese Eiswarnung erinnert wird. Entweder hat er sie gar nicht aufgeschrieben, oder er hat sie zwar notiert, aber doch nicht unverzüglich weitergeleitet und sie später vergessen. Bride denkt möglicherweise, daß die *Californian* immer noch auf eine Antwort des Kapitäns der *Titanic* auf die Eiswarnung wartet und nun, einige Stunden später, die Warnung sicherheitshalber noch mal wiederholt, um an die ausstehende Antwort zu erinnern.

Übrigens ergänzt Bride noch zu der Sache mit dem Jamming der *Californian* und warum er sich so detailliert an die Vorgänge erinnern kann, obwohl sie ihn nicht direkt berührten, daß er sich an diese Dinge erinnern kann, weil sie zu seiner Arbeit gehörten. Phillips übermittelte die Zeit, die Position und auch die Entfernung, die sie von Cape Race entfernt waren.

Der Staatsanwalt wird offensichtlich mißtrauisch und hakt nach: »Warum sollten Sie sich ausgerechnet daran erinnern, wann Sie in Verbindung mit Cape Race traten?«

Bride: »Weil ich mich gerade hingelegt hatte und noch nicht eingeschlafen war. Ich hatte zuvor mit Cape Race in Verbindung gestanden. Es war das erste Mal, daß wir mit Amerika in Verbindung traten, und deswegen war es von höchster Wichtigkeit.«

Laut Funker der *Californian* unterbrach er die Verbindung zwischen der *Titanic* und Cape Race mit einer Eiswarnung gegen 23 Uhr. Bride sagt, er hatte sich gerade hingelegt und war noch nicht eingeschlafen. Aber gegen Mitternacht steht Bride – nach eigenen Angaben – wieder auf, um Phillips freiwillig zwei Stunden früher als üblich abzulösen, weil Phillips so hart gearbeitet hatte.

Die Unstimmigkeiten in Brides Aussagen in Verbindung mit den übereinstimmenden Angaben der Offiziere, daß sie die Eiswarnung der *Californian*, die von Bride abends aufgenommen wurde, nicht kannten, sprechen mehr für die Offiziere als für Bride, so daß man davon ausgehen kann, daß die Eiswarnung der *Californian* entgegen allgemeiner Annahme weder dem Kapitän noch den Offizieren bekannt war.

Bleibt noch die Warnung der *Mesaba*: Bride sagt, er weiß nichts davon. Gleichzeitig will er abends lange mit Phillips gesprochen und dann noch einige Zeit gehört haben, was gesendet und eventuell auch empfangen wurde. Phillips wird dem Verdacht ausgesetzt, daß er zwar eine Eiswarnung aufnahm, diese aber nicht weiterleitet, weil die Offiziere die Kenntnis dieser Warnung abstreiten, doch Boxhall, der einzige überlebende Offizier der Wache, während der die Warnung der *Mesaba* die Brücke erreicht haben könnte, ist merkwürdigerweise auch der einzige Offizier, der von jemandem in New York gehört haben will, daß die *Mesaba* eine Eiswarnung an die *Titanic* abgesetzt hat. Es darf auch nicht vergessen werden, daß Phillips – entgegen allgemeiner Annahme – auch die Eiswarnung der *Amerika* auf die Brücke gebracht hat.

Als weiterer Beleg dafür, daß die Warnung der *Mesaba* die Brücke der *Titanic* nicht erreicht hat, wird angesehen, daß Kapitän Smith den Empfang der Meldung nicht bestätigte. Doch es sei daran erinnert, daß Smith sich auch mit der Antwort an die *Caronia* über sechs Stunden Zeit ließ. Etwa zwei Stunden nach Empfang der Warnung der *Mesaba* kollidierte die *Titanic* mit einem Eisberg. Die *Titanic* dampfte zudem während dieser Zeit bereits mitten durch das von der *Mesaba* gemeldete Eisfeld, und deswegen ist es nicht auszuschließen, daß sie selbst bereits vor der Kollision Eis und Eisberge sichtete, deren Position bestimmte und Smith die Absicht hatte, eine Warnung an andere Schiffe abzusetzen, nachdem die *Titanic* das Eisfeld passiert hatte. Die Empfangsbestätigungen der Warnungen der *Baltic* und der *Caronia* wurden innerhalb einer halben Stunde abgesetzt.

Welches Verständnis von Pflichterfüllung Phillips hatte, hat er beim Senden des Notrufes bewiesen. Er morste um Hilfe, bis er keinen Strom mehr zum Funken hatte. Außerdem war Phillips ein sehr erfahrener Funker. Bride hatte erst einige Monate zuvor seine Ausbildung beendet. Es ist deswegen äußerst unwahrscheinlich, daß die Warnung der *Mesaba* den Funkraum der *Titanic* nicht verlassen hat. Doch diese Eiswarnung war die für die White Star Line kritischste, da anhand dieser Warnung deutlich wurde, daß die *Titanic* mit voller Kraft voraus mitten durch ein Eisfeld fuhr. Da Phillips nicht überlebt hat und deswegen nicht aussagen kann, ist es für die White Star Line sehr einfach, dem Funker, der kein Angestellter der Reederei ist, Pflichtverletzung zu unterstellen. Drei der vier überlebenden Offiziere kannten die Warnung vermutlich nicht, da sie zu dem Zeitpunkt, in dem sie auf der Brücke bekannt wurde, Freiwache hatten, und der vierte überlebende Offizier, der zu allem Überfluß nicht nur viel wußte, sondern manchmal auch viel sagte, hat, um mögliche Versprecher erklären zu können, von jemandem in New York gehört, daß die *Mesaba* eine Eiswarnung an die *Titanic* gesendet hat.

Ein amerikanischer Untersuchungsausschuß, der über zuwenig nautische Kenntnisse verfügt und sich mehr mit anderen Fragen beschäftigt als mit dem zentralen Thema »Eiswarnungen«, als daß er aus den Versprechern und den Widersprüchen in den Aussagen der Offiziere Kapital schlagen könnte, und ein britischer Untersuchungsausschuß, deren Vorsitzender sehr bereitwillig die Argumentation des Verteidigers der White Star Line übernimmt, daß nur drei Eiswarnungen – und zwar drei, die Eis nördlich vom Kurs der *Titanic* anzeigen – der Brücke bekannt waren. Die zwei Warnungen, die Eis südlich vom Kurs beziehungsweise ein großes Eisfeld, durch das der Kurs der *Titanic* führt, anzeigen, verließen den Funkraum nicht, und eine weitere wurde gar nicht erst aufgenommen. Das läßt die Verteidigungsstrategie der White Star Line, daß die Schiffsführung der *Titanic* ahnungslos, aber mit voller Kraft voraus in ihr Verderben gefahren ist, aufgehen. Und damit wird dem Funker John George Phillips auch in späteren Jahren immer wieder unterstellt, daß er nachlässig war und nicht seine Pflicht getan hat. Phillips ist also das Bauernopfer, das die Reederei bringen mußte, um das Urteil »Fahrlässigkeit« abzuwenden und zu verhindern, daß der Versicherungsschutz der *Titanic* erlöscht und die White Star Line zudem noch Schadensersatz an die Überlebenden sowie die Hinterbliebenen der Opfer zahlen muß.

Anmerkungen

1 Aussage vom 4. Offizier Joseph Groves Boxhall vor dem britischen und amerikanischen Untersuchungsausschuß.

2 Lt. Funklog der *Baltic*; diese Eiswarnung zeigte Kapitän Smith Ismay, der sie in seine Tasche steckte und erst Stunden später auf eine Bitte Smiths wieder zurückgab.

3 Lt. britischem Untersuchungsausschuß.

4 Funksprüche werden entweder mit Schiffszeit oder New Yorker Zeit angegeben. Leider wird nicht deutlich, um welche Uhrzeiten es sich bei Turnbulls Aussagen handelt. Auf jeden Fall bestand ein Zeitunterschied zwischen Schiffszeit *Titanic* und New Yorker Zeit bzw. Schiffszeiten der anderen Dampfer. Diese Differenzen sind aber in diesem Zusammenhang völlig unwichtig, so daß eine Umrechnung nicht erforderlich ist.

5 »Kälber« sind kleine Eisberge, die entstehen, wenn von großen Eisbergen massive Teile abbrechen.

6 Mit Meilen sind Seemeilen gemeint (1 Seemeile = 1,852 Kilometer).

7 Diese Angabe ist definitiv New Yorker Zeit. Umgerechnet in Schiffszeit *Titanic*, ergibt es etwa 21.45 Uhr.

8 SS = Abkürzung für Steam-Ship (Dampfschiff).

9 Gemeint ist hier 49° bis 51° westliche Länge.

10 Im Protokoll des amerikanischen Untersuchungsausschusses wird konsequent »Murdock« geschrieben, aber die Schreibweise ist falsch. In diesem Fall sowie im weiteren Verlauf habe ich die Schreibweise des Namens in der Aussage berichtigt, ohne dieses jedes Mal gesondert auszuweisen.

11 Lt. dem Buch von Patrick Stenson »Lights – The Odyssey of C. H. Lightoller«, ISBN 0 370 30593 0, basierte ein Teil von Lightollers Aussagetechnik darauf, daß er die Fragen wörtlich nahm und nichts darüber hinaus sagte, wenn es nicht für die Verteidigung erforderlich war.

12 Gemeint ist hier nördliche Breite und westliche Länge, ob damit aber nur ein Ort oder aber ein ganzer Bereich angezeigt wird, wird aus Lowes Aussage nicht deutlich.

13 Im Protokoll zieht sich Pitmans Aussage über fast 60 DIN-A4-Seiten hin.

14 Angabe aus dem Buch »*Titanic*, End of a Dream« von Wyn Craig Wade, ISBN 0 297 78887 6 (deutsche Ausgabe: »Die *Titanic*, Das Ende eines Traums, ISBN 3 423 10130 X). Lt. diesem Buch wird dieser Teil der Aussage auch aus dem offiziellen Protokoll gestrichen.

15 Gemeint ist hier zwischen sechs und acht Uhr abends am 14. 4. 1912.

16 Der richtige Name des Schiffes ist *La Touraine*.

17 Boxhall spricht hier von den Schiffahrtswegen nach Amerika, die in internationalen Vereinbarungen festgelegt worden waren.

18 Als »Ecke« (Corner) wird die Position bezeichnet, auf der die Schiffe nach New York eine Kursänderung machen, um von einem südlichen Kurs auf einen mehr westlichen Kurs zu kommen. Die *Titanic* machte diese Kursänderung am 14. April kurz vor sechs Uhr abends.

19 Mittelwache = von acht Uhr bis zwölf Uhr, hier: abends.

20 Die *Amerika* fuhr nach Osten.

21 Das Schiff, das die Überlebenden aufgenommen hat.

Die letzte Wache

Die *Titanic* fährt in den Abend des 14. April 1912. Gegen 17.50 Uhr wird ihr Kurs – auf Anweisung des Kapitäns – auf rechtweisend Süd 86 West geändert[1]. Diese Kursänderung ist um fast eine Stunde verschoben worden. Dadurch befindet sich die *Titanic* einige Meilen südlich von der Sommerroute nach New York. Der Grund für diese Maßnahme des Kapitäns sind die bis zu diesem Zeitpunkt eingegangenen Eiswarnungen der *Caronia* und der *Baltic*, aus denen ersichtlich wird, daß Packeis, Eisberge und auch Treibeis die Südroute schon fast erreicht haben bzw. sich bereits auf der Südroute befinden. Da die *Titanic* die Längengrade noch nicht passiert hat, das Eis aber gleichzeitig von der Labradordrift nach Süden und vom Golfstrom nach Osten getrieben wird, geht Kapitän Smith kein Risiko ein, sondern verlegt den Kurs seines Schiffes einige Meilen nach Süden. Die von der *Amerika* gemeldeten Eisberge befinden sich allerdings immer noch südlich vom Kurs der *Titanic*, doch diese Berge sind so weit entfernt, daß die *Titanic* sie auf ihrem Kurs nicht treffen kann. Und die *Amerika* spricht auch nur von Eisbergen, nicht aber von Treibeis, Packeis und Kälbern, die ein Hinweis auf mehr Eisberge in dem Seegebiet sein könnten.

Eisberge sind treibende Inseln. Sieben Achtel dieser Berge sind unter Wasser, und über Wasser können diese Ungetüme Höhen von fünfzig Meter oder noch mehr erreichen. Eisberge entstehen, wenn bei einsetzendem Tauwetter von den Gletschern der Arktis riesige Eisbrocken abbrechen und ins Meer stürzen. Mit der Meeresströmung treiben sie nach Süden. Die meisten von ihnen stranden auf den Neufundlandbänken, wo Wassertiefen bis über hundert Meter existieren, und tauen dort auf. Nur einige Hundert von den Eisbergen werden an diesen Bänken vorbeigetrieben und driften weiter nach Süden. Normalerweise ist die Eisgrenze nördlich von der Sommerroute nach New York, die nur wegen der Eisgefahr so weit nach Süden gelegt wurde. Zur eisfreien Zeit fahren die Schiffe weiter nördlich und benutzen damit einen kürzeren Weg. Eisberge treiben aber auch über die Eisgrenze hinaus weiter nach Süden. Manche sind mit Meeresströmungen bis zu den Azoren gedriftet, aber das sind ganz große Ausnahmen.

Die der *Titanic* vorliegenden Eiswarnungen deuten darauf hin, daß das Eis für die Jahreszeit sehr früh und in außergewöhnlich großen Mengen nach Süden getrieben ist. Der leicht nach Süden verschobene Kurs sollte die Gefahr, in Eis zu geraten, minimieren. Daß zwei Eisberge bereits deutlich südlich von der Route der *Titanic* gesehen wurden, ist aufgrund der Unberechenbarkeit von Eisbergen kein Grund zur Sorge, wohl aber ein Anlaß zu erhöhter Wachsamkeit. Kapitän Smith ordnet im Nachtwachenbuch, das von den Wachoffizieren abgezeichnet werden muß, deswegen auch an, daß besondere Ausschau nach Eis und Eisbergen gehalten werden soll. Die Nautiker der *Titanic* wissen, daß sie in der Nähe von Eis sind, und sie wissen ebenfalls, daß Eisberge bereits südlich von ihrem Kurs gesichtet wurden.

Dieses Eis bietet auch Gesprächsstoff unter den Offizieren. Der 2. Offizier Lightoller sagt vor dem amerikanischen Untersuchungsausschuß, daß er sich während seiner Freiwache mit dem 1. Offizier Murdoch über die Eiswarnungen unterhalten hat, und der 3. Offizier Pitman berichtet am gleichen Ort, daß sich die Offiziere darüber gesprochen haben, während der Wache des 1. Offiziers, von zehn Uhr abends bis zwei Uhr nachts, in der Nähe von Eis zu sein. Nach Lightollers Angabe vor dem britischen Untersuchungsausschuß passiert die *Titanic* gemäß seinen Berechnungen den Längengrad, auf dem etwas weiter nördlich Eis gesichtet wurde, gegen 21.30 Uhr und damit während der letzten halben Stunde seiner Wache. Spätestens gegen zwei Uhr nachts, dem Ende der Wache des 1. Offiziers, sollte die *Titanic* die gefährliche Region durchquert haben.

Die Nähe zum Eis ist allerdings kein Anlaß, die Geschwindigkeit zu reduzieren. Die *Titanic* fährt weiterhin mit voller Kraft voraus und folgt damit der gängigen Praxis auf Passagierschiffen von und nach New York.

Von 19.00 Uhr bis 19.30 Uhr ist der 1. Offizier Murdoch der wachhabende Senior-Offizier auf der Brücke. Er löst den 2. Offizier Lightoller, dessen Wache es eigentlich ist, ab, damit Lightoller zum

Dinner gehen kann. In dieser Zeit fällt die Temperatur von 43° Fahrenheit auf 39° Fahrenheit[2]. Allerdings ist so ein Temperatursturz auf diesen Breiten- und Längengraden nach Angaben der Seeleute nicht ungewöhnlich – dafür ist die Labradordrift zu nahe. Im weiteren Verlauf bis zur Wachübergabe Lightollers an Murdoch abends um zehn Uhr fällt die Temperatur bis unter den Gefrierpunkt ab.

An diesem Abend ist Kapitän Smith von Passagieren der 1. Klasse zu einem Dinner im à-la-carte-Restaurant der *Titanic* eingeladen. Smith hat diese Einladung angenommen. Das ist durchaus als Zeichen dafür zu werten, daß er die Lage seines Schiffes zu diesem Zeitpunkt nicht als gefährlich einstuft. Wenn sich sein Schiff in einer gefährlichen Situation befindet, überläßt der Kapitän die Brücke nicht seinen Senior-Offizieren, sondern hält sich selbst dort auf und degradiert damit den dienstälteren Offizier der Wache zu einem Statisten. Die zentrale Aufgabe des Kapitäns an Bord eines Schiffes ist die Navigation. Für die Passagiere sind der Zahlmeister, der 2. Zahlmeister sowie deren Assistenten zuständig. Nur wenn die Lage es erlaubt und wenn es der Neigung des Kapitäns entspricht, läßt er sich auch bei den Passagieren blicken. Und offensichtlich spricht am Abend des 14. April aus Sicht von Kapitän Smith nichts dagegen, mit einigen Passagieren zu dinnieren. Später wird es heißen, daß Smith sich bei diesem Dinner betrunken hat, doch es gibt vereidigte Aussagen, daß er nur Wasser trank.

Wie bei allen Katastrophen ist auch im Fall *Titanic* die zentrale Frage, wie es zu diesem Unglück kommt. Untrennbar mit der Antwort darauf verbunden ist, ob die Schiffsführung weiß, daß der Kurs der *Titanic* mitten durch ein Eisfeld – das sagt die Eiswarnung der *Mesaba*, die zwischen 21.45 und 22.00 Uhr Schiffszeit *Titanic* empfangen wurde – führt, und welche Vorsichtsmaßnahmen getroffen werden, um eine Kollision mit Eis zu vermeiden.

Die gängige Darstellung der *Titanic*-Geschichtsschreibung ist: Der Schiffsführung war nicht bekannt, daß die *Titanic* mitten durch ein Eisfeld fährt, und der fatale Eisberg tauchte völlig überraschend im Kurs auf. Kapitän Smith ist – so die generelle Annahme – nur für einen kurzen Besuch während der Abendwache des 2. Offiziers auf der Brücke gewesen und dann erst wieder nach der Kollision. Das wird manchmal als Beleg dafür genommen, daß Kapitän und Offiziere völlig ahnungslos waren und nicht wußten, in welcher Gefahr sich ihr Schiff befand.

Diese Darstellung ist ganz im Sinne der Reederei, für die es sehr wichtig ist, herauszustellen, daß der Schiffsführung nicht bekannt ist, daß ihr Schiff durch ein Eisfeld fährt, und deswegen keine Vorsichtsmaßnahmen getroffen werden müssen.

Mit diesem Hintergrund ist es sehr interessant, sich die Zeugenaussagen vor den Untersuchungsausschüssen näher anzusehen, wobei man nicht vergessen darf, daß alle Zeugen, die zu diesem Thema wichtige Informationen besitzen können, bei der Reederei beschäftigt sind.

Auf der Brücke der *Titanic* sind von 20 bis 22 Uhr der 2. Offizier Lightoller, der 4. Offizier Boxhall, der 6. Offizier Moody, der Quartermaster Olliver am Ruder[3] des Schiffes und der Quartermaster Hichens als Stand-by-Rudergänger. Im Krähennest, dem Ausguck am Vormast, befinden sich während dieser Zeit die Matrosen Jewell und Symons. Beim Reserveruder am Heck ist der Quartermaster Rowe auf Station.

Titanic-Publikationen, die auch diesen Zeitraum mit abdecken, stützen sich lediglich auf die Angaben Lightollers, der vor den beiden Untersuchungsausschüssen auch sehr ausgiebig befragt wird, obwohl bis auf Moody alle anderen der Genannten überlebt haben.

Quartermaster Rowe, der am Heck des Schiffes stationiert ist, weiß natürlich nichts über die Vorgänge auf der Brücke, wie auch die beiden Matrosen im Ausguck. Doch Jewell und Symons im Krähennest können Angaben zu den Witterungsbedingungen, die ebenfalls aufschlußreich sind, machen:

Vor dem britischen Untersuchungsausschuß, in Amerika sagt Jewell nicht als Zeuge aus, berichtet Jewell, daß das Wetter während seiner Wache von 20 bis 22 Uhr sehr klar war. Eine etwas ausführlichere Erläuterung bietet Symons vor dem britischen Untersuchungsausschuß:

Um 21.30 Uhr erhalten Symons und Jewell den Befehl von der Brücke, bis zur Morgendämmerung scharf Ausschau nach Eisbergen und Eisschollen zu halten und diesen Befehl weiterzugeben. Zu dieser Zeit ist die Warnung der *Mesaba* auf der Brücke noch nicht bekannt, aber es ist die Uhrzeit, um die – nach Lightollers Berechnung – die *Titanic* den 49. Längengrad passiert und damit die Eiszone erreicht hat. Nach den Informationen, die den Offizieren vorliegen, ist das Eis allerdings einige Meilen weiter nördlich. Doch diese Anweisung an den Ausguck deutet darauf hin, daß zumindest

Lightoller sich der Sache nicht ganz so sicher ist, wie er es vor den Untersuchungsausschüssen gerne darstellen möchte. Möglicherweise geht er aufgrund der Witterungsbedingungen davon aus, daß das Eis näher ist, als es die bekannten Eiswarnungen vermuten lassen.

Symons berichtet auch, daß die Nacht sehr kalt ist. Als sein Kamerad Jewell dieses ihm gegenüber erwähnt, entgegnet Symons: »Ja, dem Geruch nach würde ich sagen, daß hier Eis ist.«

Eis hat einen besonderen Geruch, und es gibt viele erfahrene Seemänner, die es riechen, bevor sie es sehen. Die Eiswarnung der *Mesaba* belegt zudem ganz deutlich, daß Symons sich nicht getäuscht hat. Außerdem: Was dieser Matrose wahrnimmt, kann auch anderen nicht verborgen bleiben. Und selbst Passagiere geben an, daß sie vor der Kollision einen Eisgeruch wahrgenommen haben.

Von den beiden Quartermastern auf der Brücke steht Alfred Olliver von 20 bis 22 Uhr am Ruder. Damit befindet er sich im Ruderhaus, das von der Brücke abgetrennt ist. Es liegt an ihm, daß das Schiff den vorgegebenen Kurs hält. Er muß während seiner Zeit am Ruder auf die Kompaßnadel achten. Diese Aufgabe erfordert hohe Konzentration, und deswegen wechseln die Quartermaster nach zwei Stunden.

Der Stand-by-Quartermaster von 20 bis 22 Uhr ist Robert Hichens, und er hält sich auf der Brücke zur Verfügung. Vor dem britischen Untersuchungsausschuß erwähnt Hichens die extreme Kälte, die abends herrschte. Und es ist auch Hichens, der aussagt, daß die *Titanic* in diesen zwei Stunden 45 Seemeilen zurücklegt und demnach eine Geschwindigkeit von 22,5 Knoten über Grund gefahren sein muß. In den USA macht er diese Angabe in einer nichtöffentlichen Aussage vor Senator Smith. Das kann ein Hinweis darauf sein, daß Hichens Angst vor irgend jemanden hatte und deswegen nicht wagte, über die Geschwindigkeit der *Titanic* in der öffentlichen Sitzung zu sprechen. Merkwürdig an dieser »Geheimaussage« Hichens ist allerdings auch, daß ihm danach die Heimreise nach England erlaubt wird, während die anderen überlebenden Besatzungsmitglieder sowie Joseph Bruce Ismay, die als Zeugen vor den amerikanischen Untersuchungsausschuß geladen wurden, noch bleiben müssen. Es ist daher nicht auszuschließen, daß Hichens sich seine Heimreise mit dieser Angabe erkauft hat. Doch vor dem britischen Untersuchungsausschuß bleibt er bei den 22,5 Knoten.

Lightoller und Joseph Bruce Ismay erklären einhellig, daß die *Titanic* niemals schneller als mit 75 Umdrehungen pro Minute fuhr.

Nach Ismays Angaben entsprechen 75 Schraubenumdrehungen je Minute einer Geschwindigkeit von 21 Knoten, Lightoller dagegen sagt aus, daß die *Titanic* am 14. April zwischen 21,5 und 22 Knoten gefahren ist, Pitman gibt an, daß die *Titanic* 21,5 Knoten machte, während Quartermaster Rowe berichtet, daß eine Ablesung des Logs ergab, daß die *Titanic* von 12 Uhr mittags bis zur Kollision 260 Seemeilen zurücklegte und damit eine Durchschnittsgeschwindigkeit von 21,6 Knoten erreichte.

Die Geschwindigkeit eines Schiffes wird auch durch Strömung und Wind beeinflußt, so daß ein Schiff zum Beispiel 20 Knoten Fahrt durchs Wasser machen kann, durch ungünstige Strömungsverhältnisse und/oder Gegenwind über Grund aber nur 17 Knoten zurücklegt. Genauso können natürlich Wind und Strömung die Geschwindigkeit eines Schiffes erhöhen.

Für die White Star Line ist es vor den Untersuchungsausschüssen von großer Wichtigkeit, daß die *Titanic* nicht zu schnell fuhr. Schließlich geht es um Ursachenforschung, und sollte auch nur einer der Untersuchungsausschüsse zu dem Ergebnis kommen, daß Fahrlässigkeit seitens der Schiffsführung vorliegt, wird die Reederei in Regreß genommen. Eine hohe Geschwindigkeit kann durchaus ein Faktor sein, der zu dem Urteil »Fahrlässigkeit« führt, wenn mindestens einer der Untersuchungsausschüsse zu dem Schluß gelangt, daß die Schiffsführung der *Titanic* wußte oder hätte wissen müssen, daß der Kurs des Schiffes mitten durch ein Eisfeld führte.

Hichens sagt in Großbritannien ebenfalls aus, daß er nichts davon hörte, daß die Offiziere Eiswarnungen erhalten hatten. Auf die Frage, ob es unter solchen Umständen nicht üblich ist, den Ausguck zu verstärken, erwidert er: »Nicht in so einem Fall mit drei Offizieren auf der Brücke.«

Vor dem amerikanischen Untersuchungsausschuß ist Hichens' Aussage zu den Vorgängen der Wache von 20 bis 22 Uhr ergiebiger und durchaus aufschlußreich:

> Senator Smith: »Ich möchte, daß Sie jetzt mit Ihren eigenen Worten erzählen, was von der Zeit, als Sie auf Wache gingen, bis zur Kollision geschah.«
>
> Hichens: »Ich ging um acht Uhr auf Wache. Die Offiziere der Wache waren der 2. Offizier, Mr. Lightoller, Dienstälterer mit dem Befehl über das Schiff, der 4. Offizier, Mr. Boxhall, und der 6. Offizier, Mr. Moody. Als ich auf die Brücke gekommen war, waren meine ersten Befehle, Mr. Lightollers Grüße an den

Schiffszimmermann zu überbringen und ihn zu informieren, daß er sich um sein Frischwasser kümmern möge, da die Temperatur um den Gefrierpunkt war. Ich führte den Befehl aus. Nachdem ich auf die Brücke zurückgekehrt und dort einige Minuten war, kam der Schiffszimmermann zurück und meldete, daß der Befehl ausgeführt war. Mich als Stand-by-Quartermaster bereit haltend für eine andere Nachricht, Sir – es ist die Aufgabe des Quartermasters, die Glocke alle halbe Stunde anzuschlagen –, hörte ich den 2. Offizier zu Mr. Moody, dem 6. Offizier, ein weiteres Mal sagen, durch das Telefon zu sprechen und die Ausguckleute zu warnen, bis zum Tagesanbruch scharfe Ausschau nach Eisschollen zu halten und diese Anweisung weiterzugeben. Den nächsten Befehl, den ich vom 2. Offizier erhielt, war, den Deck-Ingenieur zu suchen und zu finden und ihn mit dem Schlüssel hochzubringen, um die Heizungen im Gang der Offiziersquartiere und auch im Kartenraum und im Ruderhaus zu öffnen wegen der strengen Kälte. Um Viertel vor zehn ging ich zum 1. Offizier, Mr. Murdoch, um ihn zu informieren, daß es ein Glas ist[4], das ist ein Teil unserer Aufgaben, auch das Notieren des Thermometers und des Logs, die Wassertemperatur und das Log. Um zehn Uhr übernahm ich das Ruder, Sir. (...)«

(...)

Senator Smith: »Was dachten Sie? Dachten Sie, Sie wären in der Nähe von Eis, als Sie feststellten, daß das Wasser so kalt war?«[5]

Hichens: »Nein, Sir. Ich dachte mir gar nichts dabei.«

Senator Smith: »Hörten Sie, daß Sie in der Nähe von Eis waren?«

Hichens: »Ich hörte es vom 2. Offizier, als er es wiederholte. Er schickte mich mit seinen Grüßen zum Zimmermann, der sich um das Frischwasser kümmern sollte, weil es fror, um acht Uhr. Dann wußte ich es. Ich wußte es nicht früher, aber ich hörte deutlich den 2. Offizier Mr. Moody, dem 6. Offizier, sagen, durch das Telefon zu wiederholen und bis zum Tagesanbruch eine scharfe Ausschau nach Eisschollen zu halten und diesen Befehl an die anderen Ausguckleute weiterzugeben.«

Senator Smith: »Sie hörten keinen Offizier irgendwas über Eisberge oder Treibeis oder Kälber, oder wie auch immer die diese Sachen nennen, sagen, außer dem, was sie beschrieben haben, als er sagte, daß es fror?«

Hichens: »Ja.«

Senator Smith: »Sind Sie jemals zuvor auf diesem Kurs gefahren?«

Hichens: »Nein, Sir.«

Senator Smith: »Sind Sie jemals zuvor zwischen Eisbergen gewesen?«

Hichens: »Ja, Sir.«

Senator Smith: »Wo?«

Hichens: »Oben bei Norwegen und Schweden und Petersburg und oben bei Danube.«

Senator Smith: »Damit waren sie keine unvertrauten Anblicke für Sie?«

Hichens: »Nein, Sir.«

Senator Smith: »Hatten Sie selbst eine Möglichkeit gehabt zu wissen, ob Sie in der Nähe von Eisbergen waren?«

Hichens: »Es wurde sehr, sehr kalt, außergewöhnlich kalt, so kalt, daß wir die Kälte kaum aushalten konnten. Ich glaubte, da war irgendwo Eis.«

Senator Smith: »Das zeigte Ihnen an, daß Sie in der Nähe von Eis waren?«

Hichens: »Es ging mich nichts an. Es hatte nichts mit mir zu tun. Die Offiziere hatten damit zu tun. Ich bin nur ein Junior-Offizier[6].«

Senator Smith: »Danach fragte ich nicht. Ich fragte nur, was Sie dachten, und nicht, was Sie taten. Sie haben Erfahrungen zwischen diesen Eisbergen gehabt, und wenn Sie feststellten, daß es kalt war und die ganze Zeit auf dem Nordatlantik immer kälter wurde, kamen Sie zu dem Schluß, daß Sie sich dem Eis näherten, oder?«

Hichens: »Ich ging davon aus, Sir.«

Senator Smith: »Sprachen Sie darüber mit irgend jemandem?«

Hichens: »Nein, Sir.«

Hichens Aussage gibt also einen ersten Hinweis darauf, daß zumindest der 2. Offizier wußte, daß die *Titanic* in der Nähe von Eis war, und auch ohne Eiswarnung der *Mesaba* gibt es genug Anhaltspunkte, die darauf hinweisen, daß die *Titanic* dem Eis näher ist, als es nach den Eiswarnungen der *Caronia* und der *Baltic* den Anschein hat. Außerdem hinterläßt Hichens' Aussage an einigen Punkten den Eindruck, daß er von irgend jemandem angehalten wurde, möglichst nicht zu sagen, daß bekannt war, daß die *Titanic* sich nicht nur in der

Nähe von Eis, sondern im Eis befand. Auch ist an Hichens Aussage auffällig, daß der Quartermaster betont, daß er sich nichts bei den Anzeichen dachte und es auch nicht seine Aufgabe war, sich damit zu befassen.

Boxhall ist der einzige überlebende Offizier der Wache von 22 Uhr bis zur Kollision, und deswegen soll seine Aussage an dieser Stelle nicht strapaziert werden. Damit bleibt nur noch Lightoller. Der 2. Offizier ist sehr bestrebt, deutlich herauszustellen, daß die Offiziere nicht wußten, wie nahe die *Titanic* dem Eis war. Seine Bemühungen sind insofern von Erfolg gekrönt, daß es zwar klare Zweifel am Wahrheitsgehalt seiner Aussagen gibt, diese aber nicht widerlegt werden.

In *Titanic*-Publikationen wird Lightollers Argumentation, daß die Offiziere anhand der vorliegenden Warnungen nicht wissen konnten, wie nahe die *Titanic* dem Eis wirklich war, gefolgt. Lightoller ist für *Titanic*-Autoren auch der Standardzeuge im Hinblick auf die Vorgänge auf der Brücke vor der Kollision.

Ein ganz wichtiger Punkt in seiner Aussage ist, daß Kapitän Smith während seiner Wache auf die Brücke kam. Das Kreuzverhör Lightollers durch Senator Smith am ersten Tag des amerikanischen Untersuchungsausschusses entbehrt durch die Fragetechnik des Senators, die aus häufigen Wiederholungen besteht, und Lightollers teilweise arroganten Antworten, die seine Verachtung gegenüber dem amerikanischen Untersuchungsausschuß ausdrücken, nicht einer gewissen Komik.

> Senator Smith: »War der Kapitän auf der Brücke, als Sie um sechs Uhr abends auf Wache gingen, oder sahen Sie ihn?«
>
> Lightoller: »Um sechs Uhr sah ich ihn nicht.«
>
> Senator Smith: »Wann sahen Sie ihn das nächste Mal?«
>
> Lightoller: »Ungefähr fünf Minuten vor neun war es, als ich ihn das nächste Mal sah.«
>
> Senator Smith: »Gegen fünf Minuten vor neun?«
>
> Lightoller: »Ja, Sir.«
>
> Senator Smith: »Wer war während seiner Abwesenheit auf der Brücke?«
>
> Lightoller: »Ich selbst, Sir.«
>
> Senator Smith: »Lösten Sie ihn ab?«
>
> Lightoller: »Den Kapitän?«
>
> Senator Smith: »Ja.«

Lightoller: »Nein, Sir. Den 1. Offizier. Ich bitte um Entschuldigung, den Chief Officer.«

Senator Smith: »Sie lösten den Chief ab?«

Lightoller: »Ja, Sir.«

Senator Smith: »Und gingen auf die Brücke?«

Lightoller: »Ich löste den Chief ab. Die Wache des Chiefs war von zwei bis sechs. Ich löste den Chief Officer um sechs Uhr ab und setzte die Wache bis zehn Uhr fort.«

Senator Smith: »Blieben Sie auf der Brücke?«

Lightoller: »Ja, Sir.«

Senator Smith: »Von sechs bis zehn Uhr?«

Lightoller: »Ja, Sir.«[7]

Senator Smith: »War während dieser Zeit jeder Offizier oder Mann auf seiner Position im vorderen Bereich des Schiffes?«

Lightoller: »Ja, Sir.«

Senator Smith: »Wer war da, und wo waren sie stationiert?«

Lightoller: »Zwei Mann im Krähennest, ein Mann am Ruder und ein Mann als Stand-by.«

Senator Smith: »Wie war das Wetter in jener Nacht?«

Lightoller: »Klar und ruhig.«

Senator Smith: »Waren Sie sich überhaupt im klaren darüber, daß Sie in der Nähe von Eisbergen waren?«

Lightoller: »Nein, Sir.«

Senator Smith: »Und aus diesem Grund hielten Sie es nicht für erforderlich, den offiziellen Ausguck zu verstärken?«

Lightoller: »Nein, Sir.«

Senator Smith: »Und das wurde nicht getan?«

Lightoller: »Nein, Sir.«

Senator Smith: »War der Kapitän in der Zeit von sechs bis zehn Uhr überhaupt auf der Brücke?«

Lightoller: »Ja, Sir.«

Senator Smith: »Wann kam er?«

Lightoller: »Fünf Minuten vor neun.«

Senator Smith: »Fünf Minuten vor neun?«

Lightoller: »Ja, Sir.«

Senator Smith: »Aber er war von sechs Uhr bis fünf Minuten vor neun nicht da?«

Lightoller: »Ich habe ihn nicht gesehen, Sir.«

Senator Smith: »Sie würden ihn gesehen haben, wenn er dagewesen wäre, oder?«

Lightoller: »Wenn er wirklich auf der Brücke gewesen wäre, ja, dann sollte ich ihn gesehen haben.«

Senator Smith: »Sie sahen ihn nicht?«

Lightoller: »Ich sah ihn nicht.«

Senator Smith: »Und Sie waren die ganze Zeit auf der Brücke?«

Lightoller: »Die ganze Zeit.«

Senator Smith: »Als er um fünf Minuten vor neun auf die Brücke kam, was sagte er zu Ihnen, oder was sagten Sie zu ihm? Wer sprach zuerst?«

Lightoller: »Das kann ich nicht sagen, Sir. Möglicherweise sagte einer von uns ›Guten Abend‹.«

Senator Smith: »Aber Sie wissen nicht, wer?«

Lightoller: »Nein.«

Senator Smith: »Wurde sonst noch was gesagt?«

Lightoller: »Ja. Wir sprachen über das Wetter, die ruhige See, die klare Sicht, über die Zeit, in der wir in die Nähe von Eis kommen sollten und wie wir es ausmachen könnten, falls wir es sehen sollten – wir frischten unsere Erinnerung auf, welche Anzeichen Eis auf seine Nähe gibt. Wir sprachen nur generell für 25 Minuten.«

Senator Smith: »Für 20 oder 25 Minuten?«

Lightoller: »Ja, Sir.«

Senator Smith: »Wurde zu der Zeit die Eiswarnung der *Amerika* erwähnt?«

Lightoller: »Kapitän Smith machte eine Bemerkung, daß, wenn es auch nur leicht diesig wird, wir ohne Zweifel sehr langsam fahren müssen.«

Senator Smith: »Wurden Sie langsamer?«

Lightoller: »Darüber weiß ich nichts.«

Senator Smith: »Sie würden es wissen, wenn das während Ihrer Wache geschehen wäre, oder?«

Lightoller: »Nicht unbedingt, Sir.«

Senator Smith: »Wer würde den Befehl geben?«

Lightoller: »Der Kapitän würde Befehle an den Chefingenieur schicken, sie um so und so viele Umdrehungen zu reduzieren.«

Senator Smith: »Durch ein Megaphon?«

Lightoller: »Nein, Sir, handschriftlich.«

Senator Smith: »Durch ein Sprachrohr?«

Lightoller: »Nein, handschriftlich; Notizen.«

Senator Smith: »Sahen Sie, daß irgendwas in dieser Art gemacht wurde?«

Lightoller: »Nein, Sir, auf der Brücke sah ich es nicht.«

Senator Smith: »Und der Kapitän war auf der Brücke?«

Lightoller: »Ja, Sir.«

Senator Smith: »Wie lange blieb er auf der Brücke, nachdem er um fünf vor neun gekommen war?«

Lightoller: »Er blieb bis ungefähr 20 Minuten nach neun oder so.«

Senator Smith: »Ungefähr 20 Minuten nach neun?«

Lightoller: »Ungefähr 25 Minuten insgesamt.«

Senator Smith: »Dann verließ er die Brücke?«

Lightoller: »Ja, Sir.«

Senator Smith: »Was sagte er?«

Lightoller: »›Wenn es auch nur etwas zweifelhaft ist, lassen Sie mich es wissen.‹«

Senator Smith: »Was sagten Sie zu ihm?«

Lightoller: »›In Ordnung, Sir.‹«

Senator Smith: »Sie hielten das Schiff auf ihrem Kurs?«

Lightoller: »Ja, Sir.«

Senator Smith: »Und mit ungefähr der gleichen Geschwindigkeit?«

Lightoller: »Ja, Sir, soweit ich weiß.«

Senator Smith: »Wann sahen Sie den Kapitän wieder?«

Lightoller: »Als ich nach dem Zusammenstoß aus den Quartieren kam.«

Senator Smith: »Sie sagen, daß er bis zum Ende Ihrer Wache nicht auf die Brücke zurückkehrte?«

Lightoller: »Nein, Sir.«

Als Lightoller ein drittes Mal als Zeuge vor dem amerikanischen Untersuchungsausschuß aussagen muß, wird er wieder auf den Besuch des Kapitäns auf der Brücke angesprochen:

Senator Smith: »Um welche Uhrzeit kam der Kapitän Sonntag nacht während Ihrer Wache auf die Brücke?«

Lightoller: »Ich glaube, ich sagte gegen fünf Minuten vor neun, Sir.«

Senator Smith: »Und er blieb, bis Sie um zehn Uhr von der Brücke gingen?«

Lightoller: »Nein, Sir; ich glaube, ich sagte, es war 20 Minuten nach neun, als er uns verließ. Es war ungefähr die Zeit. Er war ungefähr 25 Minuten bei uns.«

Sind Lightollers Angaben zu diesem Gespräch mit dem Kapitän vor dem amerikanischen Untersuchungsausschuß noch übereinstimmend, so hat Lord Mersey vom britischen Untersuchungsausschuß Zweifel daran, ob diese Unterhaltung wirklich stattgefunden hat.

In Großbritannien sagt Lightoller aus, daß die Lufttemperatur um neun Uhr abends nur noch 33° Fahrenheit[8] betrug und er deswegen dem Zimmermann die Anweisung gab, sich um das Frischwasser zu kümmern. Hierbei ist zu erinnern, daß nach den Angaben des 2. Offiziers in den USA der Kapitän zu dieser Zeit auf der Brücke war. Auch in Großbritannien bleibt Lightoller stur dabei, daß die Temperatur kein Indikator für die Nähe von Eis ist, sondern daß so ein extremer Temperatursturz im Sommer wie im Winter passieren kann. Er betont, daß die Offiziere immer Ausschau nach Nebel halten, wenn sie wissen, daß sie sich dem Eis nähern, oder vermuten, daß Eis in der Nähe sein könnte.

Gemäß Lightollers Angaben sah die See von seinem Standort auf der Brücke völlig unbewegt aus, es war das erste Mal in all seinen Jahren als Seemann, daß er eine so ruhige See gesehen hat. Diese unbewegte See macht es schwieriger, Eis in jeder Form zu erkennen, da normalerweise »Eisblinken« der erste Hinweis auf Eis ist. Eisblinken entsteht, wenn sich die Dünung am Eis bricht, was ein phosphorierendes Licht ergibt und auf mehrere Meilen erkennbar ist. Lightoller sagt in diesem Zusammenhang auch aus: »Ich konnte mit großer Sicherheit irgendwelches Eis, das groß genug war, um dem Schiff Schaden zuzufügen, ausmachen.«[9]

Es ist nie bekanntgeworden, daß schon während Lightollers Wache Eis gesehen wurde, doch der 2. Offizier rechnete ab 21.30 Uhr mit Eis, und die Eiswarnung der *Mesaba* zeigt, daß die *Titanic* ungefähr seit dieser Zeit mitten durch ein Eisfeld mit vielen Eisbergen und großen Mengen an Treib- sowie Packeis fuhr. Es ist also nicht auszuschließen, daß wirklich schon während Lightollers Wache Eis gesichtet wurde. Doch natürlich darf das nicht bekanntwerden, weil es dann völlig unverständlich wird, daß die *Titanic* weder Kurs ändert noch die Geschwindigkeit reduziert noch den Ausguck verstärkt.

Nach diesen Punkten geht es um den Besuch des Kapitäns auf der Brücke während Lightollers Abendwache.

Lord Mersey: »Machten Sie den Kapitän auf den Temperatursturz aufmerksam?«

Lightoller: »Ja. Ich sagte ihm, was ich veranlaßt hatte.«

Staatsanwalt: »Erwähnten Sie ihm gegenüber Eisberge?«

Lightoller: »Nein. Ich erzählte ihm, daß es schade war, daß keine Brise ging. Der Kapitän sagte, daß es ganz klar zu sein schien. Da war kein Wind. Dann diskutierten wir die Anzeichen von Eis. Ich erinnere mich, daß ich sagte, es wäre schade, daß keine Brise aufkam, weil wir dadurch in der Lage sein würden, die Brecher an den Seiten der Berge zu sehen, aber der Kapitän sagte dann, selbst wenn die blaue Seite eines Berges[10] auf sie gerichtet sein sollte, würde es sie ausreichend warnen, daß da in jedem Fall eine gewisse Menge an Licht um den Berg sein würde, und die weiße Kante würde ihnen den Berg anzeigen.«

Lord Mersey: »Demnach hatten Sie beide entschieden, daß sie kurz davor waren, Eisbergen zu begegnen?«

Lightoller: »Nicht unbedingt, my Lord, wir diskutierten die Angelegenheit als natürliche Vorsichtsmaßnahme.«

Staatsanwalt: »Erzählten Sie dem Kapitän, daß sie die Eisregion gegen 9.30 Uhr erreichen würden?«

Lightoller: »Nein.«

Staatsanwalt: »Wurde nichts gesagt?«

Lightoller: »Nein.«

Staatsanwalt: »Wie lange war der Kapitän mit Ihnen auf der Brücke?«

Lightoller: »Ungefähr 20 Minuten oder eine halbe Stunde.«

Staatsanwalt: »Dann wäre es gegen 21.40 Uhr. Wurde während dieser Zeit über die Geschwindigkeit diskutiert?«

Lightoller: »Nein.«

Staatsanwalt: »Sie fuhren weiterhin mit 21,5 Knoten?«

Lightoller: »Ja.«

Staatsanwalt: »Sagte der Kapitän, als er ging, wohin er ging?«

Lightoller: »Ich glaube, er sagte: ›Wenn es in irgendeiner Form zweifelhaft wird, lassen Sie mich es sofort wissen. Ich bin drinnen.‹«[11]

Lord Mersey: »Sie verließen sich für die Sicherheit nur auf den Ausguck?«

Lightoller: »Ja. Ich verließ mich auf die Entfernung, die ich sehen konnte. Wenn da auch nur etwas Dunst oder irgendwas in der Art gewesen wäre, hätte ich den Kapitän informiert.«

Staatsanwalt: »Wäre da kein Risiko, wenn es leicht neblig gewesen wäre?«

Lightoller: »Der leichteste Nebel hätte alles viel gefährlicher gemacht.«

Staatsanwalt: »Glauben Sie wirklich, daß während dieser halben Stunde keine weitere Unterhaltung über die Gegenwart von Eis gewesen ist?«

Lightoller: »Ich gehe davon aus, daß wir sie hatten, aber ich kann mich nicht daran erinnern.«

Staatsanwalt: »Als der Kapitän ging, sagten Sie dem Krähennest irgendwas?«

Lightoller: »Ja. Ich sagte ihnen kurz danach, nach Treibeis oder irgendwas in der Art Ausschau zu halten.«

Staatsanwalt: »Wurde diese Frage nicht durch die Unterhaltung mit dem Kapitän suggeriert?«

Lightoller: »Nein, in keiner Weise.«

Staatsanwalt: »Sie veranlaßten, daß diese Nachricht an das Krähennest durch einen Offizier übermittelt wurde?«

Lightoller: »Ja, Mr. Moody.«

Staatsanwalt: »Hörten Sie ihn sie übermitteln?«

Lightoller: »Ja. Er sagte es beim ersten Mal dem Krähennest nicht richtig, und ich sagte ihm, er solle das noch mal übermitteln.«

Staatsanwalt: »Sie konnten sich nicht darauf verlassen, daß Wasser sich am Eisberg bricht, und deswegen würde ein kleiner Eisberg besonders schwer zu sehen sein?«

Lightoller: »Er würde.«

Staatsanwalt: »Deswegen wiederholten Sie die Nachricht über die kleinen Eisberge?«

Lightoller: »Ja.«

Staatsanwalt: »Was taten Sie von 9.30 bis 10.00 Uhr, um nach Eis Ausschau zu halten?«

Lightoller: »Ich nahm eine Position ein, von der aus ich einen ungehinderten Blick nach vorne hatte und die Wetterkonditionen beobachten konnte.«

Staatsanwalt: »Waren die Bedingungen so, daß Nebel an einer Stelle entstehen konnte?«

Lightoller: »Dann würde ich es gesehen haben.«

(...)

Staatsanwalt: »Blieb die Geschwindigkeit des Schiffes bis zehn Uhr unverändert?«

Lightoller: »Ja.«

Staatsanwalt: »Wer übernahm das Schiff von Ihnen um zehn Uhr?«

Lightoller: »Mr. Murdoch.«

Staatsanwalt: »Wie war die Temperatur dann?«

Lightoller: »Es war ein Grad kälter geworden.«

Staatsanwalt: »Welche Meldung machten Sie, als Sie die Wache an Mr. Murdoch übergaben?«

Lightoller: »Ich gab ihm den Kurs nach dem Standardkompaß, und ich erwähnte die Temperatur. Er hatte seinen Mantel an und sagte: ›Es ist ziemlich kalt.‹, und ich sagte: ›Ja, es friert.‹ Ich sagte: ›Wir können jetzt beim Eis sein.‹ Er wird gewußt haben, was ich meinte.«

Staatsanwalt: »Sagten Sie irgendwas über die Berechnung, die von einem Junior-Offizier aufgestellt wurde, zu ihm?«

Lightoller: »Das kann ich nicht sagen, ich habe es ihm vielleicht gesagt.«

Lord Mersey: »Sie wußten, daß Sie in der Eisregion waren?«

Lightoller: »Ja.«

Lord Mersey: »Sagten Sie das Murdoch?«

Lightoller: »Ja. Ich kann mich nicht erinnern, was ich sagte, aber ich sagte irgendwas davon, daß wir, wie gemeldet, in der Eisregion sind. Ich kann nur sagen, daß ich Mr. Murdoch zu verstehen gab, daß wir in der Eisregion waren.«

Das ist ein deutlicher Hinweis darauf, daß den Offizieren bekannt ist, daß der Kurs des Schiffes durch ein Eisfeld führt. Es kann ein Beleg dafür sein, daß die Eiswarnung der *Mesaba* bereits während Lightollers Wache auf der Brücke bekannt wurde. Es kann auch ein Beleg dafür sein, daß bereits während Lightollers Wache Eis gesichtet wurde. Es kann aber auch nur darauf hindeuten, daß die Offiziere aufgrund von Wetterbeobachtungen sowie des Geruches der Luft zu dem Schluß gekommen sind, daß sie sich im Eis befinden. Doch Lightoller spricht hier nicht mehr von der Nähe zum Eis, sondern er sagt eindeutig, daß er seiner Ablösung zu verstehen gab, die *Titanic* sei in der Eisregion.

Staatsanwalt: »Sagten Sie irgendwas zu ihm über Ihr Gespräch mit dem Kapitän?«

Lightoller: »Nein.« (Das ist nicht unbedingt ein Beweis dafür, daß das Gespräch wirklich stattgefunden hat.)

Staatsanwalt: »Irgendwelche Anweisungen bezüglich der Geschwindigkeit?«

Lightoller: »Nein.«

Staatsanwalt: »Der Kapitän hatte gesagt, daß Sie ihn informieren sollten, wenn es zweifelhaft wird?«

Lightoller: »Ja.«

Staatsanwalt: »Sagten Sie Mr. Murdoch diese Nachricht?«

Lightoller: »Ja, zweifellos.«

Hier erst scheint Lightoller die Gefährlichkeit der Fragen vorher aufgegangen zu sein: Wenn sein Gespräch mit dem Kapitän wirklich stattgefunden hat, dann muß er auch die Anweisung des Kapitäns an seine Ablösung weitergeben.

Als Lightollers Befragung in den zweiten Tag gegangen ist, macht er noch mal eine Angabe zu seinem Gespräch mit dem Kapitän, das – man beachte die Zeitangabe – geführt wurde, als der Kapitän um 21.30 Uhr auf die Brücke kam. Gemäß Lightoller an diesem Tag merkte Kapitän Smith an: »Wenn es auch nur etwas diesig wird, müssen wir sehr langsam fahren.«

Während des Plädoyers des Staatsanwalts wird ein Teil von Lightollers Aussage öffentlich diskutiert:

Lord Mersey: »Diese Unterhaltung (das Gespräch von Lightoller mit dem Kapitän während seiner letzten Wache) scheint als Entschuldigung vorgeschoben worden zu sein. Wenn diese Unterhaltung stattgefunden hat, wurden die größten Vorsichtsmaßnahmen nicht getroffen, aber mir drängt sich die Frage auf: ›Fand sie statt?‹«

Staatsanwalt: »Ich kann mich nur mit der Aussage befassen.«

Lord Mersey: »Ich mag diese präzisen Erinnerungen nicht. Ich habe Mr. Lightollers Aussage sehr sorgfältig durchgelesen, und ich muß sagen, daß sie bei mir keinen vorteilhaften Eindruck hinterläßt. Ich fürchte jedoch, ich muß sie so nehmen, wie sie vorliegt.«

Staatsanwalt: »Wenn Sie sie eliminieren, ist da nichts, was die außergewöhnlichen Umstände anzeigt.«

Lord Mersey: »Ich stimme zu, daß Mr. Lightoller abnormale Bedingungen herausstellen wollte. Es scheint mir so, als denkt er, diese abnormalen Bedingungen lassen sich durch eine Unterhaltung abdecken, aber er hat nicht bedacht, daß er durch diese Unterhaltung davon spricht, daß die auf der *Titanic* vor diesen Bedingungen gewarnt waren.«

Staatsanwalt: »Ja, das ist das Dilemma.«

Lord Mersey: »Ich habe den Eindruck, daß die Sache der White Star Line ohne diese Unterhaltung besser stünde. Angenommen, daß sie niemals stattgefunden hat und sie sagen, daß sie plötzlich diese abnormalen Bedingungen entdeckt haben? Aber hier preschen sie vor und sagen, sie wußten von den abnormalen Bedingungen und unterhielten sich darüber.«

Der Staatsanwalt verliest nun die Aussage, stellt dabei heraus, daß die Temperatur einige Zeit vor der Kollision um einige Grad gefallen ist und der Kapitän darüber informiert wurde. Danach liest der Staatsanwalt die Unterhaltung zwischen Lightoller und Kapitän Smith vor und stellt klar, daß Lightoller in seiner Aussage zugab, daß sowohl der Kapitän als auch er realisiert hatten, daß die See völlig unbewegt war und deswegen Eis sehr schwer auszumachen sei.

Lord Mersey: »Ich stimme darin überein, daß, selbst wenn die Bedingungen abnormal waren, wenn die Offiziere von diesen abnormalen Bedingungen wußten, diese Aussage wertlos wird.«

Staatsanwalt: »Es ist schwierig, mit dem Zweifel Ihrer Lordschaft über diese Unterhaltung klarzukommen.«

Lord Mersey: »Ich habe Zweifel, und ich habe sie seit langer Zeit gehabt. Doch da ist die Aussage.«

Staatsanwalt: »Es muß erinnert werden, daß Mr. Lightoller von Anfang an bei seiner Story blieb und daß er seine Aussage sehr gut gab.«

Lord Mersey: »Er gab sie bemerkenswert gut.«

Staatsanwalt: »Vielleicht zu gut.«

Der Staatsanwalt ist der Meinung, daß Lightoller wußte, daß sich keine Wellen am Fuß eines Eisberges brechen würden und daß er außerdem erwarten mußte, einen dunklen Berg zu sehen. Sie wußten, daß sie in der Nähe von Eis waren, und der Temperatursturz von zehn Grad Fahrenheit, also etwa sechs bis sieben Grad Celsius, gab ihnen ein Anzeichen, daß sie möglicherweise im Eis sind, außerdem war ihnen bekannt, daß Eis früher als gewöhnlich erwartet werden mußte, und deswegen mußten sie besondere Ausschau nach Eis halten. Abgesehen davon hatten sie, obwohl sie möglicherweise davon ausgingen, daß ein Großteil des Eises bereits südlich von ihrem Kurs war[12], kein Recht, davon auszugehen, daß der Kurs eisfrei war, und selbst wenn sie all das gemeldete Eis vermieden hatten, sich darauf zu verlassen, daß kein anderes Eis im Kurs sein würde.

Lord Mersey: »Ihre Sache war, daß die Kursänderung sie zu dem Schluß führte, daß sie von dem Eis klar waren, daß sie einige Berge unter ihrem Heck[13] passieren würden und daß die anderen zu weit entfernt waren, um von irgendeiner Bedeutung zu sein. Aber wir müssen erinnern, daß sowohl Mr. Lightoller als auch der 5. Offizier Berechnungen machten, daß sie auf Eis treffen würden ...«

Der Vertreter der Werft Harland & Wolff vor dem britischen Untersuchungsausschuß unterbricht an diesem Punkt und sagt, diese Berechnungen bezogen sich nur auf die Stelle, wo Eis gesehen wurde, aber nicht auf die Stelle, wo gedacht wurde, es wäre jetzt dort.

Lord Mersey: »Das ist nicht der Eindruck, den Mr. Lightollers Aussage auf mich machte.«

Der Staatsanwalt stimmt mit dem Vertreter der Werft Harland & Wolff darin überein, daß Lightollers Aussage diese Konstruktion zuläßt, doch der Staatsanwalt fragt, was in diesem Fall Lightollers Bemerkung zum Kapitän, daß die herrschende Flaute sehr unglücklich ist, soll. Da Wind Brecher am Fuß der Eisberge verursacht, zeigt diese Unterhaltung, daß die Offiziere erwarteten, Eis zu sehen.

Lord Mersey: »Das kommt bei dem Unglück dieser Unterhaltung heraus.«

Staatsanwalt: »Warum Unglück?«

Lord Mersey: »Ich meine das Unglück für die White Star Line.«

Lord Mersey hat also Zweifel daran, daß die Unterhaltung zwischen Lightoller und dem Kapitän während der Abendwache des 2. Offiziers wirklich stattgefunden hat. Hätte er dem Protokoll des amerikanischen Untersuchungsausschusses mehr Beachtung geschenkt, wäre ihm vielleicht der Brief von Daisy Minaham (datiert vom 11. Mai 1912) an Senator Smith aufgefallen, der in das Protokoll aufgenommen wurde und lautet:

»Sehr geehrter Herr; ich habe Ihnen meine Beobachtungen und Erfahrungen nach der Katastrophe gegeben, aber ich möchte Ihnen etwas berichten, was am Sonntag, dem 14. April, spätabends geschah.

Mein Bruder, seine Frau und ich gingen gegen 19.15 Uhr Schiffszeit zum Dinner ins Café. Als wir den Raum betraten, speiste dort bereits eine Gruppe, die aus vielleicht einem Dutzend

Männern und drei Frauen bestand. Kapitän Smith war einer der Gäste, wie auch Mr. und Mrs. Widener, Mr. und Mrs. Blair und Major Butt. Kapitän Smith war ununterbrochen bei dieser Gruppe von der Zeit, in der wir den Raum betraten, bis zwischen 21.25 und 21.45 Uhr, als er den Frauen eine gute Nacht wünschte und ging. Ich erinnere mich genau an die Zeit, weil mein Bruder mir um 21.25 Uhr den Vorschlag machte, schlafen zu gehen. Wir warteten noch ein weiteres Stück des Orchesters ab, und es war zwischen 21.25 und 21.40 Uhr (da gingen wir), daß Kapitän Smith den Raum verließ.

(...)

Ich habe gelesen, daß in einer Aussage vor Ihrem Ausschuß gesagt wurde, daß Kapitän Smith mit einem Offizier auf der Brücke von 20.45 bis 21.25 Uhr gesprochen hat. Das ist definitiv falsch, weil er zu dieser Zeit mit den Leuten Kaffee trank. Ich saß so dicht bei ihnen, daß ich Teile ihrer Unterhaltung hören konnte.

Ihre

Daisy Minaham«

Wenn Lightoller also gemäß der Angabe dieser Dame hinsichtlich der Zeit seines Gesprächs mit dem Kapitän auf der Brücke die Unwahrheit gesagt hat, warum sollte der 2. Offizier die Wahrheit sagen, wenn er behauptet, dieses Gespräch hat stattgefunden? Lord Mersey hat schließlich nicht nur Zweifel daran, daß es diese Unterhaltung gegeben hat, sondern er ist ausgefuchst genug, um auch einen Grund für das Erfinden dieses Gesprächs zu liefern.

Doch gleichzeitig stellen Lord Mersey und der Staatsanwalt Sir Rufus Isaacs deutlich heraus, daß sich durch diese Unterhaltung zwischen Lightoller und dem Kapitän bzw. durch die Informationen, die der 2. Offizier damit gibt, klar erkennen läßt, daß die Schiffsführung der *Titanic* um das Risiko wußte und nicht so ahnungslos in die Katastrophe gefahren ist, wie die Reederei es gerne dargestellt hätte und wie es oft genug in *Titanic*-Publikationen behauptet wird.

Um 22 Uhr abends ist Wachwechsel: Quartermaster Hichens löst Quartermaster Olliver am Ruder ab. Olliver wird zum Stand-by-Quartermaster, die Matrosen Fleet und Lee übernehmen den Posten im Krähennest von Symons und Jewell, am Heck bleibt der Quartermaster Rowe auf Station, und auf der Brücke übergibt der 2. Offizier Lightoller den Befehl an den 1. Offizier Murdoch. Die Junior-Offiziere der Wache bleiben unverändert der 4. Offizier Joseph Groves Boxhall und der 6. Offizier James Paul Moody. Von diesen Männern gehören der 1. und der 6. Offizier nicht zu den Überlebenden. Damit fehlen zwei wichtige Zeugen, die Informationen über die Vorgänge auf der Brücke der *Titanic* besitzen. Deswegen ist es sehr schwer nachzuvollziehen, was sich auf der Brücke bis zur Katastrophe abspielt. Trotzdem ist der Versuch einer Aufarbeitung anhand der vorliegenden Aussagen nicht völlig hoffnungslos, wobei der 4. Offizier Boxhall, der schon zum Thema Eiswarnungen aus Sicht der Reederei etwas zu gesprächig war, zum Hauptzeugen werden wird.

Im Krähennest werden Fleet und Lee von ihren Vorgängern über die Anweisung der Brücke, bis zum Tagesanbruch scharf Ausschau nach Eis zu halten, informiert, Quartermaster Olliver nennt Quartermaster Hichens den zu steuernden Kurs, den Hichens wiederholt, und Olliver macht danach Meldung an den Senior-Offizier der Wache.

Abgesehen von den Angaben Lightollers zum Wachwechsel der Senior-Offiziere vor dem britischen Untersuchungsausschuß, gibt der 2. Offizier in seinen Aussagen noch folgende Informationen:

Senator Smith: »Gegen 22 Uhr?«

Lightoller: »Ja, Sir.«

Senator Smith: »Sie gingen?«

Lightoller: »Ja, Sir.«

Senator Smith: »Und Murdoch übernahm das Kommando?«

Lightoller: »Ja, Sir.«

Senator Smith: »Wissen Sie, wo Sie waren, als Sie die Wache an Mr. Murdoch übergaben?«

Lightoller: »Jetzt nicht, Sir.«

Senator Smith: »Wußten Sie es zu der Zeit?«

Lightoller: »Ja, Sir.«

Senator Smith: »Können Sie uns eine Vorstellung geben?«

Lightoller: »Als ich meine Wache beendete, schätzten wir grob, daß wir gegen 23 Uhr in die Nähe des in dem Marconigramm, das ich sah, gemeldeten Eises kommen sollten.«

Das widerspricht dem, was Lightoller zum Wachwechsel vor dem britischen Untersuchungsausschuß aussagt.

Senator Smith: »Das würde der Breitengrad sein?«

Lightoller: »Längengrad.«

Senator Smith: »Um 23 Uhr?«

Lightoller: »Bei 23 Uhr herum, ja.«

Senator Smith: »Sprachen Sie mit Mr. Murdoch über diese Phase, als Sie von Ihrer Wache gingen?«

Lightoller: »Worüber?«

Senator Smith: »Ich sagte, sprachen Sie mit Mr. Murdoch über die Eisbergsituation, als Sie von Ihrer Wache gingen?«

Lightoller: »Nein, Sir.«

Senator Smith: »Fragte er Sie danach?«

Lightoller: »Nein, Sir.«

Senator Smith: »Worüber sprachen Sie?«

Lightoller: »Wir sprachen über das Wetter, darüber, daß es ruhig und klar war. Wir sprachen über die Entfernung, die wir sehen konnten. Wir schienen in der Lage zu sein, eine große Entfernung zu überblicken. Alles war ganz klar. Wir konnten die Sterne am Horizont untergehen sehen.«

Und da Lightollers Aussage vor dem britischen Untersuchungsausschuß in einem so krassen Widerspruch zu diesen Angaben steht, hier noch einmal das Zitat:

Staatsanwalt: »Wer übernahm das Schiff von Ihnen um 22 Uhr?«

Lightoller: »Mr. Murdoch.«

Staatsanwalt: »Wie war die Temperatur dann?«

Lightoller: »Es war ein Grad kälter geworden.«

Staatsanwalt: »Welche Meldung machten Sie, als Sie die Wache an Mr. Murdoch übergaben?«

Lightoller: »Ich gab ihm den Kurs nach dem Standardkompaß, und ich erwähnte die Temperatur. Er hatte seinen Mantel an und sagte: ›Es ist ziemlich kalt.‹, und ich sagte: ›Ja, es friert.‹ Ich sagte: ›Wir können jetzt beim Eis sein.‹ Er wird gewußt haben, was ich meinte.«

Staatsanwalt: »Sagten Sie irgendwas über die Berechnung, die von einem Junior-Offizier aufgestellt wurde, zu ihm?«

Lightoller: »Das kann ich nicht sagen, ich habe es ihm vielleicht gesagt.«

Lord Mersey: »Sie wußten, daß Sie in der Eisregion waren?«

Lightoller: »Ja.«

Lord Mersey: »Sagten Sie das Murdoch?«

Lightoller: »Ja. Ich kann mich nicht erinnern, was ich sagte, aber ich sagte irgendwas davon, daß wir wie gemeldet in der Eisregion sind. Ich kann nur sagen, daß ich Mr. Murdoch zu verstehen gab, daß wir in der Eisregion waren.«

Staatsanwalt: »Sagten Sie irgendwas zu ihm über Ihr Gespräch mit dem Kapitän?«

Lightoller: »Nein.«

Staatsanwalt: »Irgendwelche Anweisungen bezüglich der Geschwindigkeit?«

Lightoller: »Nein.«

Staatsanwalt: »Der Kapitän hatte gesagt, daß Sie ihn informieren sollten, wenn es zweifelhaft wird?«

Lightoller: »Ja.«

Staatsanwalt: »Sagten Sie Mr. Murdoch diese Nachricht?«

Lightoller: »Ja, zweifellos.«

Am zweiten Tag von Lightollers Aussage vor dem britischen Untersuchungsausschuß geht es ein weiteres Mal um den Wachwechsel Lightoller/Murdoch um 22 Uhr abends:

Staatsanwalt: »Als Sie nach Ihrer zweiten Wache die Brücke verließen, sagten Sie Mr. Murdoch, zu welchen Schlüssen Sie hinsichtlich der Nähe zum Eis gekommen waren?«

Lightoller: »Das habe ich bisher noch nicht gesagt; ich sagte ihm, was ich dachte.«

Staatsanwalt: »Sie wurden zu dieser Sache in Amerika befragt?«

Lightoller: »Ich erinnere mich nicht mehr daran.«

Staatsanwalt: »Ihre Aussage in Amerika erweckt den Eindruck, daß Sie Mr. Murdoch nicht gesagt haben, welche Eindrücke Sie hinsichtlich der Nähe von Eisbergen hatten?«

Lightoller: »Soweit es die Fragen, die mir gestellt wurden, betrifft, habe ich sie korrekt beantwortet.«

Staatsanwalt: »Damit unterstellen Sie, daß der Bericht, der vorgibt, der offizielle Bericht von diesem Untersuchungsausschuß zu sein, nicht komplett ist?«

Lightoller: »Ja, und nicht richtig.«

Hier zeigt Lightoller ganz deutlich, was er von dem Untersuchungsausschuß des US-Senats hält.

Staatsanwalt: »Hatte Mr. Murdoch, abgesehen von Ihren Angaben, noch eine andere Möglichkeit, sich darüber zu informieren?«

Lightoller: »Es ist üblich, ein Notizbrett im Kartenraum zu haben, auf dem alles angeschlagen ist, was die Navigation betrifft.«

Lightollers Angaben zum Wachwechsel vor dem britischen Untersuchungsausschuß machen deutlich, daß die Schiffsführung der *Titanic* wußte, daß sie sich mitten in einem Eisfeld befand. Aber offensichtlich wird außer der Anweisung an den Ausguck, scharf Ausschau nach Eis zu halten, nichts veranlaßt. Die Geschwindigkeit wird nicht reduziert und der Ausguck nicht verstärkt. Der Kapitän verläßt sich auf die Sichtweite, die nach Aussagen der Überlebenden überragend bis außergewöhnlich weit ist.

Vor dem britischen Untersuchungsausschuß werden andere Kapitäne als Zeugen geladen, die übereinstimmend aussagen, daß sie niemals die Geschwindigkeit reduzieren, wenn sie sich in einem Eisfeld befinden und die Sicht klar ist. Allerdings sind diese Kapitäne bei Reedereien beschäftigt, die zur IMM gehören, und damit sind sie im selben Verbund wie die White Star Line und haben dieselbe Geschäftsleitung. Daß die Aussagen dieser Kapitäne vermutlich abgesprochen sind, wird durch die Angaben von Kapitän Richard Owen Jones von der *Canada* (Dominion Line) deutlich:

Sein Schiff fuhr im April von Portland/Maine (USA) nach Liverpool, und auf diesem Weg geriet er in ein dichtes Eisfeld. Das war vor dem Untergang der *Titanic*, er kann also nicht aus gegebenem Anlaß vorsichtiger als üblich gewesen sein. Er stoppte ab, als er das Eis sah, ließ das Schiff auslaufen – und dann entdeckte er einen Weg durch das Eis. Er nahm wieder Geschwindigkeit auf und suchte sich mit ganz langsamer Fahrt diesen Weg. Die Aussage macht Kapitän Jones beim Kreuzverhör durch den Staatsanwalt und Lord Mersey.

Der Vertreter der White Star Line, Sir Robert Finlay, fragt später Kapitän Jones, ob er die Geschwindigkeit erhöht, wenn er sich im Eis befindet, und der Kapitän antwortet: »Ja, um so schnell wie möglich durch das Eis zu kommen.« Diese Erwiderung deckt sich mit der Auffassung Ismays, die dieser vor dem britischen Untersuchungsausschuß geäußert hat, daß ein Kapitän völlig im Recht ist, in einem Eisfeld die Geschwindigkeit zu erhöhen, um so schnell wie möglich die Gefahr hinter sich zu lassen, weil immer die Möglichkeit besteht, daß Nebel aufzieht. Es darf nicht vergessen werden, was Kapitän Jones gemacht hat, als er mit seinem Schiff – bevor er vom Untergang der *Titanic* wußte – in einem Eisfeld steckte: Er fuhr mit einer Geschwindigkeit, die er selbst als »very slow« bezeichnet, was etwas ganz anderes ist als eine Erhöhung der Geschwindigkeit, um möglichst schnell aus dem Eisfeld herauszukommen.

Sir Robert Finlay forscht weiter: »Da ist oft Nebel?«

»Ja, und das erhöht die Gefahr, weil wir die Geschwindigkeit reduzieren«, ist jetzt die Antwort. Es sieht also ganz so aus, als wären die Frage von Finlay, ob Kapitän Jones die Geschwindigkeit erhöht, wenn er in einem Eisfeld steckt, und die dazugehörige Antwort abgesprochen.

Ebenfalls als Zeuge aussagen muß Kapitän Ranson von der *Baltic*. Als dieser Kapitän gefragt wird, wie er es mit der Geschwindigkeit seines Schiffes hält, antwortet er, daß er immer mit voller Kraft voraus, das sind bei der *Baltic* 16 Knoten, fährt. Es ging bei dieser Frage nicht darum, was Ranson macht, wenn sein Schiff sich Eis nähert oder sich in einem Eisfeld befindet. Doch offensichtlich geht die Antwort selbst Sir Robert Finlay zu weit, der sofort relativierend hinzufügt, daß die hohe Geschwindigkeit natürlich nur für klares Wetter gilt. Auch hier drängt sich der Verdacht auf, daß der Kapitän zu der Antwort, daß er die Geschwindigkeit nie reduziert, angehalten wurde, wobei er möglicherweise vergessen hat zu erwähnen, daß er es nur bei klarem Wetter so macht.

Doch zurück zur *Titanic*: Es ist bekannt, daß sich das Schiff im Eis befindet, möglicherweise ist sogar schon vor 22 Uhr das erste Eis gesichtet worden. Aber es wird keine einzige Vorsichtsmaßnahme getroffen. Kapitän Smith scheint in dieser Nacht nach dem Motto »Augen zu und durch« zu agieren. Sein Verhalten ist nicht nachvollziehbar, denn kein Druck der Welt kann so stark sein, daß ein Kapitän sein Schiff riskiert. Ein Unfall auf See zieht immer eine Untersuchung des Unglücks durch Behörden nach sich, und sollten dem Kapitän Verfehlungen nachgewiesen werden, muß er durchaus mit dem Verlust seines Patents rechnen. Kein Reeder, selbst wenn er den Kapitän vor dem Unglück noch in irgendeiner Form unter Druck gesetzt hat, stellt sich danach schützend vor den Kapitän und erklärt, daß dieser auf Anweisung der Reederei gehandelt hat. Auf See steht einzig und allein der Kapitän in der Verantwortung, er ist der alleinige Herrscher auf dem Schiff und hat sämtliche Befugnisse. Selbst wenn Smith sich auf der *Titanic* absolut sicher gefühlt und sein Schiff für unverwundbar gehalten hat: Eine Beschädigung der *Titanic* durch Eis hätte auf jeden Fall unangenehme Fragen nach sich gezogen, und er hätte ganz allein gestanden. Von Anweisungen oder Vorgaben Ismays hätte niemand was wissen wollen, und nur Smith hätte Rede und Antwort stehen müssen, während die Reederei sich von diesem Kapitän distanziert hätte. Ganz abgesehen davon: Wenn

Smith schon die Geschwindigkeit nicht reduziert hat, so ist es noch unverständlicher, daß er in diesem Fall nicht wenigstens den Ausguck verstärkte und mindestens einen Mann auf dem Vorschiff bei den sogenannten »Augen« des Schiffes stationierte.

In jener Nacht agiert Kapitän Edward John Smith wie ein Wahnsinniger, der sein Schiff mitten durch ein großes Eisfeld jagt, als würde er vom Teufel verfolgt werden. Ganz offensichtlich macht sich Senator Smith auch seine Gedanken, denn er erkundigt sich bei Ismay nach dem Gesundheitszustand des Kapitäns der *Titanic*, und Ismay antwortet, daß Smith gesund war. Aufgrund der Antworten Kapitän Smiths auf die Eiswarnungen der *Caronia* und der *Baltic*, die fast zeitgleich abgesetzt werden, in der er einmal von wechselhaftem Wetter während der Fahrt (*Caronia*) und von schönem Wetter die ganze Zeit über (*Baltic*) spricht, ließe sich natürlich durchaus darüber spekulieren, ob Kapitän Smith wirklich im Vollbesitz seiner geistigen Kräfte war. Diese Spekulationen würden durchaus weitere Nahrung durch Smiths Verhalten nach der Kollision erhalten, doch andere Aussagen Überlebender widerlegen diese Annahme praktisch schon im Keim.

Auf der Brücke der *Titanic* wird der 1. Offizier Murdoch am 14. April 1912 abends um zehn Uhr bei Übernahme der Wache vom 2. Offizier Lightoller damit konfrontiert, daß die *Titanic* während der nächsten vier Stunden unter ungünstigen Bedingungen, aber mit voller Kraft voraus und ohne verstärkten Ausguck mitten durch ein Eisfeld fährt.

William McMaster Murdoch wurde am 28. Februar 1873 im schottischen Dalbeattie geboren und stammt aus einer Seefahrerfamilie. Seine Laufbahn zur See begann er unter Segeln, 1896 legte er sein Extra Master Patent[14] ab, und seit der Jahrhundertwende befindet er sich in Diensten der White Star Line. Murdoch ist so etwas wie ein Spezialist in Sachen Jungfernfahrten, denn er machte bereits die ersten Fahrten der *Arabic* (1903), *Adriatic* (1907) und *Olympic* (1911) mit. Und seit der Jungfernfahrt der *Adriatic* im Mai 1907 ist er als Offizier unter Kapitän Smith gefahren. Auch Charles Herbert Lightoller, von dem Murdoch auf der *Titanic* die Wache übernimmt, ist ein alter Kamerad.

Die Lage, wie sie sich Murdoch bei Übernahme der Wache darstellt, läßt sich anhand der Zeugenaussagen folgendermaßen rekonstruieren:

Es ist kalt, die Temperatur der Luft liegt unter dem Gefrierpunkt, und auch die Wassertemperatur bewegt sich in dem Bereich. In der Luft liegt ein Eisgeruch. Außer dem Fahrtwind des Schiffes regt sich kein Lufthauch, und die See ist völlig unbewegt. Zwar beharrt Lightoller darauf, daß die absolut stille See den Offizieren nicht bekannt war, da sie das in der Dunkelheit von der Brücke, die sich etwa 21 Meter über der Wasseroberfläche befand, aus nicht erkennen konnten, doch wie Lord Mersey bereits feststellte: Das Gespräch, das Lightoller angeblich mit dem Kapitän geführt hat, macht ganz deutlich klar, daß die Schiffsführung wußte, daß nicht mal der Hauch einer Dünung ging. Dadurch wird die Sichtung von Eis ungemein erschwert. Die Begründung dafür liefert Lightoller vor dem britischen Untersuchungsausschuß. Außerdem ist es eine sogenannte »dunkle« Nacht. Es ist zwar klar, doch der Mond scheint nicht, so daß nur die Sterne schwaches Licht geben, das vom Wasser oder aber vom Eis reflektiert werden kann. Vor dem britischen Untersuchungsausschuß sagen erfahrene Nautiker aus, daß sie in Nächten mit Mond Eis und Eisberge auf sechs bis sieben Seemeilen Entfernung ausmachen können, in mondlosen Nächten reduziert sich die Distanz auf eineinhalb bis zwei Meilen. Allerdings verfügt keiner über Erfahrung mit der Sichtung von Eis in mondlosen, windstillen Nächten ohne Dünung.

Die Eiswarnung der *Mesaba* ist vielleicht kurz vor dem Wachwechsel der Brücke bekanntgeworden, vielleicht bringt der Funker die Warnung auch erst wenige Minuten nach der Wachübergabe auf die Brücke. Diese Warnung zeigt ganz eindeutig, daß die *Titanic* mitten durch ein Eisfeld fährt.

Doch auch ohne Warnung der *Mesaba* gibt es genug Anhaltspunkte, die darauf hindeuten, daß die *Titanic* nicht nur in der Nähe von Eis ist, sondern sich mitten in einem Eisfeld befindet. Abgesehen von der Temperatur der Luft und des Wassers – auch wenn die *Titanic*-Offiziere konsequent abstreiten, daß die Temperatur ein Indikator von Eis ist. Andere Navigatoren bestätigen, daß sie, wenn sie in der Nähe von Eis sind, diesen Temperaturen besondere Aufmerksamkeit schenken, und zu dem Geruch in der Luft gibt auch die überragende Sicht einen Hinweis. Nach Aussagen der Überlebenden ist die Sichtweite in alle Himmelsrichtungen ungetrübt, und das zeigt an, daß die Witterungsbedingungen in allen Richtungen innerhalb des Sichtfeldes identisch sind, schließlich weht auch kein Wind, der das Aufsteigen von Nebel hätte verhindern können. Das bedeutet, daß die Bedingungen in allen Himmelsrichtungen identisch sind. Die Navigatoren wissen, daß Eis nur wenige Meilen nördlich von ihrem Kurs ist, aber da sich die Sicht nach Norden nicht von der nach Süden unterscheidet, kann auch der Süden nicht eisfrei sein.

Ganz abgesehen davon belegen Lightollers Aussagen vor dem britischen Untersuchungsausschuß, daß ihm bewußt war, daß sich die *Titanic* in der Eisregion befindet, weswegen er besonders scharfe Ausschau nach Eis hält. Und bei der Wachübergabe an Murdoch stellt Lightoller – gemäß seinen Angaben – auch deutlich heraus, daß sich die *Titanic* im Eis befindet. Es ist ganz wichtig, daß der 2. Offizier dabei nicht, wie noch in den USA, die Formulierung »in der Nähe der Eisregion« benutzt.

Murdoch ist – laut Lightoller – also informiert. Und es gibt keinen Grund, am Wahrheitsgehalt von Lightollers Aussage zu zweifeln, da sie für die Verteidigungsstrategie der White Star Line nicht unbedingt förderlich ist. Lord Mersey macht beim Plädoyer des Staatsanwalts deutlich, daß es für die Sache der Reederei besser gewesen wäre, wenn sie an der Taktik, daß die Schiffsführung völlig ahnungslos war und erst bei der Kollision mit dem Eisberg die tatsächliche Lage realisierten, festgehalten hätte. Doch durch Lightollers Aussage in Großbritannien wird klar, daß die Offiziere und der Kapitän wußten, daß sie bei ungünstigen äußeren Umständen durch die Eisregion fahren.

Aber Murdoch ist nicht völlig ahnungslos auf Wache gekommen. Schon um 19.15 Uhr abends, als er Lightoller kurzfristig für dessen Dinner auf der Brücke ablöste, hat der 1. Offizier, nach Angabe des Lampentrimmers Samuel Hemming, der dem Wachoffizier Murdoch die Meldung machte, daß alle Lampen im ordnungsgemäßen Zustand waren, diesem die Anweisung gegeben: »Hemming, wenn Sie nach vorne gehen, sorgen Sie dafür, daß das vordere Kohlenluk geschlossen ist, denn wir sind in der Nähe von Eis, und von dort kommt ein Lichtschein, und ich möchte, daß vor der Brücke alles dunkel ist.«

Es ist Murdoch also bereits zu dem Zeitpunkt klar gewesen, daß zumindest die Möglichkeit besteht, während der Nachtstunden Eis zu sichten. Als Murdoch um zehn Uhr abends wieder auf die Brücke kommt, ist aus dieser Möglichkeit eine ganz hohe Wahrscheinlichkeit geworden. Dem 1. Offizier ist mit Sicherheit bewußt, daß es keine besonders angenehme oder gar leichte Wache für ihn werden wird. Die Eiswarnung der *Mesaba* sagt sogar ganz deutlich, was zu erwarten ist und wo sich die *Titanic* befindet.

Bei Wachübergabe während der Nachtstunden ist es üblich, daß der abzulösende Offizier noch so lange auf der Brücke bleibt und das Kommando behält, bis sich die Augen des neuen Mannes, der aus der Helligkeit der Innenräume kommt, an die Dunkelheit gewöhnt haben. Erst dann erfolgt der formelle Wachwechsel, und der abgelöste Offizier überläßt seinem Nachfolger die Brücke und damit den Befehl.

Die geläufige Darstellung der letzten Wache ist, daß bis zur Sichtung des fatalen Eisberges sowie der Kollision nichts passiert, der Kapitän in seiner Kabine ist und bis kurz nach der Kollision nicht auf die Brücke kommt.

In einigen Publikationen[15] wird geschrieben, daß gegen 22.30 Uhr ein Schiff namens *Rappahannock* die *Titanic* auf Gegenkurs passiert und ihr per Morselampe mitteilt, daß sie gerade durch ein dichtes Eisfeld gefahren ist und viele Eisberge passiert hat, worauf von der Brücke der *Titanic* geantwortet wird: »Nachricht erhalten. Danke. Gute Nacht.«

Diese Begegnung wird vom Kapitän der *Rappahannock* erwähnt, allerdings ist davon bei den Untersuchungsausschüssen nichts bekannt. Die *Titanic*-Katastrophe hat nicht nur zur Folge, daß von 1912 bis in die Gegenwart immer wieder von Menschen und auch Fracht behauptet wird, daß sie auf der *Titanic* eingebucht waren, aber aus irgendwelchen Gründen nicht auf das Schiff gekommen sind bzw. aufgrund von irgendwelchen Sonderstati nicht in der offiziellen Passagier- und Besatzungsliste auftauchten oder aber unter mysteriösen Gründen überlebt haben und deswegen nicht in der Liste der Geretteten genannt werden. Das hat den schwedischen *Titanic*-Forscher Claes-Göran Wetterholm zu der Feststellung veranlaßt: »Wenn alle diese Menschen und diese ganze Ladung wirklich an Bord gewesen wären, dann wäre die *Titanic* schon im Hafen von Southampton wie ein Stein gesunken.« Auch zahlreiche Schiffe, die im April 1912 auf See waren, wollen die *Titanic* gesehen haben. Intensive Nachforschungen von »Titanicern« haben in vielen Fällen jedoch ergeben, daß diese Schiffe sich zur fraglichen Zeit gar nicht in der Nähe der *Titanic* befunden haben.

Aber wenn der Kapitän der *Rappahannock* kein Hochstapler ist, sondern die Wahrheit sagt, so bestätigt er der *Titanic* mit seiner Meldung per Morselampe nur etwas, was der Schiffsführung spätestens seit der Warnung der *Mesaba* bekannt ist.

Die Angaben von Fleet, Lee und Hichens vor den Untersuchungsausschüssen stützen die bekannte Darstellung, doch allein eine nähere Betrachtung dieser Zeugenaussagen im Zusammenhang mit der Kollision lassen den Verdacht aufkommen, daß die drei Männer dazu angehalten wurden, nicht alles zu sagen, was sie wissen.

Vor einigen Jahren tauchten in amerikanischen Publikationen zum Thema *Titanic*[16] dann erste konkrete Hinweise auf, daß zumindest Fleet und Hichens von der Reederei bestochen wurden und deswegen nicht die Wahrheit gesagt haben. Hinsichtlich Hichens läßt sich nur vermuten, was er wissen konnte und nicht sagen durfte, denn Hichens hat sich Zeit seines Lebens darüber ausgeschwiegen. Bei Fleet dagegen ist die Sache klarer: Es gibt Belege dafür, daß er bereits vor der Kollision mit dem Eisberg andere Eisberge der Brücke meldete. Ein erster Anhaltspunkt dafür befindet sich bereits 1912 in der vereidigten schriftlichen Aussage von Mrs. Crosby, Passagier der 1. Klasse, die Bestandteil des amerikanischen Untersuchungsausschusses ist und in der es heißt:

> »Auf der *Carpathia* erzählten Passagiere, an deren Namen ich mich nicht erinnern kann, daß der Ausguck, der auf Wache war, als die *Titanic* den Eisberg streifte, gesagt hat: ›Ich weiß, daß sie mich dafür beschuldigen werden, aber es war nicht meine Schuld; ich habe die Offiziere drei oder vier Mal, bevor wir den Eisberg gestreift haben, gewarnt, daß wir in der Nähe von Eisbergen sind, aber die Offiziere auf der Brücke beachteten meine Signale nicht.‹«

Da die *Titanic* mitten durch ein Eisfeld mit viel Packeis und zahlreichen Eisbergen fuhr, gibt es keinen Anlaß anzunehmen, daß Fleet nur eine Entschuldigung suchte. Es wäre bei diesen Voraussetzungen viel ungewöhnlicher, wenn die *Titanic* wirklich nur diesen einen Eisberg, der ihr zum Verhängnis wurde, gesichtet hätte. Doch aus versicherungstechnischen Gründen kann die White Star Line nicht zulassen, daß bekannt wird, die *Titanic* hat bereits vor der Kollision Eis und Eisberge gesichtet und ist ihnen erfolgreich ausgewichen, denn dann würde ihre Konstruktion, daß die Umstände außergewöhnlich und der Schiffsführung nicht bekannt waren, wie ein Kartenhaus zusammenbrechen.

Der amerikanische »Titanicer« George Behe stellt aufgrund der allgemein unbekannten Angaben Fleets die Behauptung auf, daß es

Sache des wachhabenden Offiziers William McMaster Murdoch gewesen wäre, die Geschwindigkeit des Schiffes zu reduzieren, er dieses aber unterließ. Damit ist Murdoch in Behes Argumentation der Hauptschuldige an der Katastrophe.

Jedoch: Was konnte und was durfte Murdoch veranlassen, und wie hat er auf die Meldungen des Ausgucks vor der Sichtung des fatalen Eisbergs reagiert?

Entscheidend ist: Alleinige Befehlsgewalt an Bord eines Schiffes hat der Kapitän. Ist er nicht auf der Brücke, vertritt ihn der Senior-Offizier der Wache und hat damit das Kommando über das Schiff, allerdings mit der Einschränkung, daß er sich an die Befehle des Kapitäns hinsichtlich der Geschwindigkeit und des Kurses zu halten hat. Nur um einen Unfall zu vermeiden, darf der Senior-Offizier der Wache Kurs und/oder Geschwindigkeit kurzfristig verändern, doch sobald die Gefahr gebannt ist, hat er wieder den vom Kapitän festgelegten Kurs mit der vom Kapitän befohlenen Geschwindigkeit zu fahren. Alles andere wäre Befehlsanmaßung und könnte durchaus als Meuterei angesehen werden.

Lightoller sagt vor dem britischen Untersuchungsausschuß, daß er, wenn er eine Verschlechterung der generellen Lage erkennt, den Kapitän auf die Brücke holen lassen würde und möglicherweise schon vorher auf eigene Initiative die Geschwindigkeit reduzieren würde. Doch wenn der Kapitän sich selbst ein Bild von der Situation gemacht hat, kann er durchaus entscheiden, daß eine Verringerung der Geschwindigkeit nicht erforderlich ist, und dann wird die Anordnung des Wachoffiziers natürlich rückgängig gemacht. Sollte der Kapitän außerdem entscheiden, daß seine Anwesenheit auf der Brücke nicht erforderlich ist, überläßt er wieder dem Wachoffizier das Kommando. Der muß dann mit einer Entscheidung leben, die seiner eigenen Meinung widerspricht. Aber der Offizier hat keine Handhabe gegen den Befehl des Kapitäns.

Daß Behes Anschuldigung gegen Murdoch völlig haltlos ist, wird auch durch Aussagen vor dem britischen Untersuchungsausschuß bestätigt: Zwar sagt Harold Sanderson, ein Direktor der IMM, an einer Stelle, daß der Wachoffizier offensichtlich seine Sehfähigkeit überschätzt hat, doch generell ist Sandersons Tenor in der Aussage, daß der Kapitän die Geschwindigkeit bestimmt. Es sei auch noch mal Ismays Aussage in Erinnerung gerufen, in der es heißt, daß ein Kapitän vollkommen berechtigt ist, in einer klaren Nacht in einem Eisfeld die Geschwindigkeit zu erhöhen, um möglichst schnell aus der Gefahrenzone herauszukommen. Damit macht Ismay deutlich, daß die Geschwindigkeit eines Schiffes allein im Ermessen des Kapitäns liegt.

Alle Kapitäne, die vor dem britischen Untersuchungsausschuß aussagen, werden gefragt, wie sie es mit der Geschwindigkeit in einem Eisfeld oder in der Nähe von Eis halten, und die Kapitäne erklären einhellig, daß sie die Geschwindigkeit bei guter Sicht nicht verringern. Wenn die gefahrene Geschwindigkeit jedoch vom jeweiligen Wachoffizier angeordnet werden würde, hätten diese Kapitäne antworten müssen: »Das liegt ganz und gar im Ermessen des jeweiligen Offiziers der Wache.«

Und man stelle sich nur mal vor, welches Chaos an Bord eines Schiffes herrschen würde, wenn der dienstältere Offizier der Wache die Geschwindigkeit und womöglich auch noch den Kurs des Schiffes anordnet: Ein Offizier ist der Meinung, 18 Knoten reichen, seine Ablösung dagegen findet das viel zu langsam und ordnet 23 Knoten an, der nächste Offizier dagegen kommt zu dem Schluß, daß 10 Knoten das Maximum sind, da er lieber auf Nummer Sicher geht, und gibt entsprechende Anweisungen …

Ganz abgesehen davon: Wenn die Navigation einschließlich Festlegen des Kurses und der Geschwindigkeit vom jeweiligen Wachoffizier oder gar in gemeinschaftlicher Abstimmung unter den Offizieren betrieben wird: Welche Aufgabe hat dann noch der Kapitän, außer die Verantwortung zu tragen und die Passagiere zu unterhalten? Murdoch hatte nicht die Befugnis, die Geschwindigkeit der *Titanic* ohne Anweisung des Kapitäns zu reduzieren, auch wenn schon vor der Kollision Eisberge gesichtet wurden. Er hatte nur die Möglichkeit, den Kapitän zu informieren. Da allgemein davon ausgegangen wird, daß Kapitän Smith erst nach der Kollision wieder auf die Brücke kam, bleibt natürlich der Vorwurf bestehen, daß Murdoch auf die Meldungen des Ausgucks nicht reagiert hat. Das ist auch das, was Fleet sagt, doch Fleet befand sich im Krähennest und nicht auf der Brücke. Dort waren während der letzten Wache die Offiziere Murdoch, Boxhall und Moody und die Quartermaster Hichens und Olliver. Während Olliver völlig in Vergessenheit geraten ist, ist Hichens bestochen worden, nicht alles zu sagen, was er weiß. Was könnte Hichens wissen, was nicht bekanntwerden darf? Natürlich die Meldungen des Ausgucks, daß Eisberge schon vor der Kollision gesichtet wurden, weil dadurch klar wird, daß die Schiffsführung ganz genau um die gefährliche Lage wußte, aber darauf nicht reagiert. Außerdem steht Hichens am Ruder im Ruderhaus, und diese Position läßt ihn jeden bemerken, der auf die Brücke kommt, also auch den Kapitän – wenn dieser während der letzten Wache vor der Kollision noch mal auf der Brücke war. Sollte jedoch bekanntwerden, daß der Kapitän während Murdochs Wache vor der Kollision auf der Brücke war, wird die Lage für die White Star Line kritisch: Denn Smiths Anwesenheit während dieser Wache kann von den Untersuchungsausschüssen durchaus so gedeutet werden, daß die Schiffsführung wußte, in welcher Gefahr sich die *Titanic* befand. Dann kann es als fahrlässig angesehen werden, daß die Geschwindigkeit nicht reduziert wurde.

Doch was sollen alle Mutmaßungen, wenn es noch die Aussage vom einzigen überlebenden Offizier dieser Wache, Joseph Groves Boxhall, gibt? Und der 4. Offizier weiß nicht nur viel, mit Sicherheit redet er nach dem Geschmack der White Star Line manchmal auch etwas viel ...

Vor dem amerikanischen Untersuchungsausschuß sagt Boxhall zur letzten Wache folgendes aus:

Senator Smith: »Wann gingen Sie am Sonntag auf Wache?«

Boxhall: »Acht Uhr abends.«

Senator Smith: »Am Tag des Unfalls?«

Boxhall: »Acht Uhr abends.«

Senator Smith: »Wo war Ihre Station?«

Boxhall: »Ich hatte keine bestimmte Station.«

Senator Smith: »Auf welchem Deck?«

Boxhall: »Auf dem Brückendeck.«

Senator Smith: »Waren Sie auf dem Brückendeck?«

Boxhall: »Ja, Sir.«

Senator Smith: »Wo ist das Brückendeck im Hinblick auf das Bootsdeck, das A-Deck und das B-Deck?«

Boxhall: »Das Brückendeck und das Bootsdeck sind in einem.«

Senator Smith: »In einem?«

Boxhall: »Ja.«

Senator Smith: »Es schloß die Brücke ab?«

Boxhall: »Ja, Sir.«

Senator Smith: »Sie sagten, Sie gingen auf Wache, und das war Ihre Station am Sonntag abend um welche Uhrzeit?«

Boxhall: »Acht Uhr abends.«

Senator Smith: »Acht Uhr abends?«

Boxhall: »Ja, Sir.«

Senator Smith: »Und Sie mußten wie lange bleiben?«

Boxhall: »Bis Mitternacht.«

Senator Smith: »Verbrachten Sie jene Nacht die ganze Zeit auf Ihrer Station?«

Boxhall: »Ja, Sir.«

Senator Smith: »Waren Sie die ganze Zeit auf der Brücke?«

Boxhall: »Nein, Sir.«

Senator Smith: »In welchem Zeitverhältnis?«

Boxhall: »Die meiste Zeit war ich auf der Brücke.«

Senator Smith: »Die meiste Zeit?«

Boxhall: »Den größeren Teil der Wache.«

Senator Smith: »Wissen Sie, ob die üblichen Offiziere im vorderen Teil des Schiffes auf ihren Wachstationen waren?«

Boxhall: »Sie waren, Sir.«

Senator Smith: »Während Ihrer Wache?«

Boxhall: »Sie waren.«

Senator Smith: »Geben Sie deren Namen, wenn Sie können, und was sie machten.«

Boxhall: »Mr. Lightoller war auf der Brücke, als ich da mit dem 6. Offizier zusammen um 20 Uhr ankam – zusammen mit dem 6. Offizier Moody.«

Senator Smith: »Bitte etwas lauter.«

Boxhall: »Mr. Lightoller hatte Brückenwache, als ich um 20 Uhr mit dem 6. Offizier Moody auf Wache ging. Mr. Lightoller wurde um 22 Uhr von Mr. Murdoch abgelöst. Mr. Murdoch war auf der Brücke, bis der Unfall passierte.«

Senator Smith: »Wer war noch vorne auf dem Deck oder der Brücke?«

Boxhall: »Mr. Moody, der 6. Offizier.«

Senator Smith: »Wo ist das Krähennest im Hinblick auf die Brücke?«

Boxhall: »Das Krähennest war am Vormast.«

Senator Smith: »Wie weit vor der Brücke?«

Boxhall: »Ungefähr 120 Fuß, würde ich sagen.«[17]

Senator Smith: »Wie hoch über der Brücke?«

Boxhall: »Ich kann die Höhe nicht sagen, aber Sie können es dem Plan da entnehmen.«

Senator Smith: »Können Sie es nicht schätzen?«

Boxhall: »Nein, lieber nicht.«

Senator Smith: »Was ist das Krähennest?«

Boxhall: »Das Krähennest ist der Ausguck-Kasten.«

Senator Smith: »Wie hoch am Mast?«

Boxhall: »Das kann ich nicht sagen.«

Senator Smith: »Ist es ein Teil des Mastes?«

Boxhall: »Ja.«

Senator Smith: »Wer besetzte das Krähennest während Ihrer Wache Sonntag nacht?«

Boxhall: »Die Ausguckleute.«

Senator Smith: »Was ist das?«

Boxhall: »Die Ausguckleute.«

Senator Smith: »Wer war das?«

Boxhall: »Fleet und Leigh (sic) waren die Ausguckleute zum Zeitpunkt des Unfalls. Ich weiß nicht, wer vor zehn Uhr im Ausguck war.«

Senator Burton: »Wie buchstabieren Sie den ersten Namen?«

Boxhall: »F-l-e-e-t.«

Senator Burton: »Wie buchstabieren Sie Leigh (sic)?«

Boxhall: »L-e-i-g-h. (sic)«

Senator Smith: »Diese beiden Männer waren im Krähennest?«

Boxhall: »Ja, Sir.«

Senator Smith: »Sahen Sie sie da?«

Boxhall: »Sie können sie von der Brücke nicht sehen.«

Senator Smith: »Wie wissen Sie dann, daß sie dort waren?«

Boxhall: »Weil Sie auf das Glasen der Brücke antworteten.«

Senator Smith: »Antworteten beide auf das Glasen?«

Boxhall: »Ja.«

Senator Smith: »Woher wissen Sie, daß beide antworteten?«

Boxhall: »Sie konnten sie hören.«

Senator Smith: »Wie konnten Sie zwischen den beiden Antworten unterscheiden?«

Boxhall: »Unterschiedliche Stimmen.«

Senator Smith: »Und das überzeugte Sie, daß beide auf ihrem Posten waren?«

Boxhall: »Ja.«

Dadurch wird deutlich, daß Boxhall wirklich die meiste Zeit auf der Brücke war und nicht, wie später gerne dargestellt wird, überwiegend im Kartenraum.

Senator Smith: »Wer war im Ausguck? Wer war im Ausguck, wenn überhaupt noch jemand, außer diesen beiden Männern?«

Boxhall: »Auf der Brücke?«

Senator Smith: »Ja, auf der Brücke.«

Boxhall: »Der 1. Offizier.«

Senator Smith: »Mr. Murdoch?«

Boxhall: »Ja, Mr. Murdoch.«

Senator Smith: »Sonst noch jemand?«

Boxhall: »Nicht, daß ich wüßte.«

Senator Burton: »Ich hatte es so verstanden, daß Sie da waren.«

Boxhall: »Ja. Aber ich war nicht auf Ausguck.«

Senator Smith: »Sie waren da vorne nicht auf Ausguck?«

Boxhall: »Nein. Ich war da, falls ich gerufen werde.«

Im weiteren Verlauf dieses Teils der Aussage geht es in Senator Smiths umständlicher Art darum, ob noch weitere Männer irgendwo als Ausguck stationiert waren, und Boxhall erklärt, daß er davon nichts weiß, daß er auch niemanden als zusätzlichen Ausguck gesehen hat, daß er aber auch nicht darauf geachtet hat.

Einer der wichtigsten Punkte in Boxhalls Aussage ist aber, ob und wann er den Kapitän während der letzten Wache wo gesehen hat.

Senator Smith: »Sahen Sie den Kapitän Sonntag nacht öfters?«

Boxhall: »Ich sah ihn oft während der Wache, Sir.«

Senator Smith: »Während der Wache?«

Boxhall: »Ja, Sir.«

Senator Smith: »Ab 20 Uhr?«

Boxhall: »Bis zum Zeitpunkt des Unfalls.«

Senator Smith: »Bis zum Untergang der *Titanic*?«

Boxhall: »Ja, Sir.«

Senator Smith: »Wie oft?«

Boxhall: »Kommend und gehend, die meiste Zeit der Wache.«

Senator Smith: »Wo war er, als Sie ihn zu diesen Zeiten sahen?«

Boxhall: »Manchmal auf der äußeren Brücke. Ich ging hinaus und machte Meldung. Ich arbeitete Observationen aus, wenn Sie das verstehen, während des größten Teils der Wache, ich arbeitete verschiedene Berechnungen aus und meldete sie ihm, dadurch kam ich oft mit ihm in Kontakt.«

Senator Smith: »Wo war er zu den anderen Zeiten, wenn Sie ihn sahen?«

Boxhall: »Manchmal in seinem Kartenraum und manchmal

auf der Brücke, und manchmal kam er in das Ruderhaus, innen ins Ruderhaus.«

Das ist der Punkt, an dem Hichens ins Spiel kommt, da Hichens sich auch im Ruderhaus befand und deswegen den Kapitän ebenfalls bemerkt haben muß, doch Hichens schweigt sich darüber aus.

Senator Smith: »Woher wissen Sie, daß er zum Ruderhaus ging?«

Boxhall: »Ich sah ihn durchgehen.«

Senator Smith: »Sie sahen ihn durchgehen?«

Boxhall: »Ja.«

Senator Smith: »Sahen Sie ihn oft im Ruderhaus?«

Boxhall: »Oft, Sir.«

Senator Smith: »War der Kapitän an Deck oder auf der Brücke oder im Ruderhaus, als Sie Ihre Wache um acht Uhr abends aufnahmen?«

Boxhall: »Ich kann nicht sagen, wo er war. Ich erinnere mich nicht, ihn um 20 Uhr gesehen zu haben.«

Senator Smith: »Wie bald, nachdem Sie Ihre Wache aufgenommen hatten, sahen Sie ihn?«

Boxhall: »Soweit ich es sagen kann, sah ich ihn gegen 21 Uhr.«

Diese Zeitangabe deckt sich mit Lightoller, widerspricht aber der Angabe von Daisy Minaham. Allerdings fand Lightollers Aussage vor Boxhalls statt, und möglicherweise will er einen Kollegen decken oder aber die Zeit von Smiths Besuchen auf der Brücke etwas entzerren, damit nicht alles in den letzten zwei Stunden vor der Kollision liegt.

Senator Smith: »Gegen 21 Uhr?«

Boxhall: »Ja.«

Senator Smith: »Zum ersten Mal?«

Boxhall: »Ja. Ich sagte nicht zum ersten Mal.«

Senator Smith: »Soweit Sie sich erinnern können?«

Boxhall: »Nein, aber ein besonderer Zwischenfall erinnert mich daran, daß ich ihn um 21 Uhr sah.«

Es ist schade, daß Senator Smith, der sonst wirklich alles wissen will, sich nicht erkundigt, was dieser besondere Zwischenfall beinhaltete.

Senator Smith: »Wenn Sie sagen, Sie sahen ihn gegen 21 Uhr, meinen Sie kurz vor oder kurz nach 21 Uhr?«

Boxhall: »Sie versuchen, mich auf die Minute festzunageln, und ich kann es nicht sagen.«

Senator Smith: »Ich möchte es nur so genau haben, wie Sie es geben können. Denken Sie, es war vor oder nach?«

Boxhall: »Das kann ich nicht sagen.«

Senator Smith: »Gegen 21 Uhr?«

Boxhall: »Gegen 21 Uhr, Sir.«

Senator Smith: »War irgend jemand bei ihm, als Sie ihn um die Uhrzeit sahen?«

Boxhall: »Das ist eine weitere Sache, die schwer zu sagen ist. Ich weiß nicht mehr, ob ich ihn auf der Brücke oder im Ruderhaus sah, als ich ihm einige von mir ausgearbeitete Positionen meldete.«

(...)

Senator Smith: »Sprachen Sie Sonntag nacht mit dem Kapitän?«

Boxhall: »Ja, Sir.«

Senator Smith: »Wie oft?«

Boxhall: »Ich kann nicht sagen, wie oft.«

Senator Smith: »Wissen Sie, um welche Uhrzeit er an dem Abend dinnierte?«

Boxhall: »Nein, Sir.«

Senator Smith: »Oder mit wem er speiste?«

Boxhall: »Nein, Sir.«

Senator Smith: »Oder wo er speiste?«

Boxhall: »Nein, Sir.«

Senator Smith: »Aber Sie wissen, daß Sie ihn gegen 21 Uhr auf dem Deck, auf der Brücke und im Ruderhaus zu unterschiedlichen Zeiten sahen. Sahen Sie ihn danach zu irgendeiner Zeit an einem dieser drei Plätze?«

Boxhall: »Ich wußte nicht, daß der Kapitän überhaupt von der Brücke weg war während der ganzen Wache. Ich will damit sagen, von den Brückenquartieren, die ganze Brücke zusammenfassend, alle Kartenräume und die offene Brücke. Sie sind praktisch auf einem Quadrat, und ich glaube nicht, daß der Kapitän sich davon überhaupt entfernt hat.«

Boxhalls Aussage vor dem amerikanischen Untersuchungsausschuß belegt also ganz deutlich, daß Kapitän Smith am 14. April 1912 während Boxhalls Wache von acht Uhr abends bis zum Zeitpunkt der Kollision oft auf der Brücke war. Boxhalls »frequently during the watch« kann nicht nur der eine allgemein akzeptierte Besuch Smiths auf der Brücke während Lightollers Wache sein. Da Lightoller aber nur von einem Besuch berichtet, müssen die anderen während Murdochs Wache stattgefunden haben.

Vor dem britischen Untersuchungsausschuß sagt Boxhall im Kreuzverhör durch Sir Robert Finlay, dem Vertreter der White Star Line:

> Sir Robert Finlay: »War der Kapitän überhaupt auf der Brücke?«
>
> Boxhall: »Oft. Ich sprach mit ihm bei ein oder zwei Gelegenheiten, manchmal in seinem Kartenraum, manchmal in der Tür zu seinem Kartenraum.«

Zuerst benutzt Boxhall im englischen Original mal wieder das Wort »frequently«, dann sagt er, er sprach ein oder zwei Mal mit ihm, um im selben Atemzug jeweils in der Mehrzahl (»sometimes«) zwei Gesprächsorte zu erwähnen.

Boxhalls Aussage läßt sogar die Vermutung zu, daß der Kapitän möglicherweise den größten Teil während Murdochs Wache auf der Brücke war und demnach eventuell sogar selbst das Ausweichmanöver gefahren ist, doch diese Konstruktion birgt zu viele »wenn« in sich, als daß sie dann noch als sehr wahrscheinlich erscheint.

Aber da ist trotz allem Boxhalls Aussage, daß Kapitän Smith »frequently during the watch« auf der Brücke oder im Ruderhaus oder im Kartenraum war, und da der Begriff »oft« oder »häufig« mehr als nur einen Besuch auf der Brücke beinhaltet, muß Kapitän Smith, entgegen der *Titanic*-Geschichtsschreibung auch während Murdochs Wache auf der Brücke gewesen sein. Damit ist der Kapitän über die gesichteten Eisberge schon vor der Kollision informiert gewesen. Doch er unternimmt nichts. Vielleicht hat Smith sich durch das Klarsteuern darin bestätigt gesehen, daß die Sichtweite ausreicht, um Eis und Eisberge auch unter den ungünstigen Bedingungen immer noch rechtzeitig genug zum Ausweichen auszumachen. Vielleicht hat Smith auch aufgrund der *Mesaba* neue Überlegungen hinsichtlich einer Kursänderung angestellt und ist zu dem Ergebnis gekommen, daß man auch bei einem Ausweichen nach Süden mehr als 20 Seemeilen durch ein Eisfeld fahren muß, sich durch den deutlich südlicheren Kurs die Strecke aber verlängert und dadurch eine Ankunft in New York bereits am Dienstag nachmittag nicht mehr möglich ist. Wenn man aber den Kurs beibehält, fährt man zwar eine längere Strecke durch das Eisfeld, doch man bleibt auf dem direkten Weg und hat damit weiterhin die Möglichkeit, mit einer guten Passagezeit New York zu erreichen. Vielleicht war Kapitän Smith sich auch nicht ganz sicher, ob der Kohlenvorrat überhaupt einen Umweg, der durch ein Ausweichen nach Süden entsteht, erlauben würde.

Eine Zusammenfassung der zitierten Aussagen ergibt ein Bild der letzten Wache, das der bisher allgemein bekannten Darstellung widerspricht, aber leider nicht so lückenlos, wie es wünschenswert wäre, ist, da mit Smith, Murdoch und Moody drei Männer nicht überlebt haben, die zu den wichtigsten Zeugen geworden wären.

Daß Kapitän Smith während Lightollers Wache auf die Brücke kam, ist vor dem britischen Untersuchungsausschuß nicht völlig unumstritten. Wenn die Unterhaltung zwischen Lightoller und dem Kapitän stattgefunden hat, war es nicht gerade clever vom 2. Offizier, diese zuzugeben, und wenn Lightoller ein Gespräch zwischen Murdoch und dem Kapitän einfach in seine Wache gelegt hat, um dadurch zum einen herauszustellen, daß die äußeren Bedingungen ungewöhnlich waren, zum anderen durchaus Vorsichtsmaßnahmen getroffen wurden, war es keine taktische Meisterleistung. Eine weitere Möglichkeit ist, daß das Gespräch zwischen Lightoller und dem Kapitän stattgefunden hat, aber nicht gegen neun Uhr abends, sondern gegen 21.30 Uhr oder 21.45 Uhr. Das würde, wenn man davon ausgeht, daß Daisy Minaham die Wahrheit sagt, sich auch mit ihrer Beobachtung decken. Gleichzeitig läßt das aber den Kapitän während des Wachwechsels noch auf der Brücke sein – und höchstwahrscheinlich auch während des Bekanntwerdens der Eiswarnung der *Mesaba*, die zwischen 21.45 und 22.15 Uhr die Brücke erreicht und ganz deutlich belegt, daß die *Titanic* mitten durch ein dichtes Eisfeld fährt. Die Beobachtungen, die man auf der Brücke der *Titanic* machen kann, bestätigen den Funkspruch – die Temperatur der Luft liegt unter dem Gefrierpunkt, die Wassertemperatur liegt um den Gefrierpunkt, es ist eine windstille Nacht mit einer überragenden Rundumsicht, wodurch man darauf schließen kann, daß die Witterungsbedingungen in allen Himmelsrichtungen identisch sind, und in der Luft liegt ein Eisgeruch. Vielleicht wurde sogar schon während Lightollers Wache Eis gesichtet.

Gemäß Boxhall befindet Kapitän Smith sich mal in seinem Kartenraum, mal im Ruderhaus und auch mal auf der äußeren Brücke, man kann fast den Eindruck gewinnen, daß Smith nur »auf Wanderschaft« war. Das zeigt, daß die letzte Wache nicht so ruhig und ereignislos verlief wie generell angenommen, sonst wäre Smith nicht so oft auf der äußeren Brücke gewesen. Allerdings zeigt das auch, daß Smith die Lage entweder als nicht so kritisch einstuft, daß seine ständige Präsenz auf der Brücke erforderlich ist oder daß er seinem 1. Offizier William McMaster Murdoch zutraut, mit jeder Situation so gut wie der Kapitän selbst klarzukommen.

Der Ausguck im Krähennest sichtet schon vor der Kollision Eis und meldet dieses der Brücke. Da der Kapitän sich während der letzten Wache durchaus auch auf der Brücke aufhält, gibt es keine Zweifel daran, daß er über die Sichtung von Eis unterrichtet ist. Möglicherweise läßt Murdoch den Kapitän auf die Brücke holen, nachdem Eisberge gesichtet wurden. Damit ist der Vorwurf Fleets in Richtung Offiziere der Brücke, die angeblich durch Untätigkeit auf seine Meldungen reagierten, entkräftet. Gleichzeitig werden auch die Beschuldigungen George Behes in Richtung Murdoch völlig haltlos: Die Geschwindigkeit des Schiffes wird einzig und allein vom Kapitän festgelegt und nicht vom jeweiligen Offizier der Wache. Auch war der Kapitän der *Titanic* nach Angaben Boxhalls oft genug auf der Brücke, um zum einen die Situation selbst observieren zu können, zum anderen, um über die Sichtung von Eisbergen schon vor der Kollision informiert zu sein. Offensichtlich sieht sich Smith durch das rechtzeitige Ausmachen dieser Eisberge darin bestätigt, daß die Sichtweite auch bei dieser hohen Geschwindigkeit ausreichend ist, um von jedem Hindernis im Kurs klarzusteuern. Doch das ist leider eine fatale Fehleinschätzung ...

Anmerkungen

1 Nach heutigen Angaben wäre das ein rechtweisender Kurs von 266°.

2 43° Fahrenheit = 6,11° Celsius, 39° Fahrenheit = 3,89° Celsius.

3 Ruder = das »Lenkrad« des Schiffes.

4 Die Zeiteinteilung auf Schiffen ist im Vierstundenrhythmus, wobei diese vier Stunden in halbe Stunden unterteilt sind. Diese Unterteilung wird durch Glockenschläge angezeigt – das Glasen. Ein Glas ist eine halbe Stunde, zwei Glas die erste volle Stunde, acht Glasen zeigt den Wachwechsel an.

5 Hichens hat ausgesagt, daß seiner Erinnerung nach die Wassertemperatur um acht Uhr abends 31,5° Fahrenheit (= knapp unter 0° Celsius) betrug. – Der Gefrierpunkt von Salzwasser liegt unter dem von Süßwasser.

6 Hier übertreibt Hichens seinen Rang – oder der Stenographer hat sich verschrieben. Ein Quartermaster steht nicht im Offiziersrang, sondern wird als »Maat« eingestuft.

7 An diesem Punkt erwähnt Lightoller nicht, daß er von 19.00 bis 19.30 Uhr vom 1. Offizier Murdoch für das Dinner abgelöst wurde.

8 33° Fahrenheit = 0,56° Celsius.

9 Im englischen Original heißt es: »I could see with quite sufficient distinctness any ice of sufficient largeness to do damage to the ship.«

10 Ein Eisberg, der überrollt (durch das Auftauen verlagert sich der Schwerpunkt des Eisberges, so daß er quasi kentert und dadurch ein bisher unter der Wasseroberfläche gelegener Teil der Luft ausgesetzt wird), erscheint nicht mehr weiß, sondern dunkelblau bis schwarz.

11 Im englischen Original heißt es: »I think he said: ›If it becomes at all doubtful let me know at once. I shall be just inside.‹«

12 Die Offiziere waren in ihren Aussagen immer sehr bemüht darzustellen, daß das Eis ihren Informationen nach ausschließlich nördlich von ihrem Kurs war.

13 Durch die verspätete Kursänderung nach Westen fuhr die *Titanic* etwas länger als ursprünglich geplant in eine südliche Richtung, und dadurch würde sie Eis, daß zwar nördlich aber auch sehr nahe vom Kurs unter ihrem Heck (wie Lord Mersey es nennt) passieren. Damit berichtigt Lord Mersey die vorherige Feststellung des Staatsanwalts.

14 Dieses Patent wird ihm in fast allen *Titanic*-Publikationen abgesprochen, es heißt, daß er lediglich über das normale Kapitänspatent verfügte, doch das ist definitiv falsch. Harold Sanderson, einer der Direktoren der IMM, sagt vor dem britischen Untersuchungsausschuß, daß alle Senior-Offiziere der *Titanic* über das Extra Master Patent verfügten (Lightoller hat seines 1912 abgelegt), und mir liegt eine Kopie von Murdochs Extra Master Patent vor. Erwähnt sei noch, daß Kapitän Smith das Extra Master Patent gemäß Gary Cooper in dem Buch *»The Man Who Sank the Titanic? The Life and Times of Captain Edward J. Smith«*, ISBN 0 9508981 7 1) im ersten Anlauf nicht bestanden hat, weil er im Prüfungsteil »Navigation« durchgefallen ist.

15 Geoffrey Marcus, »The Maiden Voyage«, ISBN 0 04 440263 5; John Eaton & Charles Haas, »*Titanic* – Triumph and Tragedy«, ISBN 0 85059 775 7.

16 Don Lynch & Ken Marshall, »*Titanic* – An Illustrated History«, ISBN 0 340 56271 4 (deutsche Ausgabe: »*Titanic* – Königin der Meere«, ISBN 3 453 05930 1), George Behe, »*Titanic* Tidbits 2, The bridge paid no attention to my signals«, Selbstverlag, 1993.

17 120 Fuß = 36,58 Meter.

Titanic on the rocks

Nordatlantik, 14. April 1912. Es ist gegen 23.40 Uhr, und auf der *Titanic* herrscht nächtliche Stille. Im Krähennest, auf der Brücke und auf der Station am Heck frieren die Wachhabenden in einer eisigen Nacht. Für die Matrosen Fleet und Lee im Krähennest, den Quartermaster Rowe am Heck, den Quartermastern Hichens und Olliver sowie den 4. Offizier Boxhall und den 6. Offizier Moody ist der größte Teil der Wache vorüber. Der 1. Offizier Murdoch hat fast »Halbzeit«. Doch noch ehe der Wachwechsel stattfindet, tritt ein Zwischenfall ein, der in einer großen Katastrophe endet.

Die allgemeingültige Darstellung dieses Zwischenfalls ist, daß gegen 23.40 Uhr der Ausguck Frederick Fleet einen schwarzen Schatten im Kurs der *Titanic* sieht, die Glocke im Ausguck drei Mal anschlägt, danach zum Telefonhörer[1] greift und die Brücke informiert: »Eisberg, direkt voraus.« Der 6. Offizier James Paul Moody antwortet nur: »Danke.« Dann macht er dem 1. Offizier William McMaster Murdoch, der als Senior-Offizier der Wache den Befehl über das Schiff hat, Meldung. Murdoch befiehlt: »Hart steuerbord[2], volle Kraft zurück.« Beide Befehle werden ausgeführt, wobei Murdoch selbst die Maschinentelegraphen bedient. Der 1. Offizier betätigt ebenfalls den Schalter, durch den die Schottenkammern im Rumpf automatisch geschlossen werden. Aber dieses Ausweichmanöver reicht nicht aus, um die *Titanic* vom Eisberg klarzusteuern. Das Schiff streift einen Unterwasserausläufer des Berges auf einer Länge von 60 Metern bzw. 90 Metern[3], ehe es von dem Hindernis freikommt.

Direkt nach der Kollision kommt Kapitän Smith auf die Brücke gestürzt und fragt: »Was war das, Mr. Murdoch?« Der 1. Offizier beantwortet die Frage und sagt – gemäß einigen Publikationen – außerdem: »Ich ging auf hart steuerbord und schaltete auf Rückwärtsfahrt. Ich beabsichtigte, ihn über Backbordbug zu umfahren, aber sie war schon zu dicht dran. Ich konnte nicht mehr tun.«

Danach befiehlt der Kapitän, daß die wasserdichten Türen im Rumpf geschlossen werden sollten, doch Murdoch erwidert: »Sie sind bereits geschlossen.«

Dann gehen Kapitän Smith, der 1. Offizier Murdoch und der 4. Offizier Boxhall auf den Steuerbordausleger der Brücke und sehen nach achtern, wobei Boxhall glaubt, er würde den Eisberg noch erkennen können.

Natürlich wird das fehlgeschlagene Ausweichmanöver des 1. Offiziers William McMaster Murdoch nach dem Untergang der *Titanic* immer wieder diskutiert. Nach der Katastrophe heißt es, daß es besser gewesen wäre, wenn Murdoch nicht mehr versucht hätte, noch auszuweichen, sondern die *Titanic* Bug voraus auf den Eisberg gesetzt hätte. Dann wäre das Schiff im Bugbereich zwar schwer beschädigt worden, jedoch nicht gesunken. Oder aber, wenn er denn schon ausweichen will, hätte er nicht dieses Ruderkommando mit diesem Maschinenkommando kombinieren dürfen. Bei einem Ausweichen nach backbord hätte nur die Backbordschraube auf volle Kraft zurück gelegt werden dürfen, um das Ruderkommando mit der Maschinenkraft zu unterstützen und dadurch auch zu beschleunigen.

Auch wenn die eingangs aufgeführte Darstellung des Unfallhergangs allgemein als richtig anerkannt wird – sie basiert auf den Aussagen von Fleet, Lee, Hichens und Boxhall, da Murdoch, Moody und Kapitän Smith nicht überlebt haben –, ist sie bei näherer Betrachtung doch unlogisch. An dieser Stelle soll nicht dargelegt werden, ob das Ausweichmanöver nun falsch war oder nicht, dennoch ist es dieses Manöver, das Zweifel an dieser Darstellung aufkommen läßt.

Wenn ein Schiff zu einer Seite abdreht, wandert das Heck aus dem bisherigen Kurs heraus zur anderen Seite.

Wenn das Ausweichmanöver nur mit dem Befehl »Hart steuerbord« gefahren wurde, hätte die ganze Seite der *Titanic* aufgeschlitzt werden müssen, denn der Bug dreht vom Eisberg weg, das Heck aber zu ihm hin. Auch wenn beim Aufprall auf den Unterwasserausläufer möglicherweise das Schiff vom Berg weggedrückt wurde, bewirkt die Rudereinstellung, daß die Seite immer wieder auf den Eisberg zurückprallt.

Daß nach der Kollision mit dem Eisberg das Ruderkommando »Hart backbord« kam, wird vom Stand-by-Quartermaster Alfred Olliver ausgesagt, vom Quartermaster Hichens, der sich am Ruder befand, jedoch heftigst bestritten. Die Problematik an Ollivers Angabe zu dem Ruderkommando ist, daß es zu spät kommt, um Sinn zu machen.

Wenn Olliver jedoch hinsichtlich des Zeitpunkts des »Hart backbord«-Kommandos eine falsche Angabe gemacht hat, das Kommando aber gegeben und ausgeführt wurde, ergibt sich ein anderes Problem, das sich mit der gängigen Darstellung ebenfalls nicht erklären läßt:

Schätzungen gehen davon aus, daß der Eisberg bei der Sichtung etwa 450 Meter entfernt war und damit ungefähr 40 Sekunden von der Sichtung bis zur Kollision vergingen. Wenn das Ruderkommando »Hart backbord« während der Kollision gegeben wurde, lag das Ruder der *Titanic* bis zur Kollision »Hart steuerbord«. Nach Aussage von Quartermaster Hichens ist das Schiff bis zum Zeitpunkt der Kollision zwei Strich nach backbord abgedreht. Das ist nicht sehr viel:

Doch das Schiff muß in etwa zehn Sekunden ungefähr dieselbe Distanz nach steuerbord abgedreht sein. Maschinenkommandos, die nach Expertenmeinung dem Abdrehen nicht förderlich waren, sind unverändert geblieben.

Selbst wenn man die Drehrichtung der Schrauben mit in Erwägung zieht, bleibt etwas fragwürdig in der Darstellung: Die *Titanic* hatte zwei rechtsdrehende Schrauben (steuerbord und zentral) und eine linksdrehende (backbord). Diese Drehrichtung der Schrauben sorgt dafür, daß die *Titanic* bei Vorwärtsfahrt ein Schiff ist, das schneller nach backbord als nach steuerbord ausweichen kann, weil die Schraubendrehungen einen Schub auf das Heck ausüben, dem normalerweise gegengesteuert werden muß, den man aber bei einem Ruderkommando nutzen kann. Bei Rückwärtsfahrt wird die Drehrichtung der Schrauben umgekehrt, doch gleichzeitig hat die *Titanic* als Besonderheit eine turbinenangetriebene Schraube in der Mitte, die sich nicht auf Rückwärtsfahrt umschalten läßt und damit ausfällt. Bei Rückwärtsfahrt ist die *Titanic* also ein Schiff, das eine rechtsdrehende und eine linksdrehende Schraube hat. Die Schubwirkung auf das Heck hebt sich dadurch auf. Nach Expertenmeinung wird durch den Ausfall der mittleren Schraube die Ruderwirkung noch abgeschwächt.

Ebenfalls zu dieser Betrachtung gehört die Anmerkung, daß bei dem Umlegen der Maschinentelegraphen auf »volle Kraft zurück« die

Maschinen nicht sofort rückwärts laufen, sondern die diensthabenden Ingenieure die Maschinen erst abstoppen und dann auf Rückwärtsfahrt umschalten müssen. Wenn die Ingenieure der *Titanic* schnell sind, schaffen sie das in etwa 30 Sekunden[4].

In bezug auf die allgemeine Darstellung des Manövers ergibt sich daraus folgendes: In den ersten etwa 35 Sekunden dreht die *Titanic* zwei Strich nach backbord, hat die meiste Zeit noch alle drei Schrauben zur Verfügung, um dann in etwa zehn bis 15 Sekunden etwa dieselbe Distanz nach steuerbord abzudrehen. Dieses Ruderkommando muß kurz vor oder spätestens im ersten Moment der Kollision gegeben und von irgend jemandem auch ausgeführt worden sein, da sonst die ganze Seite der *Titanic* aufgeschlitzt worden wäre. Dabei beginnen die Maschinen nun rückwärts zu laufen, und die mittlere Schraube, die die meiste Wirkung auf das Ruder hat, fällt aus, was das Ruderkommando nicht beschleunigt.

Da das nicht mehr plausibel erscheint, ist es erforderlich, in den Aussagen, die 1912 vor den Untersuchungsausschüssen in den USA und in Großbritannien gemacht wurden, nach einer Antwort auf folgende Frage zu suchen:

Wie weit war der Eisberg entfernt, als er von wem gesichtet wurde? Dabei muß immer beachtet werden, welche Interessen welcher Zeuge zu vertreten hat und wie wichtig es für diese Interessen ist, daß der Eisberg möglichst weit weg oder möglichst dicht dran war. Um Jahrzehnte später und ohne die Möglichkeit, die Zeugen zu diesem Thema zu interviewen, diese Frage zufriedenstellend zu beantworten, muß auch betrachtet werden, welche Kommandos beim Ausweichmanöver wann gegeben und wann ausgeführt wurden. Es ist bedauerlich, daß offensichtlich keiner der Überlebenden von der Sichtung des Eisberges bis zur Kollision auf der äußeren Brücke war. Der 1. Offizier Murdoch, der in diesem Punkt der Hauptzeuge sein könnte, hat nicht überlebt.

Zum Sichten des Eisbergs können die beiden überlebenden Matrosen, die zum Zeitpunkt der Kollision Wache im Krähennest hatten, natürlich die besten Auskünfte geben. Allerdings muß man bei den Aussagen der beiden bedenken, daß es sowohl für Fleet als auch für Lee ebenfalls darum geht, eigene Interessen zu vertreten: Je später der Eisberg in einer klaren Nacht von ihnen gesehen wird, um so schlechter für ihren Ruf als zuverlässige Ausguckleute. Eine Besonderheit der White Star Line war, extra Matrosen als Ausguckleute zu mustern, die dafür einen sogenannten »Ausguckzuschlag« mit ihrer Heuer erhielten. Außerdem hat Fleet gemäß der vereidigten schriftlichen Aussage von Catherine Crosby zu anderen Passagieren auf der *Carpathia* gesagt, er sei sich sicher, daß man ihn für das späte Sichten des Eisbergs beschuldigen wird. Deswegen sind die Aussagen von Fleet und Lee auch als eigene Verteidigung anzusehen, bei der es wichtig ist, daß der Eisberg möglichst früh gesichtet wurde.

Reginald Robertson Lee sagt nur vor dem britischen Untersuchungsausschuß als Zeuge aus. Lee berichtet, daß die Nacht »sternenklar« war, »doch zum Zeitpunkt des Unfalls breitete sich ein Nebel mehr oder weniger am Horizont aus. Es war windstill, und die See war ganz ruhig.«

Staatsanwalt: »Bemerkten Sie den Nebel, als Sie auf Wache gingen?«

Lee: »Es war dann nicht so deutlich, aber wir hatten Mühe, da durch zu sehen. Es war da nichts in Sicht.«

Staatsanwalt: »Sie hatten die Anweisung, scharfe Ausschau nach Eis zu halten, deswegen vermute ich, daß Sie versuchten, so gut Sie konnten, durch den Nebel zu sehen?«

Lee: »Ja.«

Staatsanwalt: »War der Nebel schon um 22 Uhr da?«

Lee: »Nein, aber er zog kurz danach auf. Aber wir hatten große Mühe, da durch zu sehen. Mein Kamerad sagte zu mir, daß wir uns glücklich schätzen können, wenn wir da durch sehen können.«

(...)

Staatsanwalt: »Haben Sie in jener Wache vor 23.30 Uhr irgendwas gemeldet?«

Lee: »Da war nichts zum Melden. Ungefähr neun oder zehn Minuten nach sieben Glasen schlug Fleet die Glocke drei Mal an und schickte eine telefonische Nachricht an die Brücke: ›Eisberg, direkt voraus.‹ Die Brücke antwortete: ›Danke.‹«

Staatsanwalt: »Sie beobachteten den Berg?«

Lee: »Ja.«

Staatsanwalt: »Beobachteten Sie ein Ruderkommando?«

Lee: »Als die Antwort ›Danke‹ kam, drehte der Bug des Schiffes nach backbord, so daß ein ›Hart steuerbord‹-Kommando gegeben worden sein muß. Es sah so aus, als würde sie davon klarsteuern.«

Staatsanwalt: »Spürten Sie den Stoß?«

Lee: »Dann streifte sie mit dem Steuerbordbug, und da war eine Menge an Eis, das an Bord des Schiffes fiel. Es sah so aus, als hätte sie kurz vor dem Vormast gestreift.«

Lord Mersey: »Sagten Sie irgendwas, daß das Schiff unter Wasser streifte?«

Staatsanwalt: »Auf welcher Seite von Ihnen war der Eisberg?«

Lee: »An der Steuerbordseite. Ich stand in der Mitte, mein Kamerad telefonierte zum Deck.«

Staatsanwalt: »Sie beobachteten ihn?«

Lee: »Ja.«

Staatsanwalt: »Können Sie uns eine Vorstellung davon geben, wie hoch der Berg aus dem Wasser ragte?«

Lee: »Es war höher als das Vorschiff.«

Lord Mersey: »Wie hoch ist das Vorschiff?«

Lee: »Ungefähr 55 Fuß[5].«

Staatsanwalt: »Können Sie uns eine Vorstellung von der Breite geben? Wie sah er aus?«

Lee: »Es war eine dunkle Masse, die durch den Nebel kam, mit einer weißen Spitze. Das war der einzige weiße Teil davon, bis wir ihn passiert hatten, eine Seite schien schwarz zu sein und die andere weiß, aber als wir nahe waren, schien er ganz weiß zu sein.«

Staatsanwalt: »Wie weit war der Dampfer vom Eisberg entfernt, als er nach backbord abdrehte?«

Lee: »Ich kann Ihnen die Entfernung nicht sagen. Als ich ihn zuerst sah, mag es eine halbe Meile[6] oder eher weniger gewesen sein.«

(...)

Thomas Scanlan, Vertreter der Gewerkschaft der Seemänner und Heizer: »Wie lange waren Sie im Krähennest, als Sie dachten, daß es diesig wurde?«

Lord Mersey: »Waren Sie im Nebel, als der Unfall passierte?«

Lee: »Nein, Sir.«

Scanlan: »Sprachen Sie mit der Brücke, als es diesig wurde?«

Lee: »Nein.«

Scanlan: »Als der andere Mann sich mit Ihnen über den Nebel unterhielt, warum dachten Sie, daß es nicht richtig wäre, die Brücke darüber zu informieren?«

Lee: »Ja, gut, der Offizier würde Sie fragen, warum Sie sich in seine Aufgaben einmischen.«

Der von Lee ins Spiel gebrachte Nebel beschäftigt den Untersuchungsausschuß, da er konträr zu den Aussagen derjenigen ist, die nicht als Ausguckleute auf der *Titanic* waren, denn es wird von den anderen Überlebenden generell gesagt, daß es nach der Kollision absolut klar war und man sehr weit sehen konnte. Als Lee aussagt, daß er die Lichter eines anderen Schiffes vom Rettungsboot aus gesehen hat, wird er sofort gefragt: »Dann war es also nicht neblig?«

Lee: »Das war, nachdem wir den Berg passiert hatten, und der Nebel lichtete sich.«

> Lord Mersey: »Sind Sie sich sicher, daß der Nebel existierte?«
>
> Lee: »Absolut. Es war so schlimm, daß ich den Berg nicht sehen konnte.«

Das widerspricht seiner eigenen Aussage zum Sichten des Eisberges.

> Sir Robert Finlay, Vertreter der White Star Line: »Wann lichtete sich der Nebel?«
>
> Lee: »Zum Tagesanbruch.«

Auch das widerspricht allen anderen Aussagen von Überlebenden, die schon beim Einbooten, das mitten in der Nacht stattfand, von einer sternenklaren Nacht berichten.

Interessant sind allerdings Lees Angaben zum Ausweichmanöver und zu seiner geschätzten Entfernung zum Eisberg, als dieser gesichtet wurde:

Lee sagt, daß der Eisberg eine halbe Meile (etwa 926 Meter) oder eher weniger entfernt war, als er ihn zuerst sah. Vor ihm hatte aber schon Fleet den Berg gesichtet. Das dürfte zuerst mal Lees eigene Angabe zu dem dichten Nebel widerlegen. So, wie Lee den Nebel beschreibt, ist es eine Unmöglichkeit, auf die von ihm genannte Entfernung den Eisberg zu sehen.

Wenn der Berg, als Lee ihn sieht, um 900 Meter entfernt ist, bleibt über eine Minute, bis die *Titanic* den Berg erreicht. Bei einer Geschwindigkeit von 21 Knoten legt das Schiff 648,20 Meter pro Minute zurück, bei 21,5 Knoten 663,63 Meter pro Minute und bei 22 Knoten 679 Meter pro Minute[7].

Wie schon dargestellt, ist es für den Ausguck immens wichtig, daß der Berg auf eine möglichst große Entfernung gesichtet wurde, aber Lee widerspricht sich ein weiteres Mal selbst, denn man kann in seinem Bericht durchaus den Eindruck gewinnen, daß sein Kamerad Fleet noch mit der Brücke telefonierte, als die *Titanic* den Eisberg schon fast erreicht hat. Da Fleet das Telefon benutzt, das über eine

Festverbindung mit der Brücke verbunden ist, während der 6. Offizier auf der Brücke in unmittelbarer Nähe der Telefone stationiert ist und die ganze Unterhaltung – wenn man die in einigen Publikationen genannte längere Version zugrunde legt – aus:

Fleet: »Sind Sie da?«

Moody: »Ja. Was haben Sie gesehen?«

Fleet: »Eisberg, direkt voraus.«

Moody: »Danke.«

besteht, ist es sehr unwahrscheinlich, daß zwischen Sichten des Eisbergs und Kollision mehr als eine Minute und damit mehr als 648,20 bis 679 Meter liegen. Vielmehr erlaubt Lees Aussage die Vermutung, daß der Eisberg bei der Sichtung bedeutend dichter war als die allgemein als gültig anerkannten 450 Meter.

Ebenfalls interessant ist an Lees Aussage, daß er berichtet, der Bug begann bereits nach backbord abzufallen, als Fleet noch mit der Brücke telefonierte. Gemäß der allgemeingültigen Darstellung hat Moody erst das Gespräch mit einem »Danke« beendet und dann Meldung an den 1. Offizier Murdoch über den gesichteten Eisberg gemacht, der daraufhin die Ruder- und Maschinenkommandos, mit denen er noch klarsteuern will, gibt. Laut Lees Aussage ist jedoch zu diesem Zeitpunkt bereits das Ausweichmanöver eingeleitet, was nur den Rückschluß zuläßt, daß Murdoch, der auf der Brücke Senior-Offizier der Wache war und damit selbst ebenfalls Ausschau hielt, den Eisberg ungefähr gleichzeitig mit Fleet im Krähennest gesehen hat und nicht erst nach den drei Glockenschlägen vom Ausguck und dem Telefonanruf Fleets tätig wird. Der 2. Offizier Lightoller sagt vor dem britischen Untersuchungsausschuß, daß er sich bereits auf der *Carpathia* mit der Frage, wer den Eisberg zuerst sah, befaßt hat und eigene Erkundigungen durchführte, die ihn zu dem Ergebnis kommen ließen, daß die Brücke und damit der 1. Offizier den Eisberg vor dem Ausguck sichtete. Das deckt sich wiederum mit der Angabe Lees, daß das Ausweichmanöver bereits eingeleitet war, als Fleet noch mit der Brücke telefonierte. Allerdings ist auch Lightoller nicht unparteiisch. Ihm ist bekannt, daß der Senior-Offizier der Wache in der Kritik steht und sich selbst nicht mehr verteidigen kann. Außerdem ist Murdoch ein langjähriger Kamerad und Freund von Lightoller.

Frederick Fleet, der andere Matrose, der zum Zeitpunkt der Kollision im Krähennest auf Wache ist, sagt sowohl vor dem amerikanischen als auch vor dem britischen Untersuchungsausschuß aus.

Senator Smith: »Um welche Uhrzeit gingen Sie Sonntag nacht auf Wache?«

Fleet: »22 Uhr.«

Senator Newlands: »Wen lösten Sie ab?«

Fleet: »Symons und Jewell.«

Senator Smith: »Wer war mit Ihnen auf Wache?«

Fleet: »Lee.«

Senator Smith: »Was, wenn überhaupt, sagten Symons und Jewell oder einer von ihnen zu Ihnen, als Sie sie auf Wache ablösten?«

Fleet: »Sie sagten uns, daß wir einen scharfen Ausguck nach Eis halten sollten.«

Senator Smith: »Was sagten Sie zu ihnen?«

Fleet: »Ich sagte ›In Ordnung‹.«

Senator Smith: »Was sagte Lee?«

Fleet: »Er sagte das gleiche.«

Senator Smith: »Und Sie nahmen Ihre Position im Krähennest ein?«

Fleet: »Ja, Sir.«

Senator Smith: »Sagen Sie, was Sie machten.«

Fleet: »Ja, gut, ich meldete einen Eisberg direkt voraus, eine schwarze Masse.«

Senator Smith: »Wann meldeten Sie das?«

Fleet: »Ich kann Ihnen die Uhrzeit nicht sagen.«

Senator Smith: »Ungefähr?«

Fleet: »Kurz nach sieben Glasen[8].«

Senator Smith: »Wie lange nachdem Sie Ihren Platz im Krähennest eingenommen hatten?«

Fleet: »Die Wache war fast vorbei. Ich hatte den größten Teil meiner Wache im Krähennest hinter mir.«

Senator Smith: »Wie lang ist Ihre Wache?«

Fleet: »Zwei Stunden, aber die Uhr sollte zurückgestellt werden – diese Wache.«

Senator Smith: »Die Uhr sollte zurückgestellt werden?«

Fleet: »Ja, Sir.«

Senator Smith: »Änderte das Ihre Zeit?«

Fleet: »Wir hatten ungefähr zwei Stunden und zwanzig Minuten[9].«

Senator Smith: »Wie lange vor der Kollision oder dem Unfall meldeten Sie Eis voraus?«

Fleet: »Ich habe keine Vorstellung.«

Senator Smith: »Ungefähr, wie lange?«

Fleet: »Das kann ich nicht sagen wegen der Geschwindigkeit, die sie machte.«

Senator Smith: »Wie schnell war sie?«

Fleet: »Das weiß ich nicht.«

Senator Smith: »Sind Sie gewillt zu sagen, daß Sie die Gegenwart dieses Eisberges eine Stunde vor der Kollision meldeten?«

Fleet: »Nein, Sir.«

Senator Smith: »45 Minuten?«

Fleet: »Nein, Sir.«

Senator Smith: »Eine halbe Stunde vorher?«

Fleet: »Nein, Sir.«

Senator Smith: »Fünfzehn Minuten vorher?«

Fleet: »Nein, Sir.«

Senator Smith: »Zehn Minuten vorher?«

Fleet: »Nein, Sir.«

Senator Smith: »Wie weit entfernt war diese schwarze Masse, als Sie sie zuerst sahen?«

Fleet: »Ich habe keine Vorstellung, Sir.«

Senator Smith: »Können Sie uns nicht eine Vorstellung geben? Sahen Sie sie als ernst an?«

Fleet: »Ich meldete sie, sobald ich sie gesehen hatte.«

Senator Smith: »Ich möchte einen vollständigen Bericht davon, müssen Sie wissen. Sagen Sie mir, so gut wie Sie können, wie weit entfernt sie war, als Sie sie sahen. Sie sind daran gewöhnt, vom Krähennest Entfernungen zu schätzen, oder? Sie sind da, um nach vorne zu sehen und Objekte zu sichten, oder?«

Fleet: »Wir sind nur da oben, um das, was wir sehen, zu melden.«

Senator Smith: »Aber von Ihnen wird erwartet, daß Sie alles im Kurs des Schiffes sichten und melden, oder?«

Fleet: »Alles, was wir sehen – ein Schiff oder irgendwas.«

Senator Smith: »Alles, was Sie sehen?«

Fleet: »Ja, alles, was wir sehen.«

Senator Smith: »Unabhängig davon, ob es ein Eisfeld, Kälber oder ein Eisberg oder irgendwas anderes ist?«

Fleet: »Ja, Sir.«

Senator Smith: »Haben Sie sich darin geübt, alle Objekte, denen Sie sich nähern, mit großer Genauigkeit zu sehen?«

Fleet: »Ich weiß nicht, was Sie meinen, Sir.«

Senator Smith: »Wenn da ein schwarzes Objekt voraus von diesem Schiff ist oder ein weißes, eine Meile entfernt oder fünf Meilen entfernt, 50 Fuß über dem Wasser oder 150 Fuß über dem Wasser, wären Sie in der Lage, das zu sehen, von Ihrer Erfahrung als Seemann her?«

Fleet: »Ja, Sir.«

Senator Smith: »Wenn Sie diese Dinge im Kurs des Schiffes sehen, melden Sie sie?«

Fleet: »Ja, Sir.«

Senator Smith: »Was meldeten Sie, als Sie diese schwarze Masse Sonntag nacht sahen?«

Fleet: »Ich meldete einen Eisberg direkt voraus.«

Senator Smith: »Wem meldeten Sie das?«

Fleet: »Ich schlug zuerst die Glocke drei Mal an. Dann ging ich direkt zum Telefon und rief die auf der Brücke an.«

Senator Smith: »Sie schlugen die Glocke drei Mal an und gingen zu dem Telefon und riefen die auf der Brücke an?«

Fleet: »Ja.«

Senator Smith: »Erreichten Sie irgend jemanden auf der Brücke?«

Fleet: »Ich erhielt sofort eine Antwort – was ich gesehen hatte, oder: ›Was haben Sie gesehen?‹«

Senator Smith: »Sagte die Person, mit der Sie sprachen, Ihnen, wer sie war?«

Fleet: »Nein. Er fragte mich nur, was ich gesehen hatte. Ich sagte ihm, einen Eisberg direkt voraus.«

Senator Smith: »Was sagte er dann?«

Fleet: »Er sagte: ›Danke.‹«

Senator Smith: »Wissen Sie, mit wem Sie sprachen?«

Fleet: »Nein, ich weiß nicht, wer es war.«

Senator Smith: »Was war der Hintergrund für das dreimalige Anschlagen der Glocke?«

Fleet: »Das zeigt einen Eisberg direkt voraus an.«

Senator Smith: »Es bedeutet Gefahr?«

Fleet: »Nein, es sagt denen auf der Brücke nur, daß da irgendwas voraus ist.«

Senator Smith: »Sie trafen beide Vorsichtsmaßnahmen, sie schlugen die Glocke drei Mal an, und dann gingen sie und riefen die Brücke an?«

Fleet: »Ja, Sir.«

Senator Smith: »Wohin müssen Sie zum Telefon gehen?«

Fleet: »Das Telefon ist im Nest.«

Senator Smith: »Das Telefon ist direkt im Krähennest?«

Fleet: »Ja.«

Senator Smith: »Sie wandten sich um und sprachen mit der Brücke vom Nest?«

Fleet: »Ja, Sir.«

Senator Smith: »Erhielten Sie eine sofortige Antwort?«

Fleet: »Ja.«

Senator Smith: »Und Sie machten die Meldung, die Sie angaben?«

Fleet: »Ja.«

Senator Smith: »Was machten Sie danach?«

Fleet: »Nachdem ich die angerufen hatte?«

Senator Smith: »Ja, Sir.«

Fleet: »Ich starrte wieder voraus.«

Senator Smith: »Sie blieben im Krähennest?«

Fleet: »Ich blieb im Krähennest, bis ich abgelöst wurde.«

Senator Smith: »Und Lee blieb im Nest?«

Fleet: »Ja.«

Senator Smith: »Wie lange blieben Sie dort?«

Fleet: »Ungefähr eine Viertelstunde bis zwanzig Minuten danach.«

Senator Smith: »Nach was?«

Fleet: »Nach dem Unfall.«

Senator Smith: »Und dann verließen Sie den Platz?«

Fleet: »Wir wurden von den anderen beiden Männern abgelöst.«

Senator Smith: »Die anderen beiden Männer kamen?«

Fleet: »Ja.«

Senator Smith: »Gingen sie nach oben?«

Fleet: »Sie kamen nach oben ins Krähennest.«

Senator Smith: »Und Sie gingen herunter?«

Fleet: »Wir gingen runter, ja.«

Senator Smith: »Können Sie nicht in irgendeiner Form anzeigen, welche Zeitspanne verstrich zwischen dem Moment, in dem Sie per Telefon und per Glocke diese Information an den Brückenoffizier weitergaben, und dem Moment, in dem das Schiff den Berg berührte?«

Fleet: »Das kann ich Ihnen nicht sagen.«

Senator Smith: »Sie können es nicht sagen?«

Fleet: »Nein, Sir.«

Senator Smith: »Sie können nicht sagen, ob es fünf Minuten waren oder eine Stunde?«

Fleet: »Ich kann es nicht sagen.«

Senator Smith: »Ich wünschte, Sie würden dem Ausschuß sagen, ob Sie Gefahr annahmen, als Sie diese Signale gaben und telefonierten; ob Sie dachten, da war Gefahr?«

Fleet: »Nein, nein, Sir. Das ist alles, was wir oben im Nest zu tun haben, die Glocke anzuschlagen, und wenn da irgendeine Gefahr ist, die auf der Brücke anzurufen.«

Senator Smith: »Die Tatsache, daß Sie die mit dem Telefon anriefen, zeigte an, daß Sie dachten, da wäre Gefahr?«

Fleet: »Ja, Sir.«

Senator Smith: »Sie dachten, da wäre Gefahr?«

Fleet: »Na ja, es war so dicht bei uns. Deswegen rief ich sie an.«

Senator Smith: »Wie groß war dieses Objekt, als Sie es zuerst sahen?«

Fleet: »Es war nicht sehr groß, als ich es zuerst sah.«

Senator Smith: »Wie groß war es?«

Fleet: »Ich habe keine Vorstellung von Entfernungen oder Größen.«

Senator Smith: »Hatte es die Größe eines normalen Hauses? War es so groß wie dieser Raum hier?«

Fleet: »Nein, nein, es sah überhaupt nicht sehr groß aus.«

Senator Smith: »War es so groß wie dieser Tisch, an dem ich sitze?«

Fleet: »Es war so groß wie zwei von diesen Tischen, als ich es zuerst sah.«

Senator Smith: »Als Sie es zuerst sahen, schien es so groß wie zwei von diesen Tischen zusammen zu sein?«

Fleet: »Ja, Sir.«

Senator Smith: »Schien es größer zu werden, nachdem Sie es zuerst gesehen hatten?«

Fleet: »Ja, es wurde größer, als wir näher kamen.«

Senator Smith: »Als es auf Sie zukam und Sie auf es zufuhren?«

Fleet: »Ja.«

Senator Smith: »Wie groß war es am Ende, als Sie es streiften?«

Fleet: »Als wir längsseits waren, war es ein wenig höher als das Vorschiff.«

Senator Smith: »Das Vorschiff ist wie hoch aus dem Wasser?«

Fleet: »50 Fuß, würde ich sagen.«

Senator Smith: »Ungefähr 50 Fuß?«

Fleet: »Ja.«

Senator Smith: »Damit stellte sich heraus, daß diese schwarze Masse, als es letztendlich das Schiff streifte, ungefähr 50 Fuß aus dem Wasser war?«

Fleet: »Ungefähr 50 bis 60.«

Senator Smith: »50 bis 60 Fuß aus dem Wasser?«

Fleet: »Ja.«

Senator Smith: »Und als Sie es zuerst sahen, sah es nicht größer als zwei von diesen Tischen aus?«

Fleet: »Nein, Sir.«

Senator Smith: »Wissen Sie, ob das Schiff gestoppt wurde, nachdem Sie das Telefonsignal gegeben hatten?«

Fleet: »Nein, nein, sie stoppte überhaupt nicht. Sie stoppte nicht, bis sie den Eisberg passiert hatte.«

Senator Smith: »Sie stoppte nicht, bis sie den Eisberg passiert hatte?«

Fleet: »Nein.«

Senator Smith: »Wissen Sie, ob ihre Maschinen rückwärts liefen?«

Fleet: »Na ja, sie begann nach backbord zu drehen, während ich am Telefon war.«

Senator Smith: »Sie begann nach backbord zu drehen?«

Fleet: »Ja, das Ruder wurde nach steuerbord gelegt.«

Senator Smith: »Woher wissen Sie das?«

Fleet: »Mein Kamerad sah es und sagte es mir. Er sagte mir, daß er den Bug abdrehen sehen konnte.«

Senator Smith: »Sie schwangen den Bug des Schiffes von dem Objekt weg?«

Fleet: »Ja, weil wir direkt darauf zufuhren.«

Senator Smith: »Aber Sie sahen, daß der Kurs geändert wurde? Und der Eisberg berührte das Schiff an welchem Punkt?«

Fleet: »Am Steuerbordbug, kurz vor dem Vormast.«

Senator Smith: »Wie weit entfernt ist das vom Ende des Bugs?«

Fleet: »Vom Steven?«

Senator Smith: »Vom Steven.«

Fleet: »Ungefähr 20 Fuß[10].«

Senator Smith: »Ungefähr 20 Fuß hinter dem Steven?«

Fleet: »Vom Steven bis dahin, wo sie berührte.«

Senator Smith: »Als das Schiff dieses Hindernis oder die schwarze Masse streifte, war da eine große Erschütterung im Schiff?«

Fleet: »Nein, Sir.«

Senator Smith: »War da überhaupt eine?«

Fleet: »Nur ein leichtes schleifendes Geräusch.«

Senator Smith: »Nicht ausreichend, um Sie in Ihrer Position im Krähennest zu beunruhigen?«

Fleet: »Nein, Sir.«

Senator Smith: »Alarmierte es Sie ernsthaft, als es streifte?«

Fleet: »Nein, Sir, ich dachte, es wäre haarscharf gewesen.«

Senator Smith: »Sie dachten, es wäre haarscharf gewesen?«

Fleet: »Ja, Sir.«

Senator Smith: »Brach irgendwas von dem Eis auf die Decks?«

Fleet: »Ja, auf das Vorschiff.«

Senator Smith: »Wieviel?«

Fleet: »Nicht viel, nur wo sie dagegenrieb.«

Senator Smith: »Sprachen Lee und Sie über dieses schwarze Objekt, das Sie sahen?«

Fleet: »Nur oben im Nest.«

Senator Smith: »Was sagten Sie darüber? Was sagte er darüber zu Ihnen, oder was sagten Sie darüber zu ihm?«

Fleet: »Bevor ich Meldung machte, sagte ich: ›Da ist Eis voraus‹, und dann legte ich meine Hand an die Glocke und schlug sie drei Mal an, und dann ging ich zum Telefon.«

Senator Smith: »Was sagte er?«

Fleet: »Er sagte nicht viel. Er begann nur zu beobachten. Er sah voraus, während ich am Telefon war, und er sah das Schiff nach backbord drehen.«

Fleets Aussage zum Sichten des Eisbergs und der Kollision vor dem britischen Untersuchungsausschuß:

Staatsanwalt: »War der Himmel klar?«

Fleet: »Ja, und die Sterne schienen. Die See war sehr ruhig. Im ersten Teil der Wache konnten wir die Sterne klar erkennen, und dann zog ein leichter Dies auf.«

Staatsanwalt: »War es vor Ihnen?«

Fleet: »Ja, ungefähr drei Strich zu jeder Seite.«

Staatsanwalt: »Blieb der Dies bis zum Streifen des Eisbergs?«

Fleet: »Ja; aber ich kann nicht sagen, wie lange vor der Kollision ich den Berg sah.«

Staatsanwalt: »Haben Sie keine Vorstellung, wann der Dies aufzog?«

Fleet: »Ja, gut, vielleicht war es gegen sieben Glasen, halb zwölf.«

Staatsanwalt: »Sagten Sie irgendwas zu Lee?«

Fleet: »Ich sagte ihm, daß ein leichter Dies aufzog.«

Staatsanwalt: »Beeinträchtigte der Dies Ihre Sicht voraus?«

Fleet: »Nein.«

Staatsanwalt: »Konnten Sie so gut wie zuvor voraus sehen?«

Fleet: »Der Dies störte uns nicht.«

Staatsanwalt: »Meldeten Sie es?«

Fleet: »Nein.«

Staatsanwalt: »Jetzt hören Sie sich das mal an: Als Lee, Ihr Kamerad, im Zeugenstand war, sagte er: ›Ich bemerkte den Dies nicht, als ich auf Wache ging, aber wir hatten alle Mühe, da durchzusehen, nachdem wir begonnen hatten. Mein Kamerad sagte: Na ja, wenn wir da durchsehen können, können wir uns glücklich schätzen.‹?«

Fleet: »Das habe ich niemals gesagt.«

Lord Mersey: »Ich möchte sofort sagen, daß ich der Aussage jenes Mannes zu diesem Punkt keinen Glauben schenke. Es ist sehr inkonsistent. Mein Eindruck ist der, daß jener Mann versuchte, eine Entschuldigung dafür zu finden, daß er den Eisberg nicht früher gesehen hat, und er dachte, er könnte es, indem er einen dichten Nebel erfand.«

Staatsanwalt: »Die einzigen Aussagen, die wir hinsichtlich des Wetters zum Zeitpunkt der Kollision haben, ist von diesem Mann und Lee.«

Lord Mersey: »Aber wir haben ausgezeichnete Aussagen zum Wetter sowohl vor als auch nach dem Unfall, und die lauten, daß es zu beiden Zeiten absolut klar war. Wenn diese Aussage akzeptiert wird, muß der Dies irgendein außergewöhnliches Naturphänomen gewesen sein, irgendwas, was plötzlich aufzog und dann verschwand.«

Lord Mersey sagt hiermit alles, was zu dem Nebel gemäß Lees Angaben festzustellen ist.

Der Staatsanwalt: »Lees Aussage war, daß der Dies so dicht war, daß er größte Mühe hatte, da durchzusehen. Sie, soweit ich Sie verstanden habe, sagen, was immer es war, es machte keinen Unterschied beim Ausguck?«

Fleet: »Nein, es machte keinen Unterschied.«

Staatsanwalt: »Wer sah den Eisberg zuerst? Sie oder Lee?«

Fleet: »Das weiß ich nicht.«

Staatsanwalt: »Wer von Ihnen schlug die Glocke drei Mal an?«

Fleet: »Das war ich.«

Staatsanwalt: »Was haben Sie gesehen?«

Fleet: »Ein schwarzes Objekt, hoch aus dem Wasser, direkt voraus.«

Hier widerspricht sich Fleet zum ersten Mal, denn in den USA hatte er noch gesagt, daß es anfangs nicht sehr groß aussah.

Staatsanwalt: »Was taten Sie?«

Fleet: »Ich schlug die Glocke drei Mal an.«

Staatsanwalt: »Danach?«

Fleet: »Ging zum Telefon auf der Steuerbordseite und rief die auf der Brücke an und sagte denen, daß ich einen Eisberg direkt voraus sah. Sie sagten: ›Danke.‹«

Staatsanwalt: »Danach?«

Fleet: »Ich ging wieder auf Ausguck.«

Staatsanwalt: »Wie weit war der Eisberg entfernt, als Sie ihn zuerst sahen?«

Fleet: »Das kann ich nicht sagen.«

Staatsanwalt: »Beobachteten Sie eine Richtungsänderung Ihres Schiffes?«

Fleet: »Als ich über die Seite sah, schien der Dampfer nach backbord abzudrehen.«

Staatsanwalt: »Drehte es immer noch, als es streifte?«

Fleet: »Ja, und der Berg traf es am Steuerbordbug.«

Staatsanwalt: »Was sahen Sie danach?«

Fleet: »Ich sah etwas Eis auf das Deck fallen.«

Staatsanwalt: »Wie hoch war der Berg?«

Fleet: »Etwas höher als das Vorschiff, etwa 55 Fuß.«

Im weiteren Verlauf der Kreuzverhöre betont Fleet, daß es eine Nacht war, in der man gut sehen konnte, aber er beharrt darauf, daß ein leichter Dies existierte. Er revidiert seine Aussage auch dahingehend, daß der Eisberg, als er ihn zuerst sah, ein kleines Objekt zu sein schien. Und über die See sagt Fleet, daß totale Flaute herrschte und keine Dünung ging, so daß sich kein Wasser am Eisberg brach.

Der Reporter des »Journal of Commerce« berichtet abschließend: »Der Zeuge gab seine Antworten mit großer Bedächtigkeit, und viel Erheiterung wurde durch die Art, mit der er alle vom Ausschuß als ihm feindlich gesonnen ansah, verursacht. Am Ende seiner Aussage erklärte Lord Mersey: ›Gut, Sie haben Ihre Aussage hervorragend abgegeben, obwohl Sie uns allen mißtraut zu haben scheinen.‹« (Gelächter)

Fleets Aussage vor dem amerikanischen Untersuchungsausschuß belegt ebenfalls, daß das Schiff schon nach backbord abzudrehen begann, als er noch der Brücke telefonisch Meldung machte. Damit muß das Ausweichmanöver bereits eingeleitet worden sein, als Fleet auf der Brücke anrief. Dadurch erscheint die Antwort von der Brücke auf die Meldung, die einfach nur »Danke« war, auch in einem anderen Zusammenhang, denn Fleet meldet nur etwas, was der Brücke bereits bekannt ist.

Das Ausweichmanöver muß ungefähr zu der Zeit eingeleitet worden sein, als Fleet die Glocke im Ausguck drei Mal anschlug – denn als er telefonierte, drehte das Schiff bereits ab. Der Senior-Offizier auf der Brücke muß aber den Befehl an den Rudergänger geben, und der Quartermaster muß das Steuerrad in die gewünschte Richtung bewegen, damit das Schiff überhaupt den Kurs ändert. Demnach ist möglicherweise der Eisberg von der Brücke aus einen kurzen Moment eher als von Fleet, der allgemein als der Mann, der den Eisberg zuerst sah, angesehen wird, gesichtet worden.

Ungeklärt ist aber weiterhin, wie weit entfernt der Eisberg war, als er gesichtet wurde. Für Fleet und Lee ist es sehr wichtig, daß der Eisberg möglichst weit entfernt war. Darin dürfte auch der Grund liegen, daß sich keiner der beiden zu Entfernungen oder zu Zeiten hinsichtlich des gesichteten Eisbergs äußern will, denn in anderen Zusammenhängen geben sie durchaus Distanzen an. Vor dem britischen Untersuchungsausschuß sagt Fleet ein Mal, daß das von ihm gesichtete schwarze Objekt hoch aus dem Wasser ragte, doch ansonsten bleibt er bei seiner Darstellung, daß es nicht sehr groß war. Aber je größer der Eisberg beim Sichten war, um so dichter muß er am Schiff gewesen sein. Doch in den USA gibt Fleet an einer Stelle kurz zu, daß der Eisberg schon sehr nahe war, und nur deswegen hat er offensichtlich die Brücke auch noch telefonisch von dem Hindernis im Kurs informiert.

Die Aussagen von Fleet und Lee belegen, daß das Schiff bereits nach backbord abdrehte, als Fleet noch mit der Brücke telefonierte. Das zeigt, daß das Schiff dem Ruder, das auf »hart steuerbord« lag, gut folgte. Das wird auch durch die Aussage von Quartermaster Hichens vor dem britischen Untersuchungsausschuß gestützt, denn Hichens antwortet auf die Frage, ob sich die *Titanic* gut steuern ließ, mit einem eindeutigen »Ja«.

Es gibt auch keinen Anlaß, an den Angaben Hichens', daß die *Titanic* beim Ausweichmanöver ihren Kurs bis zur Kollision lediglich um zwei Strich nach backbord änderte, zu zweifeln. Die *Titanic* muß ganz dicht am Eisberg entlanggefahren sein, sonst hätten von dem Eisberg keine Eisbrocken auf das Vorschiff fallen können. Fleet und Lee haben die Stücke abbrechen sehen, Passagiere und Besatzungsmitglieder haben nach der Kollision dieses Eis auf dem Vorschiff gefunden.

Wenn aber nach Beendigung des Telefongeprächs Fleet–Brücke, wie allgemein angenommen wird, noch 40 Sekunden verstreichen, bleibt unerklärlich, daß die *Titanic* während dieser Zeitspanne ihren Kurs nur um zwei Strich nach backbord geändert hat. Schließlich wurde schon während des Telefongesprächs von Fleet ein Abdrehen des Bugs nach backbord von Lee registriert. Die Diskrepanz verschwindet, wenn man davon ausgeht, daß der Eisberg bedeutend dichter als 450 Meter war, als er gesichtet wurde. Zwar wurden mit dem Schwesterschiff der *Titanic*, der *Olympic*, von der Werft Harland & Wolff Tests gemacht, die belegen, daß die *Olympic* mit dem Ruderkommando »hart steuerbord« und dem Maschinenkommando »volle Kraft zurück« 37 Sekunden braucht, um zwei Strich nach backbord abzudrehen, aber es gibt durchaus Gründe, an der Richtigkeit dieser Angaben zu zweifeln. Zum einen ist über die Testbedingungen nichts bekannt. Liefen die Maschinen bereits rückwärts, als das Ruderkommando auf der *Olympic* testweise ausgeführt wurde? Damit fehlt der Rückstrom beim Ruder. Aber auf der *Titanic* wurde das Ruderkommando vor dem Maschinenkommando ausgeführt, da beide Kommandos fast zeitgleich gegeben wurden, die Ingenieure jedoch einige Zeit brauchten, um auf Rückwärtsfahrt umzuschalten. Zum anderen sieht sich die Werft nach dem Untergang der *Titanic* mit dem Vorwurf von Konstruktionsmängeln konfrontiert, so daß es im Interesse der Werft ist, dem Senior-Offizier der Wache ein fehlerhaftes Manöver nachzuweisen und damit den Vorwurf an die eigene Adresse zu entkräften. Der 2. Offizier der *Titanic*, Charles Herbert Lightoller, sagt vor dem britischen Untersuchungsausschuß aus, daß die *Titanic* bei der Kombination »hart steuerbord« und die Steuerbordschraube auf »volle Kraft zurück« etwa drei Schiffslängen benötigt, um einen Kreis zu fahren, das wären ungefähr 810 Meter. Das läßt die Angaben der Werft, daß die *Olympic* bei »hart steuerbord« und »volle Kraft zurück« ohne Differenzierung der Schrauben 37 Sekunden und damit ungefähr 400 Meter für zwei Strich benötigt, zweifelhaft erscheinen, denn damit fehlen an einem Kreis immer noch 358°. Es darf nicht vergessen werden, daß die *Titanic* bereits während des Telefonats von Fleet mit der Brücke sichtbar nach backbord abdrehte. Wenn man die allgemein als gültig angesehene Darstellung akzeptiert, bleibt unerklärlich, daß in einer Zeitspanne von etwa 30 weiteren Sekunden nur eine Kursänderung von zwei Strich stattfindet. Allerdings geht es für Harland & Wolff angesichts der Vorwürfe von Konstruktionsmängeln darum, deutlich zu machen, daß die *Titanic* nicht gesunken wäre, wenn sie den Eisberg Bug voraus gerammt hätte. Möglicherweise spielt dieser Gedanke eine Rolle, als man 37 Sekunden für zwei Strich nach backbord angibt. Daß die *Olympic* dem Ruder sehr gut folgte, beweist sie Jahre später, als sie ein deutsches U-Boot rammt und versenkt. Das U-Boot wollte die *Olympic* torpedieren, doch diese machte ein überraschendes Ruderkommando, von dessen Schnelligkeit der Kommandant des deutschen U-Bootes völlig überrascht wird.[11]

Der Widerspruch des Ausweichmanövers ist nicht wegzudiskutieren.

Angenommen, der Eisberg ist nur noch 100 bis 150 Meter entfernt, als er gesichtet wird, dann bleiben für das während des Telefongesprächs mit der Brücke bereits eingeleitete Ausweichmanöver zwischen zehn und fünfzehn Sekunden.[12] Das Ruderkommando muß gegeben und vom Quartermaster ausgeführt werden, erst danach reagiert das Schiff auf die veränderte Ruderstellung. In dieser Zeit ist die *Titanic* dem Eisberg aber noch näher gekommen, so daß vielleicht noch acht bis zwölf Sekunden bleiben, bis sie ihn erreicht hat. Damit läßt sich erklären, warum das Schiff, das anfangs sichtbar nach backbord abdreht, bis zur Kollision den Kurs nur um zwei Strich ändert und gleichzeitig bei dem Gegenruderkommando »hard backbord« schnell genug abdreht, so daß nicht die ganze Steuerbordseite des Schiffes vom Eisberg aufgeschlitzt wird. Es führt kein Weg daran vorbei, daß dieses Kommando spätestens mit Einsetzen der Kollision gegeben wurde – wenn nicht der Unterwasserausläufer des Eisbergs, den die *Titanic* gestreift hat, durch die anhaltende Erschütterung abgebrochen ist. Doch dafür gibt es naturgemäß weder Belege noch Beweise.

Doch zu dieser Annahme müssen natürlich auch die Angaben der Augenzeugen der Kollision passen. Was anhand der Aussagen von Fleet und Lee noch sehr offensichtlich erscheint, wird vollends zu einem Verwirrspiel, als sich Robert Hichens, Alfred Olliver und Joseph Groves Boxhall, die zum Zeitpunkt der Kollision auf der Brücke oder aber zumindest in der Nähe der Brücke waren, zum Teil widersprechen.

Es ergeben sich trotz allem wichtige Hinweise und weitere Argumente dafür, daß die *Titanic* beim Sichten des Eisbergs schon fast auf dem Hindernis war.

Robert Hichens ist der Rudergänger zum Zeitpunkt der Kollision, und vor dem amerikanischen Untersuchungsausschuß sagt er zur Kollision aus:

> Hichens: »(...) Alles lief ganz glatt bis zwanzig Minuten vor zwölf Uhr, als die Glocke im Ausguck drei Mal angeschlagen wurde und direkt danach die Meldung ›Eisberg direkt voraus‹ per Telefon kam. Der Chief Officer[13] stürzte vom Ausleger zur Brückenmitte, oder ich habe mir das eingebildet, Sir. Schließlich bin ich im Ruderhaus eingeschlossen und kann außer meinem Kompaß nichts sehen. Er eilte zu den Maschinen. Ich hörte den Maschinentelegraphen klingeln, auch gab er den Befehl ›Hart steuerbord‹, neben mir standen der 6. Offizier, um zu sehen, ob ich meine Pflicht erfüllte, und der Stand-by-Quartermaster zu meiner Linken. Der 6. Offizier wiederholte den Befehl ›Hart steuerbord. Das Ruder ist hart über, Sir.‹«
>
> Senator Smith: »Wer gab den ersten Befehl?«
>
> Hichens: »Mr. Murdoch, der 1. Offizier, Sir, der Offizier der Wache. Der 6. Offizier wiederholte den Befehl: ›Das Ruder ist hart über, Sir.‹ Aber in dieser Zeit krachte sie in das Eis, oder wir konnten das schleifende Geräusch am Schiffsboden hören. Ich hörte den Telegraphen läuten, Sir. Der Skipper kam aus seinem Raum gerannt – Kapitän Smith – und fragte: ›Was ist das?‹ Mr. Murdoch sagte: ›Ein Eisberg.‹ Er sagte: ›Schließen Sie die Schotten.‹«
>
> Senator Smith: »Wer sagte das? Der Kapitän?«
>
> Hichens: »Kapitän Smith, Sir, zu Mr. Murdoch: ›Schließen Sie

die Schotten.‹ Mr. Murdoch antwortete: ›Die Schotten sind bereits geschlossen.‹ (...)«

Hichens sagt in diesem Teil seiner Aussage ganz deutlich, daß er gerade das Ruder hart über gelegt hatte, als die *Titanic* schon den Eisberg berührte. Das widerspricht der allgemein als gültig akzeptierten Version, daß der Eisberg über 450 Meter entfernt war und damit zwischen Ruderkommando und Kollision etwa 40 Sekunden verstrichen. Hichens Aussage stützt die Annahme, daß der Eisberg bedeutend dichter war, möglicherweise nur noch 100 Meter entfernt, als er zum ersten Mal gesichtet wurde. Ebenfalls interessant ist, daß Hichens sagt, er hörte den Maschinentelegraphen erst nach Ausführung des Ruderkommandos – da berührte die *Titanic* den Eisberg bereits – klingeln. Das wiederum bedeutet, daß ein Maschinenkommando erst mit Einsetzen der Kollision gegeben wurde.

Hichens stützt allerdings nicht die Angabe von Lee, daß das Ausweichmanöver bereits eingeleitet war, als Fleet noch mit der Brücke telefonierte. Allerdings spricht Hichens auch nicht davon, daß er jemals den Befehl »Hart backbord« erhielt.

Vor dem britischen Untersuchungsausschuß wird Hichens ebenfalls in den Zeugenstand gerufen. Dort sagt er zum Thema Kollision folgendes aus:

Staatsanwalt: »Erinnern Sie sich an die Kollision?«

Hichens: »Ja, es war zwanzig Minuten vor zwölf.«

Staatsanwalt: »War Ihnen irgendwas befohlen worden, bevor sie streifte?«

Hichens: »Ich erhielt den Befehl ›Hart steuerbord‹, und der Zusammenstoß kam in dem Moment, als das Ruder hart über lag. Das Schiff hatte den Kurs um zwei Strich geändert.«

Das deckt sich mit seiner Aussage in den USA, und da es unvorstellbar erscheint, daß es 40 Sekunden dauert, bis das Ruder des Schiffes hart über gelegt wurde[14], bleibt weiterhin nur der Schluß, daß zwischen Sichtung des Eisbergs, Ruderkommando und Kollision nur wenige Sekunden verstrichen, der Eisberg also bedeutend dichter war, als generell angenommen wird. Mit dieser Aussage wird die Werft Harland & Wolff widerlegt, die festgestellt haben will, daß das Schwesterschiff der *Titanic* 37 Sekunden benötigt, um bei den Ruder- und Maschinenkommandos zwei Strich nach backbord abzudrehen. Hichens, der am Ruder der *Titanic* stand, sagt hier in aller Deutlichkeit, daß er das Ruder gerade hart über gelegt hatte, als der Zusammenstoß kam. Wenn man Hichens nicht unterstellen will, daß er 37

Sekunden benötigt, um das Ruder auf »hart steuerbord« zu legen, muß die Werft also entweder bewußt falsche Angaben gemacht oder aber den Test unter falschen Bedingungen ausgeführt haben.

Staatsanwalt: »Wer gab den Befehl ›Hart steuerbord‹?«

Hichens: »Der 1. Offizier. Er war um 22 Uhr auf die Brücke gekommen.«

Staatsanwalt: »War Kapitän Smith auf der Brücke?«

Hichens: »Nein, Sir.«

Staatsanwalt: »Wo war er?«

Hichens: »In seinem Raum.«

Die spannende Frage hier ist: Woher weiß Hichens das? Schließlich hat Hichens vor dem amerikanischen Untersuchungsausschuß betont, daß er im Ruderhaus eingeschlossen ist und nichts außer seinem Kompaß sehen kann.

Lord Mersey: »Wie lauteten die Befehle an den Maschinenraum?«

Staatsanwalt: »Das war ›Stopp, volle Kraft zurück.‹«

Hier erwähnt der Staatsanwalt etwas, was anhand der bisher zitierten Aussagen noch nicht zu belegen ist. Zwar sagt Hichens, daß er den Maschinentelegraphen läuten hörte, aber er kann keine Angaben zu dem gegebenen Kommando machen.

Staatsanwalt: »Ist Ihnen bekannt, ob die Geschwindigkeit vor der Kollision geändert wurde?«

Hichens: »Das kann ich nicht sagen, aber ich las um 22 Uhr das Log ab, und es hatte 45 Meilen in zwei Stunden registriert.«

Staatsanwalt: »Was war die erste Ankündigung vom Krähennest?«

Hichens: »Drei Glockenschläge.«

Staatsanwalt: »Wie lange war das vor dem Befehl ›Hart steuerbord‹?«

Hichens: »Eine halbe Minute.«

Hier widerspricht Hichens den beiden Ausguckleuten. Fleet sagt aus, er hat die Glocke angeschlagen und danach die Brücke angerufen, das Telefon auf der Brücke wurde sofort abgefragt, während Lee aussagt, daß das Ruderkommando bereits während Fleets Telefongespräch mit der Brücke wirksam wurde. Und Hichens bestätigt in anderen Punkten seiner Aussage, daß der Telefonanruf direkt nach dem dreimaligen Anschlagen der Glocke im Ausguck getätigt wurde.

Staatsanwalt: »Hörten Sie die telefonische Nachricht, die nach den drei Glockenschlägen übermittelt wurde?«

Hichens: »Nein, aber ich hörte Mr. Moody, den 6. Offizier, dem 1. Offizier melden: ›Eisberg direkt voraus.‹«

Staatsanwalt: »Was geschah dann?«

Hichens: »Ich hörte den Chief Officer[15] zum Telegraphen stürzen und den Befehl ›Hart steuerbord‹ geben. Ich weiß nicht, welcher Befehl an den Maschinenraum gegeben wurde.

Hier ist wieder der Widerspruch mit der Angabe Lees, daß die *Titanic* bereits nach backbord abdrehte, als Fleet noch mit der Brücke telefonierte, der 6. Offizier Moody die Meldung also noch gar nicht an den 1. Offizier Murdoch weitergeleitet haben kann. Hichens läßt allerdings offen, wann der Maschinentelegraph bedient wurde – entweder kurz vor der Kollision oder aber erst mit Einsetzen der Kollision. Doch selbst wenn das Maschinenkommando noch vor der Kollision gegeben wurde – die Ingenieure hatten mit Sicherheit keine Zeit mehr, einen Befehl auszuführen.

Staatsanwalt: »Wurde bis zu dem Zeitpunkt, in dem die drei Glockenschläge kamen, die Geschwindigkeit verändert?«

Hichens: »Nein, überhaupt nicht.«

Staatsanwalt: »Sah irgendein Offizier, ob Sie den Befehl ausführten?«

Hichens: »Ja, Mr. Moody und der Quartermaster zu meiner Linken.«

Staatsanwalt: »War Mr. Moody da, als der Befehl ausgeführt wurde?«

Hichens: »Ja, es war seine Aufgabe, es zu melden. Ich legte es nach hart steuerbord, Mr. Moody sah, daß ich es machte, und meldete es.«

Staatsanwalt: »Er hat es gemeldet, und danach streifte sie?«

Hichens: »Sie streifte fast zur gleichen Zeit.«

Staatsanwalt: »Bemerkten Sie, was passierte, nachdem sie gestreift hatte?«

Hichens: »Nein, Sir.«

Staatsanwalt: »Das Schiff stoppte?«

Hichens: »Ja.«

Staatsanwalt: »Wie lange nach der Kollision?«

Hichens: »Sofort.«

Diese Angabe von Hichens kann nicht richtig sein, da ein Schiff, das mit voller Kraft voraus gefahren ist, einige Zeit benötigt, bis alle Fahrt aus dem Schiff ist. Vermutlich will Hichens damit zum Ausdruck bringen, daß die *Titanic* nach der Kollision an Fahrt verlor, bis sie dann ganz abstoppte.

Staatsanwalt: »Während Sie bis 0.23 Uhr am Steuer blieben, konnten Sie sehen, was auf dem Dampfer vor sich ging?«

Hichens: »Nein, Sir. Ich konnte nicht nichts sehen.[16]«

Staatsanwalt: »Hörten Sie, was vor sich ging?«

Hichens: »Ja, ich hörte den Kapitän, der aus seinem Raum durch das Ruderhaus auf die Brücke gestürzt war, Mr. Murdoch fragen: ›Was ist das?‹ Mr. Murdoch antwortete: ›Ein Eisberg.‹ Dann sagte er: ›Schotten dicht.‹ Mr. Murdoch sagte: ›Sie sind bereits zu.‹«

Staatsanwalt: »Wissen Sie, von wo sie geschlossen werden?«

Hichens: »Ja. Vom vorderen Bereich der Brücke.«

Staatsanwalt: »Konnten Sie sehen, daß sie geschlossen wurden?«

Hichens: »Ich konnte nichts sehen.«

(...)

Mr. Holmes, Vertreter der Offiziere vor dem britischen Untersuchungsausschuß: »Ihnen wurde der Befehl ›Hart steuerbord‹ gegeben?«

Hichens: »Ja.«

Mr. Holmes: »War das der einzige Befehl, den Sie erhielten?«

Hichens: »Ja.«

Mr. Holmes: »(...) Damit war die *Titanic* niemals unter einem Backbordruder?«

Hichens: »Nein.«

Ein weiteres Mal ist festzustellen: Wenn das Ruder nicht auf hart backbord gelegt wurde, dann wäre die ganze Seite der *Titanic* vom Eisberg aufgeschlitzt worden. Das wird auch durch die Aussage von Quartermaster George Thomas Rowe, der zum Zeitpunkt der Kollision Wache auf dem Achterdeck hatte, vor dem amerikanischen Untersuchungsausschuß gestützt:

Senator Burton: »Denken Sie nicht, daß, wenn das Ruder auf ›hart steuerbord‹ war, das Heck gegen den Berg gedrückt worden wäre?«

Rowe: »Davon ist auszugehen, Sir, wenn das Ruder ›hart steuerbord‹ war.«

(...)

Senator Burton: »Denken Sie, die Schraube berührte das Eis?

Spürten Sie irgendeinen Stoß, als wenn die Schraube das Eis berührte?«

Rowe: »Nein, Sir.«

Senator Burton: »Denken Sie nicht, daß die Schraube das Eis berührt hätte, wenn das Ruder auf hart steuerbord lag?«

Rowe: »Ja, Sir.«

Ein schwer einzuschätzender Zeuge ist Quartermaster Olliver. Zwar gibt er einen Hinweis auf das in der allgemein als gültig angesehenen Darstellung fehlende »Hart backbord«-Kommando, doch es kommt zu spät, um zu verhindern, daß das eintritt, worauf Rowe in seiner Aussage angesprochen wird. Und es gibt einige andere Widersprüche zu anderen Zeugen, die Zweifel an Ollivers Glaubwürdigkeit aufkommen lassen.

Senator Burton: »Wo waren Sie, als die Kollision eintrat?«

Olliver: »Ich war der Stand-by-Quartermaster auf der Brücke. Ich war um 22 Uhr am Ruder abgelöst worden, und ich war Standby nach 22 Uhr. Ich übermittelte Befehle und hatte zahlreiche andere Pflichten. Ich war nicht direkt auf der Brücke; ich kam gerade auf die Brücke. Ich hatte gerade eine Aufgabe ausgeführt und betrat die Brücke, als die Kollision eintrat.«

Es sei daran erinnert, daß Hichens konsequent dabei bleibt, daß Olliver im Ruderhaus links von Hichens stand, als der Befehl »Hart steuerbord« gegeben und von Hichens ausgeführt wurde. Auch sagt Olliver erst, daß er Stand-by-Quartermaster auf der Brücke war, um danach zu sagen, daß er einen Botengang ausführte.

Senator Burton: »Sagen Sie nur aus, was passierte.«

Olliver: »Als ich diesen Teil der Pflicht tat, hörte ich drei Glockenschläge vom Krähennest, wodurch ich wußte, daß da irgendwas voraus ist, deswegen sah ich auf, aber ich konnte nichts sehen. Ich kümmerte mich zu dieser Zeit um die Beleuchtung des Standardkompasses. Das war meine Aufgabe, mich um die Beleuchtung des Standardkompasses zu kümmern, und ich stellte sie ein, so daß sie vernünftig brannte. Als ich die Meldung hörte, sah ich auf, aber ich konnte nichts sehen, und ich verließ ihn und kam und betrat gerade die Brücke, als die Erschütterung kam. Ich wußte, wir hatten etwas berührt.«

Es scheint, als habe Olliver sich erst im Verlauf seiner Aussage überlegt, wo er angeblich war und was er gemacht hat. Der Standardkompaß befindet sich auf der Peilplattform. Diese wiederum ist zwischen dem zweiten und dritten Schornstein und damit ein gutes Stück von der Brücke entfernt. Wenn Olliver von der Peilplattform zur Brücke gelangt sein will in der Zeit, die vom Anschlagen der Glocke im Ausguck bis zur Kollision verstrichen ist, sind selbst die in der bisherigen Darstellung der Kollision angenommenen 40 Sekunden eine ausgesprochen schnelle Zeit für diesen Weg.

Senator Burton: »Beschreiben Sie nur, was das für eine Erschütterung war.«

Olliver: »Ich fand heraus, daß wir einen Eisberg gestreift hatten.«

Senator Burton: »Sahen Sie den Eisberg?«

Olliver: »Ja, Sir.«

Senator Burton: »Beschreiben Sie ihn.«

Olliver: »Der Eisberg hatte ungefähr die Höhe von unserem Bootsdeck, war vielleicht etwas höher. Er war fast längsseits vom Schiff, Sir. Die Spitze berührte das Schiff nicht, war aber fast längsseits.«

Senator Burton: »Was für ein Geräusch hörten Sie?«

Olliver: »Das Geräusch war, als wenn sie etwas streifte, ein langes, knirschendes Geräusch.«

Senator Burton: »Wie lange dauerte das Geräusch an?«

Olliver: »Nicht sehr viele Sekunden.«

Senator Burton: »Wie weit nach hinten ging dieses knirschende Geräusch?«

Olliver: »Das knirschende Geräusch war, bevor ich den Eisberg sah. Das knirschende Geräusch war nicht mehr, als ich den Eisberg sah.«

Demnach muß der Eisberg höher als das Bootsdeck gewesen sein und damit über 70 Fuß. Wenn man jedoch Fleet und Lee glauben will, dann war der Eisberg maximal etwa 60 Fuß hoch. Das wiederum ist niedriger als das Bootsdeck, und damit kann der Eisberg von dort aus nicht in der Form, wie Olliver es beschreibt, gesehen worden sein.

Senator Burton: »Wo war der Eisberg, als Sie ihn sahen? Voraus oder achtern?«

Olliver: »Kurz hinter der Brücke, als ich ihn sah.«

Hier wäre es spannend zu wissen, wo Olliver sich tatsächlich aufhielt, als er angeblich den Eisberg sah. Einerseits sagt er, daß er die Brücke zum Zeitpunkt der Kollision betrat, andererseits will er den Eisberg erst gesehen haben, als die *Titanic* bereits wieder von dem Hindernis freigekommen ist. Olliver geht aber – nach seinen eigenen Angaben –

nach vorne. Wenn er mit der Kollision die Brücke erreicht, muß er beim Vorwärtsgehen zur Seite und nach hinten gesehen haben, um den Eisberg kurz hinter der Brücke zu entdecken.

Senator Burton: »Welche Länge hatte der Eisberg?«

Olliver: »Die Länge vom Eisberg kann ich Ihnen nicht sagen, denn ich sah nur die Spitze. Es war unmöglich, von meinem Standpunkt aus die Länge des Eisbergs zu sehen.«

Es ist sehr bedauerlich, daß Senator Burton sich nicht erkundigt, wo Olliver sich zu diesem Zeitpunkt aufhielt. Offensichtlich ist Burton begieriger zu erfahren, wie der Eisberg aussah, als die Glaubwürdigkeit dieses Zeugen zu überprüfen.

Senator Burton: »Wie sah die Spitze aus?«

Olliver: »Die Spitze war gefleckt.«

Senator Burton: »Sie können nicht sagen, wie breit er war?«

Olliver: »Ich sah nur die oberste Spitze des Eisbergs.«

Senator Burton: »Bemerkten Sie den Kurs des Eisberges, als Sie ihn passierten?«

Olliver: »Nein, Sir, ich bemerkte den Kurs des Berges, als er uns passierte, nicht. Er verschwand hinter dem Achterdeck des Schiffes. Ich sah ihn hinterher nicht, weil ich nicht die Zeit hatte, herauszufinden, wohin er ging.«

Senator Burton: »Wissen Sie, ob das Ruder da hart backbord war?«

Senator Burton macht sich ganz offensichtlich Gedanken darüber, daß die *Titanic* niemals mit dem größten Teil der Steuerbordseite von dem Eisberg freigekommen wäre, wenn das Ruder nur auf »hart steuerbord« war.

Olliver: »Was ich über das Ruder weiß? Ich war Stand-by und hatte Botengänge auszuführen, aber was ich über das Ruder weiß, ist hart backbord.«

Senator Burton: »Meinen Sie hart backbord oder hart steuerbord?«

Olliver: »Ich weiß die Befehle, die ich hörte, als ich nach der Kollision auf der Brücke war. Ich hörte hart backbord, und da war der Mann am Ruder und der Offizier. Der Offizier überwachte, daß es richtig ausgeführt wurde.«

Senator Burton: »Welcher Offizier war das?«

Olliver: »Mr. Moody, 6. Offizier, war im Ruderhaus stationiert.«

Senator Burton: »Wer war der Mann am Ruder?«

Olliver: »Hichens, Rudergänger.«

Senator Burton: »Sie wissen nicht, ob das Ruder zuerst auf hart steuerbord gelegt wurde oder nicht?«

Olliver: »Nein, Sir, das weiß ich nicht.«

Senator Burton: »Aber Sie wissen, daß es auf hart backbord gelegt wurde, nachdem sie dort waren?«

Olliver: »Nachdem ich da war, ja, Sir.«

Senator Burton: »Wo war Ihrer Meinung nach der Eisberg, als das Ruder umgelegt wurde?«

Olliver: »Der Eisberg war achteraus.«

Senator Burton: »Als das Kommando ›Hart backbord‹ gegeben wurde.«

Olliver: »Als das Kommando ›Hart backbord‹ gegeben wurde, ja, Sir.«

Senator Burton: »Wer gab den Befehl?«

Olliver: »Der 1. Offizier.«

Senator Burton: »Und der Befehl wurde sofort ausgeführt, oder?«

Olliver: »Sofort ausgeführt, und der 6. Offizier sah, daß es ausgeführt wurde.«

Zu diesem Zeitpunkt macht das Ruderkommando »Hart backbord« bereits keinen Sinn mehr, der Eisberg ist längst achteraus verschwunden. Olliver will zwar das Kommando, das gemäß der Aussage von Rowe gegeben worden sein muß, um zu verhindern, daß die ganze Seite aufgeschlitzt wird, gehört haben, doch leider viel zu spät. Eine weitere Problematik an diesem Teil von Ollivers Aussage ist, daß er erst nach der Kollision auf die Brücke kommt und zu diesem Zeitpunkt mit sehr großer Wahrscheinlichkeit der Kapitän bereits dort ist. Zumindest hinterläßt Ollivers Aussage zum Schließen der Schotten diesen Eindruck. Doch sobald der Kapitän auf der Brücke ist, hat der Senior-Offizier der Wache nicht mehr die Befugnis, Ruderkommandos zu geben.

(...)

Senator Burton: »Wissen Sie, ob die Schotten geschlossen waren oder nicht?«

Olliver: »Der 1. Offizier schloß die Schotten, Sir.«

Senator Burton: »Wann?«

Olliver: »Auf der Brücke, direkt nachdem sie gestreift hatte, und meldete es dem Kapitän, daß sie geschlossen waren. Ich hörte das selbst.«

Senator Burton: »Woher wissen Sie, daß sie geschlossen waren?«

Olliver: »Weil Mr. Murdoch es meldete, und als ich die Brücke betrat, sah ich ihn beim Schalter.«

Die Aussagen von Hichens und Boxhall hinterlassen den Eindruck, daß die Schotten vom 1. Offizier bereits vor der Kollision geschlossen worden waren. Der Kapitän soll gemäß den Angaben von Hichens und besonders Boxhall die Brücke direkt nach der Kollision betreten haben. Zu dem Zeitpunkt müssen die Schotten aber schon geschlossen gewesen sein, sonst macht Murdochs zitierte Meldung, daß die Schotten bereits geschlossen sind, keinen Sinn. Außerdem will Olliver während der Kollision gar nicht auf der Brücke gewesen sein, von daher kann er nicht wissen, daß Murdoch direkt nach dem Zusammenstoß die Schotten schließt. Insgesamt verstärkt sich mehr und mehr der Eindruck, daß Olliver auch schon während der Kollision auf der Brücke war, denn er weiß zu viele Details, deren Kenntnis er nicht haben kann, wenn er erst nach dem Zusammenstoß die Brücke betritt.

Senator Burton: »Kann er irgendwie erkennen, ob sie geschlossen sind oder nicht?«

Olliver: »Da ist ein Schalter zum Schließen der Schotten auf der Brücke, und er legte den Schalter um und schloß sie.«

(...)

Senator Burton: »Wurden die Maschinen auf Rückwärtsfahrt umgeschaltet?«

Olliver: »Nicht, während ich auf der Brücke war, aber als ich auf der Brücke war, fuhr sie voraus, nachdem sie gestreift hatte, fuhr sie halbe Kraft voraus.«

Senator Burton: »Die Maschinen liefen halbe Kraft voraus oder das Schiff?«

Olliver: »Halbe Kraft voraus, nachdem sie das Eis berührt hatte.«

Olliver ist der erste Zeuge, der den Befehl »Halbe Kraft voraus« nach der Kollision gehört haben will, und auch das ist ein Befehl, der wenig Sinn macht.

Senator Burton: »Wer gab den Befehl?«

Olliver: »Der Kapitän telegraphierte halbe Kraft voraus.«

Hier gibt also der Kapitän einen Befehl und nicht der 1. Offizier. Das ist vom Prinzip her auch absolut richtig, wirft aber auch gleichzeitig wieder ein anderes Licht auf Ollivers Angabe zu dem »Hart backbord«-Ruderkommando des 1. Offiziers nach der Kollision, als der Kapitän offensichtlich schon auf der Brücke war.

Senator Burton: »Liefen die Maschinen rückwärts, bevor er das machte?«

Olliver: »Das kann ich nicht sagen.«

Senator Burton: »Machte sie viel Fahrt?«

Olliver: »Wann?«

Senator Burton: »Als er die Maschinen auf halbe Kraft voraus setzte?«

Olliver: »Nein, Sir. Ich schätze, daß das Schiff fast gestoppt war.«

Senator Burton: »Dann muß er die Maschinen rückwärts laufen lassen haben.«

Olliver: »Er muß es getan haben, wenn nicht das Berühren des Eisberges die Fahrt aus dem Schiff nahm.«

(...)

Senator Burton: »Sahen Sie den Kapitän?«

Olliver: »Ich sah den Kapitän.«

Senator Burton: »Wo war er, und was tat er?«

Olliver: »Auf der Brücke. Als er zuerst auf die Brücke kam, fragte er den 1. Offizier, was los war, und Mr. Murdoch meldete, Sir, daß wir einen Eisberg gestreift hatten, und der Kapitän befahl ihm, die Schotten schließen zu lassen, und Mr. Murdoch meldete, daß die Schotten bereits geschlossen waren.«

Olliver ist gemäß seinen eigenen Angaben erst nach der Kollision auf die Brücke gelangt und will dann gesehen haben, wie Murdoch die Schotten schloß. Doch seine Angabe »Als er (der Kapitän) zuerst auf die Brücke kam, fragte er den 1. Offizier, was los war ...« stützt ebenfalls die Vermutung, daß Olliver selbst schon während der Kollision auf der Brücke war und möglicherweise – wie Hichens zwei Mal unter Eid aussagt – während des Ausweichmanövers neben Hichens stand. Laut Aussagen von Hichens und Boxhall kommt der Kapitän direkt nach dem schleifenden Geräusch, das die Kollision anzeigt, auf die Brücke. Zu diesem Zeitpunkt sind jedoch nach der von den Zeugen Hichens und Boxhall überlieferten Meldung Murdochs die Schotten bereits geschlossen. Da Ollivers Aussage allerdings den einzigen Hinweis auf ein Ruderkommando »Hart backbord« gibt, ist es erforderlich, darauf noch einmal in Verbindung mit den Aussagen Boxhalls vor dem amerikanischen und dem britischen Untersuchungsausschuß hinsichtlich der Kollision zurückzukommen.

Die Aussagen des 4. Offiziers Joseph Groves Boxhall in den USA und in Großbritannien sind nicht ohne Widersprüche.

Senator Smith: »Wo waren Sie zum Zeitpunkt der Kollision?«

Boxhall: »Ich näherte mich gerade der Brücke.«

Senator Smith: »Auf der Backbord- oder der Steuerbordseite?«

Boxhall: »Steuerbordseite.«

Demnach muß Boxhall, wenn er wirklich die Wahrheit sagt, in der Nähe von Olliver gewesen sein, denn auch Olliver will auf dem Weg zur Brücke gewesen sein. Um den Eisberg zu sehen, muß sich auch Olliver an der Steuerbordseite befunden haben.

Senator Smith: »Und Sie waren zu der Zeit auf dem Deck?«

Boxhall: »Auf dem Deck, Sir.«

Senator Smith: »Der Brücke nähernd?«

Boxhall: »Gerade der Brücke nähernd.«

Senator Smith: »Konnten Sie sehen, was geschehen war?«

Boxhall: »Nein, Sir, ich konnte nicht sehen, was geschehen war.«

Senator Smith: »Wußten Sie, was passiert war?«

Boxhall: »Nein, in keiner Weise. Ich hörte den 6. Offizier sagen, was es war.«

Senator Smith: »Was sagte er, was es war?«

Boxhall: »Er sagte, daß wir einen Eisberg gestreift hatten.«

Senator Smith: »War da Ihres Wissens irgendein Hinweis auf Eis auf irgendeinem der Decks nach der Kollision?«

Boxhall: »Nur ein bißchen auf dem Vordeck. Auf dem offenen Deck sah ich ein bißchen, nicht sehr viel.«

Senator Smith: »Wissen Sie, ob jemand von dem Stoß verletzt wurde?«

Boxhall: »Nein, das weiß ich nicht. Ich hörte niemals etwas davon.«

Senator Smith: »Gingen Sie nach dem Stoß weiter zur Brücke?«

Boxhall: »Ja, Sir.«

Senator Smith: »Wie weit gingen Sie?«

Boxhall: »Zum Zeitpunkt des Zusammenstoßes kam ich gerade das Deck entlang und befand mich fast in Höhe der Kapitänsquartiere, und ich hörte die drei Glockenschläge.«

Hier gibt Boxhall einen weiteren Hinweis darauf, daß die Kollision fast unmittelbar nach der Meldung des Ausgucks geschah – und nicht erst 40 Sekunden später, wie allgemein angegeben wird.

Senator Smith: »Was für eine Art von Glockenschlägen? Beschreiben Sie sie.«

Boxhall: »Die Meldung des Ausgucks.«

Senator Smith: »Was wurde gesagt?«

Boxhall: »Die Glocke wurde drei Mal angeschlagen.«

Senator Smith: »Drei Glockenschläge?«

Boxhall: »Das signalisiert, daß etwas voraus gesehen wurde. Fast zur selben Zeit hörte ich den 1. Offizier den Befehl ›Hart steuerbord‹ geben, und der Maschinentelegraph klingelte.«

Das ist ein weiterer Beleg dafür, daß das Ausweichmanöver bereits eingeleitet worden war, als Fleet die Brücke anrief, und damit scheint Lees Aussage – trotz des merkwürdigen Nebels – in diesem Punkt richtig zu sein.

Senator Smith: »Was bedeutete der Befehl?«

Boxhall: »Der Bug des Schiffes wurde nach backbord befohlen.«

Senator Smith: »Sahen Sie den Eisberg zu der Zeit?«

Boxhall: »Nicht zu der Zeit.«

Senator Smith: »Reichte er bis zu dem Deck, auf dem Sie sich befanden?«

Boxhall: »Oh, nein, er reichte nicht bis dort.«

Boxhall befand sich auf demselben Deck und damit auf derselben Höhe wie Olliver, und gemäß Ollivers Angaben reichte der Eisberg über das Bootsdeck hinaus. Da Olliver mit dieser Behauptung allerdings alleine steht und Ollivers Aussage nicht widerspruchslos ist, kann man davon ausgehen, daß Olliver den Eisberg nicht gesehen hat. Damit wird seine Aussage weiter erschüttert.

Senator Smith: »Etwas niedriger?«

Boxhall: »Ja, Sir.«

(…)

Senator Smith: »Wurde der Stoß sofort gespürt?«

Boxhall: »Ein leichter Stoß.«

Senator Smith: »Wie leicht?«

Boxhall: »Es schien mir nicht sehr ernst zu sein. Ich nahm es nicht ernst.«

Senator Smith: »Leicht genug, um Sie auf Ihrem Weg zur Brücke zu stoppen?«

Boxhall: »Oh, nein, nein, nein.«

Senator Smith: »Stark genug, um Sie zu stoppen, meine ich?«

Boxhall: »Nein, Sir.«

Senator Smith: »So leicht, daß Sie es nicht ernst nahmen?«

Boxhall: »Ich dachte nicht, daß es ernst wäre.«

Senator Smith: »Gingen Sie weiter zur Brücke?«

Boxhall: »Ja, Sir.«

Senator Smith: »Wen fanden Sie dort vor?«

Boxhall: »Der 6. Offizier und der 1. Offizier und der Kapitän waren da.«

Senator Smith: »Den 6. Offizier, den 1. Offizier und den Kapitän?«

Boxhall: »Ja, Sir.«

Senator Smith: »Alle zusammen auf der Brücke?«

Boxhall: »Ja, Sir.«

Senator Smith: »Was, wenn überhaupt etwas, wurde vom Kapitän gesagt?«

Boxhall: »Ja, Sir. Der Kapitän sagte: ›Was haben wir gestreift?‹ Mr. Murdoch, der 1. Offizier, sagte: ›Wir haben einen Eisberg gestreift.‹«

Senator Smith: »Dann wurde was gesagt?«

Boxhall: »Er fuhr fort – Mr. Murdoch fuhr fort: ›Ich legte sie auf hart steuerbord und ließ die Maschinen volle Kraft zurück laufen, aber es war zu dicht, sie berührte ihn.‹«

Davon hat Hichens, der als einziger Überlebender der Brückenwache zum Zeitpunkt der Kollision auch nachweislich auf der Brücke war, nichts gehört. Allerdings befindet sich Hichens im Ruderhaus, und der genaue Ort des Gesprächs zwischen Murdoch und Kapitän Smith und damit die Entfernung zum Ruderhaus sind nicht bekannt. Wenn Boxhall die Wahrheit sagt – daran gibt es, besonders aufgrund seiner weiteren Aussage zu diesem Thema, keine Zweifel –, muß er sich dichter an Murdoch und Smith befunden haben als Hichens. Das kann ein Hinweis darauf sein, daß Boxhall nicht erst mit der Kollision die Brücke betritt, sondern schon bei der Sichtung des Eisbergs auf der Brücke ist.

Senator Fletcher: »Das war, bevor sie gestreift hatte?«[17]

Boxhall: »Nein, danach.«

Senator Smith: »Das war, nachdem Sie gestreift hatte?«

Boxhall: »Ja.«

Senator Smith: »Er sagte, er legte sie auf hart steuerbord?«

Boxhall: »Ja, Sir.«

Senator Smith: »Aber es war zu spät?«

Boxhall: »Ja, Sir.«

Senator Smith: »Und sie berührte ihn?«

Boxhall: »Ja, Sir.«

Senator Smith: »Was sagte der Kapitän?«

Boxhall: »Mr. Murdoch sagte auch: ›Ich beabsichtigte, ihn über Backbordbug zu umfahren.‹«

Senator Smith: »›Ich beabsichtigte, ihn über Backbordbug zu umfahren‹?«

Boxhall: »›Aber sie hatte Berührung, ehe ich mehr tun konnte.‹«

Senator Smith: »Sagte er noch mehr?«

Boxhall: »›Die Schotten sind geschlossen, Sir.‹«

Senator Smith: »Was sagte der Kapitän?«

Boxhall: »Mr. Murdoch sagte immer wieder: ›Die Schotten sind geschlossen, Sir.‹«

Senator Smith: »Mr. Murdoch sagte immer wieder: ›Sind sie geschlossen‹?«

Boxhall: »Nein; ›Sie sind geschlossen.‹«

Senator Smith: »›Die Schotten sind geschlossen‹?«

Boxhall: »›Sind geschlossen.‹«

Es wird an diesem Teil der Aussage ganz deutlich, daß Murdoch nach der Kollision unter Schock stand, und Boxhall selbst scheint während dieses Kreuzverhörs alles noch mal wieder zu durchleben, denn er antwortet zum Teil gar nicht mehr richtig auf die Fragen, sondern berichtet fast mechanisch, während Senator Smith offensichtlich Probleme hat, das Gesagte auch nachzuvollziehen.

Senator Smith: »Verstanden Sie es so, daß er …«

Boxhall *(ins Wort fallend)*: »Ich sah ihn sie schließen.«

Senator Smith: »Er hat die Elektrizität betätigt?«

Boxhall: »Ja, Sir.«

Gemäß Hichens kommt Kapitän Smith unmittelbar nach der Kollision auf die Brücke. Als Boxhall gemäß seiner Aussage in den USA auf die Brücke kommt, ist der Kapitän bereits anwesend. Von daher ist es fraglich, wie Boxhall die ganze Unterhaltung zwischen Murdoch und Smith nach der Kollision mitgehört haben und gesehen haben kann, daß Murdoch die Schotten schließen ließ, wenn er selbst zum Zeitpunkt der Kollision auf dem Bootsdeck ungefähr in Höhe der Kapitänsquartiere war. Es drängt sich die Vermutung auf, daß auch Boxhall hinsichtlich seines Standorts während der Kollision falsche Angaben macht und in Wirklichkeit ein Augen- und Ohrenzeuge der Vorgänge auf der Brücke war.

Senator Smith: »Und damit schloß er die Schotten?«

Boxhall: »Ja, Sir, und der Kapitän fragte ihn, ob er die Alarmglocke betätigt hatte.«

Senator Smith: »Was sagte er?«

Boxhall: »Er sagte: ›Ja, Sir.‹«

Senator Smith: »Was ist die Alarmglocke?«

Boxhall: »Es ist eine kleine elektrische Glocke, die an jeder Schottentür klingelt.«

Senator Smith: »Und er sagte, daß das getan wurde?«

Boxhall: »Ja, Sir.«

Auch das spricht dafür, daß die Schotten bereits geschlossen waren, als der Kapitän die Brücke betrat. Damit muß Boxhall, wenn er gesehen haben will, daß Murdoch den Schalter zum Schließen der Schotten betätigt hat, schon vor dem Kapitän auf der Brücke gewesen sein.

Senator Smith: »Was sagte er noch?«

Boxhall: »Wir alle gingen zum Ausleger, um den Eisberg zu sehen.«

Senator Smith: »Der Kapitän?«

Boxhall: »Der Kapitän, der 1. Offizier und ich selbst.«

Senator Smith: »Sahen Sie ihn?«

Boxhall: »Ich war mir nicht sicher, ob ich ihn sah. Es schien mir nur eine kleine schwarze Masse zu sein, die nicht sehr hoch aus dem Wasser ragte, nur ein bißchen an unserer Steuerbordseite.«

Senator Smith: »Wie hoch aus dem Wasser, schätzen Sie?«

Boxhall: »Ich konnte die Ausmaße nicht schätzen, aber er schien mir sehr, sehr niedrig aus dem Wasser.«

Senator Smith: »Reichte er bis zum B-Deck?«

Boxhall: »Oh, nein, das Schiff hatte ihn passiert. Er schien mir sehr, sehr tief im Wasser zu liegen.«

Senator Fletcher: »Geben Sie uns einen Eindruck, belassen Sie es nicht dabei.«

Senator Smith: »Wie hoch, denken Sie, war er über dem Wasser?«

Boxhall: »Das ist schwer zu sagen. Meiner Meinung nach reichte er nicht über die Schiffsreling.«

Senator Smith: »Über die Schiffsreling?«

Boxhall: »Nein.«

Senator Smith: »Und wie hoch ist diese Reling über dem Wasserspiegel?«

Boxhall: »Vielleicht ungefähr 30 Fuß[18].«

Senator Smith: »Ungefähr 30 Fuß?«

Boxhall: »Nein, kaum 30 Fuß.«

Auch wenn sich Boxhalls Schätzung nicht mit der des Ausgucks deckt, so widerlegt sie doch ganz eindeutig Olliver, nach dessen Angabe der Eisberg etwas höher als das Bootsdeck (70 Fuß) war. Damit wird immer fraglicher, ob Olliver während der Kollision wirklich nicht auf der Brücke war.

(...)

Senator Smith: »Aber Sie konnten dieses Objekt sehen, oder?«

Boxhall: »Ich bin mir nicht sicher, daß ich es sah, das ist es, was ich sage, ich würde nicht schwören, daß ich es sah. Aber ich bildete mir ein, diesen tiefliegenden kleinen Eisberg zu sehen.«

Senator Smith: »Und daß es dunkel aussah?«

Boxhall: »Es schien mir so, daß es sehr, sehr tief war.«

Senator Smith: »Und dunkel?«

Boxhall: »Ja.«

Senator Smith: »Schien der Kapitän zu wissen, was Sie gestreift hatten?«

Boxhall: »Nein.«

Senator Smith: »Mr. Murdoch?«

Boxhall: »Mr. Murdoch sah ihn, als wir ihn streiften.«

Senator Smith: »Sagte er, was es war?«

Boxhall: »Ja, Sir.«

Senator Smith: »Was sagte er, war er?«

Boxhall: »Er sagte, es war ein Eisberg.«

Auch hier scheint Boxhall mehr zu wissen, als er wissen kann, wenn er zum Zeitpunkt der Kollision nicht auf der Brücke war.

Vor dem britischen Untersuchungsausschuß ist Boxhalls Aussage hinsichtlich der Kollision kürzer, aber sehr aufschlußreich:

Staatsanwalt: »Wo waren Sie, als das Schiff kollidierte?«

Boxhall: »Ich kam aus den Offiziersquartieren und hörte die drei Glockenschläge, bevor das Schiff streifte. Unmittelbar nach den drei Glockenschlägen hörte ich den Befehl: ›Hart steuerbord.‹«

Hier ist zu beachten, daß Boxhall nun nicht mehr auf dem Deck ungefähr auf Höhe der Kapitänsquartiere war, sondern aus den Offiziersquartieren kam. Damit ist er durch das Ruderhaus gegangen.

Staatsanwalt: »Als Sie auf die Brücke gingen, was zeigte der Telegraph an?«

Boxhall: »›Volle Kraft zurück‹. Ich sah den 1. Offizier den Schalter der Schotten betätigen.«

Hier scheint Boxhall also noch vor der Kollision auf die Brücke gelangt zu sein – wenn er sich denn wirklich erst bei den drei Glockenschlägen der Brücke genähert hat. Es sei an dieser Stelle daran erinnert, daß Boxhall, als er zu seiner letzten Wache befragt wurde, ausgesagt hat, daß er die meiste Zeit auf der Brücke war und erst später immer wieder darauf beharrt hat, daß er einen großen Teil der Wache im Kartenraum mit Berechnungen zubrachte. Es ist nicht völlig auszuschließen, daß Boxhall vom Sichten des Eisbergs bis zur Kollision auf der Brücke war und nicht erst während des Ausweichmanövers aus den Offiziersquartieren (Großbritannien) oder nach der Kollision vom Bootsdeck (USA) auf die Brücke gekommen ist.

> Staatsanwalt: »Hörten Sie den Kapitän irgendwas zum 1. Offizier sagen?«
>
> Boxhall: »Ja. Kapitän Smith war auf dem Deck und sagte zum 1. Offizier: ›Was ist passiert?‹ Der 1. Offizier antwortete: ›Wir haben Eis gestreift. Ich wollte es mit Backbordbug umfahren, aber sie war zu dicht. Ich schaltete die Maschinen auf Rückwärtsfahrt und konnte nicht mehr tun.‹ Er sagte auch, daß er die Schotten geschlossen hatte.«

Die Angaben von Hichens, Olliver und Boxhall geben generell einen ganz starken Hinweis darauf, daß zwischen Sichten des Eisbergs und Kollision bedeutend weniger als 40 Sekunden verstreichen. Die Widersprüche in den Aussagen deuten auch ganz stark darauf hin, daß sich die Ereignisse überstürzt haben. Das heißt, daß sich alles innerhalb weniger Sekunden abspielte. Es ist ein allgemeines Phänomen, daß zum Beispiel zehn Augenzeugen eines Verkehrsunfalls zehn völlig unterschiedliche Versionen vom Ablauf des Geschehens liefern.

Weitere Aufklärung darüber, wie nahe die *Titanic* dem Eisberg bei der Sichtung und der Einleitung des Ausweichmanövers wirklich war, kann man durch die Aussagen des überlebenden Maschinenraumpersonals – alles Mannschaftsdienstgrade, von den Ingenieuren hat keiner überlebt – erlangen. Wenn die *Titanic* zwischen 400 und 450 Meter vom Eisberg entfernt war, als er gesichtet wurde, und damit etwa 40 Sekunden für das Ausweichmanöver blieben, muß noch Zeit genug gewesen sein, das von der Brücke gegebene Maschinenkommando auszuführen. Wenn für das Ausweichmanöver ungefähr zehn Sekunden zur Verfügung standen und der Eisberg damit nur noch etwa 100 Meter entfernt war, als er gesichtet wurde, kann das Kommando nicht mehr wirksam geworden sein. Die Aussagen sind ebenso eindeutig wie aufschlußreich:

Senator Smith: »Waren Sie dort (im Abschnitt 6), als der Unfall geschah?«

Frederick Barrett, Leitender Heizer auf der *Titanic*, wird vom Senator im Maschinenraum der *Olympic* befragt: »Ja. Ich stand und sprach mit dem 2. Ingenieur. Die Glocke klingelte, und das rote Licht leuchtete auf. Wir riefen ›Schließt die Türen‹ *(zeigt auf die Aschetüren der Kessel),* und da war ein Krach, gerade als wir das riefen. Das Wasser kam durch die Seite des Schiffes. Der Ingenieur und ich sprangen in den nächsten Abschnitt. Der nächste Abschnitt zu dem vorderen Abschnitt ist Nr. 5.«

(...)

Senator Smith: »Zu dem Signal *(zeigt es)*: Das weiße Licht da oben zeigt volle Kraft an?«

Barrett: »Ja.«

Senator Smith: »Wenn Sie das rote Signal erhalten, verschwindet das weiße?«

Barrett: »Eine Glocke läutet, wenn das Signal erscheint.«

Senator Smith: »Wenn die Glocke läutet, sehen Sie auf und sehen das Signallicht?«

Barrett: »Ja.«

Senator Smith: »Das weiße Licht zeigt volle Kraft an, und das war das Licht, das in jener Nacht bis zu der Zeit, in der Sie das rote Lichtsignal zum Stoppen erhielten, welches kurz vor der Kollision war, gezeigt wurde?«

Barrett: »Ja.«

Diese Aussage ist in zweierlei Hinsicht interessant: Zum einen belegt sie, daß das Maschinenkommando unmittelbar vor der Kollision mit dem Eisberg gegeben wurde, und es gab offensichtlich keine Zeit mehr, es noch auszuführen. Das angezeigte Kommando war laut dieser Zeugenaussage »Stopp« und nicht – wie von Boxhall berichtet und in allen *Titanic*-Publikationen übernommen – »Volle Kraft zurück«.

Vor dem britischen Untersuchungsausschuß sagen ebenfalls Überlebende aus dem Maschinenraum aus:

George Beauchamp, ein Heizer, der sich zum Zeitpunkt der Kollision im Kesselraum Nummer 10 aufhielt, erklärt, die Maschinenkommandos seien »Stand-by und Stopp« gewesen. Also auch keine Rede von »Volle Kraft zurück«.

Frederick Barrett bleibt auch vor dem britischen Untersuchungsausschuß dabei, daß die rote Lampe aufleuchtete, was »Stopp« bedeutet.

Robert Patrick Dillon, ein Trimmer, der ebenfalls Wache hatte, als die Kollision geschah, sagt im Kreuzverhör durch den Staatsanwalt aus:

> Staatsanwalt: »Hörten Sie den Schock, als das Schiff streifte?«
>
> Dillon: »Ja, und einige Sekunden vorher hörte ich die Glocke läuten.
>
> Staatsanwalt: »Was geschah?«
>
> Dillon: »Nachdem das Schiff gestreift hatte, fuhren sie für ungefähr zwei Minuten langsam zurück, stoppten dann und fuhren dann wieder voraus.«
>
> (...)
>
> Staatsanwalt: »Wurden die Schotten geschlossen?«
>
> Dillon: »Ja, drei Minuten, nachdem das Schiff gestreift hatte.«

Dillons Aussage stützt ein weiteres Mal die Vermutung, daß der Eisberg bedeutend dichter war als allgemein angenommen und damit weniger Zeit für das Ausweichmanöver als die 40 Sekunden blieb. Dillon ist auch der erste Zeuge aus dem Maschinenraum, der davon spricht, daß die Maschinen rückwärts liefen. Aber nicht »volle Kraft zurück«, wie Boxhall ausgesagt hat, sondern nur »langsame Fahrt«. Dillon stützt auch Olliver, der ausgesagt hat, daß die Maschinentelegraphen vom Kapitän nach der Kollision auf »halbe Fahrt voraus« gelegt wurden.

Dillons Angabe, daß die Schotten drei Minuten nach der Kollision schlossen, steht im Widerspruch zu Barrett, der aussagt, daß er gerade mit dem 2. Ingenieur in den anderen Abschnitt gesprungen war, als die Schotten hinter ihnen zuschlugen.

Thomas Granger, Schmierer, wurde von der Kollision fast von den Füßen geholt und erklärt, daß die Turbinenmaschine zwei Minuten nach der Kollision stoppte.

G. Cavell, Trimmer, berichtet, daß er im Maschinenraum war, er sah das rote Signal für »Maschinen stopp«, hörte die Alarmglocke, die das Schließen der Schotten anzeigte, ging ein Deck höher und sah dort nasse Leute (Passagiere der 3. Klasse).

Frederick Scott, Schmierer, liefert vor dem britischen Untersuchungsausschuß eine ganze Latte an Maschinenkommandos: Zuerst das Kommando »Stopp« für die Hauptmaschine, danach schlossen die Schotten alle zur gleichen Zeit und ohne Alarmglocke, die weiteren Maschinenkommandos nach der Kollision: »Achtung«, »Langsam voraus« (15 Minuten später), »Stopp«, »Langsam zurück« (fünf Minuten nach dem »Stopp«), und »Stopp« (fünf Minuten nach »Langsam zurück«). Seine Angaben sind sehr verwirrend, und am Ende ist es der Staatsanwalt Sir Rufus Isaacs, der vor dem britischen Untersuchungsausschuß eine Zusammenfassung des Ausweichmanövers hinsichtlich der Maschinenkommandos gibt: »Zuerst die drei Glockenschläge, dann das Telefon, dann der Befehl zum Abstoppen, und dann kam die Kollision.«

Und trotz aller Maschinenkommandos, die Scott nicht nur gehört, sondern auch auf der Anzeige gesehen haben will, fehlt das Kommando, das in allen *Titanic*-Publikationen zum Ausweichmanöver gehört wie das Amen zum Gebet: »Volle Kraft zurück«.

Um die Verwirrung hinsichtlich des Maschinenkommandos oder der Maschinenkommandos komplett zu machen, gibt es noch einen stummen Zeugen: Eine Bergungsexpedition holte einen Maschinentelegraphen wieder an die Oberfläche zurück. Interessant ist daran die Zeigerstellung: Der Geberhebel, mit dem die Brücke die Befehle an den Maschinenraum übermittel hat, steht auf »Volle Kraft zurück«, der Quittierhebel, mit dem der Maschinenraum der Brücke den Erhalt des Befehls angezeigt hat, steht aber auf »Volle Kraft voraus«.[19]

Wenn man davon ausgeht, daß die Zeigerstellung weder beim Untergang noch bei der Bergung verändert wurde, ergibt sich zum einen eine große Diskrepanz zu den Angaben des überlebenden Maschinenpersonals, von denen niemand etwas von dem Befehl »Volle Kraft zurück« sagt. Zum anderen würde das aber belegen, daß das Maschinenkommando so kurz vor der Kollision gegeben wurde, daß die Ingenieure keine Zeit mehr zum Quittieren des Befehls hatten. Da der Befehl an den Maschinenraum aber laut Hichens ungefähr zeitgleich mit dem Ruderkommando und dieses Ruderkommando wiederum unmittelbar nach der Meldung des Ausgucks gegeben wurde, belegt die möglicherweise vorgefundene Hebelstellung des Maschinentelegraphen, daß für das Ausweichmanöver nur sehr wenige Sekunden zur Verfügung standen und der Eisberg damit bedeutend dichter war, als immer angenommen wurde.

Selbst wenn der Geberhebel bei der Bergung verändert wurde, um vielleicht etwas mehr Dramatik in dieses Detail der Katastrophe zu bekommen: Der Quittierhebel steht auf »Volle Kraft voraus«, was weiterhin belegt, daß, welches Kommando auch immer von der Brücke gegeben wurde, dieses Kommando nicht ausgeführt wurde, weil die *Titanic* schon vorher den Eisberg gestreift hat.

Zusammenfassend bleibt festzustellen: Alle Aussagen sprechen dafür, daß der Eisberg, als er gesichtet wurde, bedeutend näher als die angenommenen 400 bis 450 Meter war. Für das Ausweichmanöver blieben nur noch wenige Sekunden. Der 1. Offizier William McMaster Murdoch hätte sich wahrscheinlich sehr glücklich geschätzt, wenn er tatsächlich die ihm unterstellten 40 Sekunden – in manchen *Titanic*-Publikationen sogar über eine Minute – für das Ausweichmanöver gehabt hätte.

Anmerkungen

1 Die Telefonverbindung Krähennest–Brücke ist eine sogenannte Festverbindung, d. h., sobald auf einer Seite der Hörer abgenommen wird, wird eine Verbindung zum anderen Apparat aufgebaut. Es ist nicht möglich, andere Telefone anzuwählen. Ein gutes Beispiel für Festverbindungen sind Notrufmelder.

2 Bis 1929 zeigten Ruderkommandos an, in welche Richtung sich das Heck drehen sollte. Murdochs Anweisung an den Rudergänger bedeutete also, daß das Heck nach steuerbord (rechts) und der Bug damit nach backbord (links) schwingen sollte.

3 Diese Angaben schwanken in den verschiedenen Publikationen. Die ältere Version lautet, daß es 90 Meter sind, die neuere Version geht von 60 Metern aus.

4 Information von Claes-Göran Wetterholm, der schwedische Ingenieure zu diesem Thema befragt hat.

5 55 Fuß = etwa 16,76 Meter.

6 Halbe Meile = etwa 926 Meter.

7 Vor dem britischen Untersuchungsausschuß sagt der 4. Offizier Boxhall, daß er für das Bestimmen der letzten Position der *Titanic* eine Geschwindigkeit von 22 Knoten zugrunde legte. Die letzte Position der *Titanic* ist eine sogenannte gekoppelte Position. Dennoch ist sich Boxhall bis zum Ende seines Lebens absolut sicher, daß die von ihm errechnete Position richtig ist. Allerdings wird das Wrack einige Meilen südöstlich von der von Boxhall ermittelten und in den Notrufen angegebenen Stelle gefunden, damit hat die *Titanic* von acht Uhr abends (der Zeitpunkt der letzten anhand von Sternenobservationen festgestellten Position) bis zur Kollision durchschnittlich etwas weniger als 22 Knoten zurückgelegt. Das allerdings läßt keinen Rückschluß auf ihre Geschwindigkeit bei der Kollision zu.

8 Sieben Glasen: hier = 23.30 Uhr.

9 Wegen des Zeitunterschieds zwischen Großbritannien und den USA muß auf den Schiffen, die den Atlantik überqueren, die Zeit umgestellt werden. Maßstab für die Zeitumstellung sind die Längengrade.

10 20 Fuß = etwa 6,10 Meter.

11 Laut »Hull Down« von Sir Bertram Hayes, der zu dem Zeitpunkt die *Olympic* befehligte.

12 Die Geschwindigkeit der *Titanic* beim Sichten des Eisbergs wird wohl auf ewig ungeklärt bleiben, aber man kann davon ausgehen, daß sie etwa 11 Meter pro Sekunde zurücklegte (10,8 m/sec bei 21 Knoten, 11,06 m/sec bei 21,5 Knoten und 11,31 m/sec bei 22 Knoten).

13 Hier unterläuft Hichens die gängige Fehlbezeichnung Murdochs, der 1. Offizier und nicht Chief Officer ist.

14 Der 1. Offizier Murdoch war ein ausgesprochen reaktionsschneller Seemann. Angaben dazu von Captain Edward Jones in dem Buch »The Maiden Voyage« (ISBN 0 04 440263 5) von Geoffrey Marcus und in »›Lights‹ – The Odyssey of C. H. Lightoller« (ISBN 0 370 30593 0) von Patrick Stenson; laut Stenson hielt Lightoller Murdoch für einen der reaktionsschnellsten Offiziere der britischen Handelsmarine, und nach Lightollers Meinung gab es kaum einen, der sich in Krisensituationen besser verhielt als Murdoch.

15 War es eben noch der 1. Offizier, dem Meldung gemacht wurde, so ist es jetzt angeblich der Chief Officer, der das Ausweichmanöver befiehlt. Doch Hichens redet vom Senior-Offizier der Wache, William McMaster Murdoch, der bis zum 10. April 1912 Chief Officer der *Titanic* war und dann zum 1. Offizier degradiert wurde.

16 Im englischen Original sagt Hichens: »I could not see nothing.«

17 Angesichts dieser Frage kann einem der 4. Offizier richtig leid tun.

18 30 Fuß = etwa 9,11 Meter.

19 Diese wichtige Information findet sich in einem Artikel von Günter Danzglock in der »Titanic Post« Nr. 18, Dezember 1996, des Titanic Verein Schweiz, Postfach 407, 8636 Wald, Schweiz.

Der glücklose 1. Offizier

William McMaster Murdoch, 1. Offizier der *Titanic*, ist bei Sichtung des Eisbergs der Senior-Offizier der Wache und hat – unter den Befehlen des Kapitäns – das Kommando auf der Brücke. Mit Entdeckung des Hindernisses im Kurs liegt es an Murdoch, zu entscheiden, ob und welche Maßnahmen getroffen werden, die drohende Kollision noch zu verhindern. Es ist keine Entscheidung, die er sich reiflich überlegen kann. Sie muß sofort getroffen und unverzüglich ausgeführt werden. Auch wenn der Kapitän eines Schiffes die komplette Verantwortung trägt und der Senior-Offizier auf der Brücke rechtlich gesehen nur sein Erfüllungsgehilfe ist, muß Murdoch als Vertreter des Kapitäns aktiv werden. Damit steht auch Murdoch nach dem Scheitern des Ausweichmanövers in der Kritik, und je mehr Zeit seit jener Nacht auf dem Nordatlantik verstreicht, um so heftiger wird die Kritik am 1. Offizier, der nie eine Gelegenheit hatte, sich zu verteidigen, da er nicht überlebt hat, und an dem von ihm veranlaßten Ausweichmanöver.

Murdoch agiert aus einer denkbar ungünstigen Ausgangslage heraus. Der Kapitän hat eine Geschwindigkeit angeordnet, die sich zwischen 21 Knoten (Joseph Bruce Ismay), 21,5 Knoten (Charles Herbert Lightoller), 22 Knoten (Joseph Groves Boxhall) und 22,5 Knoten (Robert Hichens) bewegt. Damit legt die *Titanic* zwischen 648,2 Meter pro Minute (21 Knoten), 663,63 Meter/Minute (21,5 Knoten), 679 Meter/Minute (22 Knoten) und 694,5 Meter/Minute (22,5 Knoten) zurück. An der befohlenen Geschwindigkeit darf der 1. Offizier nur etwas ändern, wenn er durch die Lage dazu gezwungen wird, ansonsten bleibt es bei der Anordnung des Kapitäns.

Es ist eine windstille, mondlose Nacht, und die Wasseroberfläche ist völlig unbewegt. Das sind äußerliche Voraussetzungen, die das

Sichten von Eis erschweren. Lightollers Aussagen vor dem amerikanischen und dem britischen Untersuchungsausschuß machen deutlich, daß diese Bedingungen, die weder ein Kapitän noch ein Offizier beeinflussen kann, Kapitän Smith und auch den Offizieren bekannt sind. Für Smith ist das aber offensichtlich kein Grund, die Geschwindigkeit zu reduzieren, und damit bleibt nur noch das Vertrauen darauf, daß man in der klaren Nacht ein Hindernis im Kurs immer noch rechtzeitig genug entdecken wird. Das jedoch gelingt am 14. April 1912 gegen 23.40 Uhr auf der *Titanic* nicht.

Warum der fatale Eisberg nicht so rechtzeitig gesichtet wird, daß noch Zeit zum Ausweichen bleibt, kann nicht überzeugend geklärt werden. Es drängt sich die Vermutung auf, daß der Ausguck möglicherweise nicht ausreichend war – es sind drei Mann, die nach Hindernissen im Kurs Ausschau halten: Die Matrosen Fleet und Lee im Krähennest und der 1. Offizier Murdoch auf der Brücke. Für den Kapitän hätte es die Möglichkeit gegeben, einen zusätzlichen Ausguck auf dem Vorschiff zu stationieren. Diese Anweisung gibt Smith jedoch nicht. Wahrscheinlich geht er davon aus, daß es in einer so klaren Nacht nicht erforderlich ist. Dabei ist nach Auskunft des britischen Polarforschers Sir Ernest Shackleton, der vor den britischen Untersuchungsausschuß geladen wird, Eis gerade von einer Position dicht an der Wasserlinie besser zu erkennen als von einem höheren Standpunkt. Die Brücke der *Titanic* befindet sich etwa 21 Meter über der Wasseroberfläche, das Krähennest liegt noch höher.

Fleet und Lee sowie Boxhall, der glaubt, den Eisberg nach der Kollision gesehen zu haben, sagen aus, daß der Eisberg nicht weiß – wie man es erwarten würde – war, sondern schwarz oder dunkelblau. Er hob sich vom dunklen Nachthimmel erst ab, als die *Titanic* schon fast auf dem Hindernis war. Viele Kapitäne, die vor dem britischen Untersuchungsausschuß aussagen, geben an, daß sie weder von schwarzen Eisbergen gehört noch selbst welche gesehen haben, und Shackleton sagt, daß es sie gibt, diese aber extrem selten sind. Unter welchen Umständen Eisberge schwarz oder dunkelblau erscheinen, kann auch er nicht überzeugend erklären.

Daß Fleet, Lee und auch Boxhall mit ihrer Geschichte vom dunklen Eisberg die Wahrheit sagen und keine Entschuldigung dafür erfinden, warum der Eisberg nicht eher gesichtet wurde, wird daran deutlich, daß die Überlebenden der *Titanic* angeben, nachts kein Eis und keine Eisberge gesehen zu haben. Nur ein Matrose will das Eis gehört haben. Er berichtet, daß er in der windstillen Nacht und bei völlig unbewegter See registriert hat, daß Wasser gegen Eisberge klatscht. Doch bei Tagesanbruch entdecken die Überlebenden, daß sie von Eis und Eisbergen umkreist sind.

Die wohl beste und unabhängigste Beschreibung des Eises an der Untergangsstelle der *Titanic* stammt von Arthur Henry Rostron, Kapitän des Schiffes *Carpathia*[1], vor dem britischen Untersuchungsausschuß.

Rostron: »(...) Ich wollte es (das erste Rettungsboot) gerade an backbord aufnehmen, als ich ganz dicht direkt voraus einen Eisberg sah, und dann legte ich mein Ruder nach hart steuerbord und hatte das Boot an steuerbord. Um 4.10 Uhr hatte ich das Boot längsseits.«

Staatsanwalt: »Wie nahe war der Eisberg, den Sie dann sahen?«

Rostron: »Als wir stoppten und es hell wurde, stellte ich fest, daß er ungefähr eine Viertel Meile[2] entfernt war.«

Staatsanwalt: »Hatten Sie den Eisberg vorher gesehen?«

Rostron: »Nein.«

Staatsanwalt: »Dämmerte zu dem Zeitpunkt schon der Morgen?«

Rostron: »Nein, es war ganz dunkel.«

Staatsanwalt: »Hatten Sie einen guten Ausguck?«

Rostron: »Ja, wir hatten unseren Ausguck verdoppelt. Wir hatten einen Mann wie üblich im Krähennest, und wir hatten zwei ganz vorne auf dem Vorschiff stationiert.«

Staatsanwalt: »Ist das üblich?«

Rostron: »Gewöhnlich haben wir nachts einen Mann im Krähennest und einen auf dem Vorschiff.«

(...)

Staatsanwalt: »War das der erste Eisberg, den Sie in jener Nacht sahen?«

Rostron: »Oh, nein. Den ersten sah ich um Viertel vor drei, und danach sahen wir ein halbes Dutzend Berge bis vier Uhr, und wir änderten ständig unseren Kurs, um zwischen ihnen durchzukommen. Es waren Eisberge und kein Treibeis.«

Staatsanwalt: »Wie weit war der Berg, den Sie gegen Viertel vor drei sahen, entfernt?«

Rostron: »Sie waren alle zwischen einer Meile und zwei Meilen entfernt.«

Staatsanwalt: »Warum sahen Sie diesen anderen Berg nicht früher?«

Rostron: »Das kann ich nicht sagen. Wir hielten alle Ausschau. Er war ziemlich tief, etwa 25 bis 30 Fuß[3].«

Staatsanwalt: »Der wurde Ihnen nicht gemeldet?«

Rostron: »Nein.«

Staatsanwalt: »Wer sah den Eisberg zuerst?«

Rostron: »Wir sahen alle Eisberge zuerst von der Brücke, und ich persönlich sah diesen einen zuerst. Wir entdeckten ihn mit dem bloßen Auge.«

Staatsanwalt: »Warum sahen die Ausguckleute den nicht vor Ihnen?«

Rostron: »Ja, gut, wenn Sie nicht wissen, wonach Sie Ausschau halten, ist es manchmal sehr schwierig, Eis auf See zu entdecken. Gewöhnlich kann es für einen Schatten auf dem Wasser gehalten werden, aber Leute, die im Eis gewesen sind und wissen, wonach sie Ausschau halten, erkennen es sofort.«

Staatsanwalt: »Es erfordert also einige Erfahrung mit Eis, ehe man es nachts ausmachen kann?«

Rostron: »Ja.«

Staatsanwalt: »Dann sind Ihre Offiziere schneller als Ihre Männer im Erkennen von Eis?«

Rostron: »Ja. Ich vertraue beim Ausguck immer mehr der Brücke als den Männern. Der Offizier muß agieren, er ist wachsamer, und er weiß, wonach er Ausschau hält.«

Lord Mersey: »Waren Sie auf der Brücke?«

Rostron: »Ja.«

Lord Mersey: »Aber Sie können nicht erklären, warum Sie einen Berg einige Meilen entfernt gesehen haben und einen anderen nicht mal eine Viertel Meile entfernt?«

Rostron: »Das kann ich nicht.«

Lord Mersey: »Ist das eine gewöhnliche Erfahrung?«

Rostron: »Nein, ich denke, es ist ziemlich ungewöhnlich.«

Staatsanwalt: »Zu diesem letzten Berg, der plötzlich auftauchte: War da irgendwas auffällig an seiner Färbung?«

Rostron: »Nein, aber ich denke, da könnte ein Schatten oder irgendwas in der Art gewesen sein.«

Staatsanwalt: »Manchmal leuchtet ein Berg und manchmal nicht?«

Rostron: »Ja.«

Staatsanwalt: »Sie können nicht sagen, wie sie ihn sehen werden und wie er sich Ihnen darstellen wird?«

Rostron: »Nein.«

Staatsanwalt: »Damit müssen Sie immer mit dunklen Eisbergen rechnen?«

Rostron: »Ja.«

Lord Mersey: »Ich verstehe nicht, woher der Schatten kommt. Da war nichts, was Schatten produzieren könnte, keine Wolken?«

Rostron: »Nein, aber die Form des Bergs hat damit vielleicht etwas zu tun gehabt. Dieser Berg war nur 30 Fuß hoch, und die Seiten waren ganz glatt. Wenn die Seite abgefallen wäre, wäre er vielleicht einfacher zu sehen gewesen.«

(...)

Staatsanwalt: »Sahen Sie Eisberge?«

Rostron: »Ja. Ich schickte einen Junior-Offizier nach oben, um die Anzahl der Berge, die von 150 bis 200 Fuß[4] hoch waren, zu zählen, und er zählte 25, danach stoppte er. Da war eine große Anzahl von kleineren Bergen um uns herum, und in der Nähe der Wrackteile der *Titanic* war ein großes Eisfeld, soweit ich sehen konnte.

Staatsanwalt: »Bis zum Tagesanbruch sahen Sie nichts davon?«

Rostron: »Nein.«

Staatsanwalt: »Wie weit waren Sie davon entfernt, als Sie es sahen?«

Rostron: »Vier oder fünf Meilen. Da waren unzählige Berge im Eisfeld, aber wir sahen bis zum Tageslicht keinen einzigen davon.«

Staatsanwalt: »Dann müssen Sie die ganze Zeit zwischen den Eisbergen gewesen sein, ohne es zu wissen?«

Rostron: »Ja, wir müssen es gewesen sein.«

(...)

Staatsanwalt: »Diese Berge müssen nahe bei Ihnen gewesen sein, ohne daß Sie sie gesehen haben?«

Rostron: »Ja.«

(...)

Staatsanwalt: »War in jener Nacht irgendwas Seltsames in der Atmosphäre?«

Rostron: »Nein. Niemals sah ich klareres Wetter, es war eine wunderschöne Nacht.«

Staatsanwalt: »Aber es war schwierig, Eis auszumachen?«

Rostron: »Lassen Sie mich Ihnen ein anderes Beispiel geben. Als der Morgen dämmerte und wir die Passagiere aufnahmen, sah ich plötzlich an meinem Backbordbug etwa 200 Yards[5] entfernt ein

Stück Eis, das 20 Fuß lang und 10 Fuß[6] hoch war, das ich vorher überhaupt nicht gesehen hatte.«

Rostron kann ohne Hemmungen zugeben, was er an Eis bei Dunkelheit alles nicht gesehen hat, denn er war mit seinem Schiff zuerst am Unglücksort und hat alle Überlebenden aufgenommen. Ihm sind dafür viele Ehrungen zuteil geworden, und seine Karriere hat einen immensen Schub bekommen. Doch was Rostron, seinen Offizieren und seinen Ausguckleuten an Eis bis zum Tagesanbruch verborgen geblieben ist, ist auch von der *Titanic* aus nicht gesehen worden. Und die Männer auf der *Carpathia* haben noch eine bessere Position zum Sichten von Eis, da das Schiff nicht so groß ist wie die *Titanic*. Damit sind die Standorte der Ausgucks nicht so hoch über der Wasseroberfläche.

In seiner Aussage betont Rostron an einer Stelle, daß er einen Eisberg mit dem bloßen Auge zuerst sah, und was in diesem Zusammenhang völlig belanglos erscheint, wird zu einer Verteidigung der White Star Line – Rostron gehört weder zur White Star Line noch zu einer Reederei, die im IMM-Besitz ist. Frederick Fleet sagte vor dem amerikanischen Untersuchungsausschuß, daß es für die Männer im Krähennest kein Fernglas gab. Er war sich gleichzeitig absolut sicher, daß er mit Fernglas den Eisberg früher und damit rechtzeitig genug zum Ausweichen gesehen hätte.

Das führt dazu, daß vor den Untersuchungsausschüssen auch viel über Sinn und Unsinn von Ferngläsern für das Krähennest gesprochen wird. Die White Star Line verteidigt sich so geschickt, daß sich unwillkürlich die Frage aufdrängt, warum diese Reederei überhaupt extra Leute für den Ausguck mustert, denn der Ausguck im Krähennest wird als völlig belanglos und eigentlich sogar überflüssig hingestellt.

Fakt ist auf jeden Fall: Wenn die Matrosen im Krähennest das Fernglas ständig vor den Augen haben, ist es völlig wertlos. Der 2. Offizier Lightoller, der natürlich die Interessen seiner Reederei vertritt, erklärt, daß man ein Fernglas so benutzen sollte, daß man etwas, was man mit bloßem Auge gesehen hat, mit dem Fernglas noch ein Mal genau observiert. Damit macht er gleichzeitig deutlich, daß ein Fernglas im Ausguck überflüssig ist, da die Matrosen dort sofort Meldung machen sollen, wenn sie etwas gesehen haben. Wenn sie erst noch durch das Fernglas schauen, tritt eine unnötige Verzögerung ein, da der Offizier auf der Brücke ein Fernglas hat und das gemeldete Objekt selbst betrachten und danach eine Entscheidung treffen kann.

Der Beweis, daß der Eisberg, der der *Titanic* zum Verhängnis wurde, mit einem Fernglas im Krähennest früher und damit rechtzeitig genug zum Ausweichen gesichtet worden wäre, wird nie zu erbringen sein. Doch Rostrons Aussage vor dem britischen Untersuchungsausschuß macht deutlich, daß es sehr schwierig sein kann, Eis bei Nacht auszumachen, und daß an der Stelle, an der die Wrackteile der *Titanic* treiben, viel Eis und auch große Eisberge vorhanden sind, die von der *Carpathia* aus erst bei Tageslicht gesehen werden. Die *Titanic* jedoch ist bei Nacht in diesem Seegebiet – und zudem fährt sie noch schneller als die *Carpathia*.

Anhand der vorliegenden Aussagen von Offizier Joseph Groves Boxhall, Ausguck Frederick Fleet, Quartermaster Robert Hichens, Ausguck Reginald Robertson Lee und (mit Abstrichen) Quartermaster Alfred Olliver vor dem amerikanischen und britischen Untersuchungsausschuß lassen sich die Vorgänge auf der Brücke der *Titanic* vom Sichten des Eisbergs bis zur Kollision folgendermaßen rekonstruieren:

Vom Krähennest aus sieht Frederick Fleet einen schwarzen Schatten im Kurs der *Titanic*, er schlägt die Glocke im Ausguck drei Mal an. Das sagt dem 1. Offizier Murdoch lediglich, daß irgendwas direkt voraus ist. Die Entfernung des Etwas und was dieses Etwas ist, kann er diesem Signal nicht entnehmen.

Fleet ruft die Brücke an, und der 6. Offizier Moody geht ans Telefon. Daß der Ausguck die Brücke anruft, um genau zu melden, was er gesehen hat, ist – laut Fleet – nicht die Regel. Noch während Fleet mit Moody telefoniert, gibt Murdoch bereits das Ruderkommando »Hart steuerbord«. Murdoch muß damit den Eisberg selbst auch gesehen haben, denn ohne zu wissen, was wo voraus ist, kann er kein Ausweichmanöver einleiten. Die drei Glockenschläge hätten auch ein anderes Schiff voraus melden können. Dann wäre es vom Kurs dieses anderen Schiffes abhängig gewesen, welches Ruderkommando Murdoch gibt.

Das Ruderkommando wird vom Quartermaster ausgeführt. Moody meldet Murdoch, was ihm der Ausguck berichtet hat: »Eisberg, direkt voraus«. Murdoch gibt – laut Aussagen von Hichens und Boxhall – auch ein Maschinenkommando, wobei Boxhall sagt, es ist »Volle Kraft zurück«, während Hichens, der im Ruderhaus steht und nur die Kompaßnadel sieht, lediglich das Läuten des Telegraphen hört, aber nicht sagen kann, welcher Befehl an den Maschinenraum übermittelt wurde. Die vorliegenden Aussagen von Überlebenden aus dem Maschinenraum berichten überwiegend von »Stopp« als erstem Kommando, einer will das Kommando »langsam zurück« auf der Anzeige gesehen haben. Keiner spricht von »volle Kraft zurück«.

Außerdem betätigt Murdoch den Schalter, der die Schottenkammern im Rumpf des Schiffes automatisch schließt, und laut Aussagen von Überlebenden aus dem Maschinenraum schließen sich die Schotten im Moment der Kollision oder nur wenige Sekunden später.

Während Murdoch Maschinentelegraph und den Schalter für die Schotten betätigt, hat Hichens das Ruder hart steuerbord gelegt. Dann streift die *Titanic* den Eisberg.

Alfred Olliver sagt aus, ein Ruderkommando »Hart backbord« wird von Murdoch gegeben, als der Eisberg bereits achteraus ist. Olliver will zu diesem Zeitpunkt gerade auf die Brücke gekommen sein, doch Hichens, der nie das Kommando »Hart backbord« erhalten haben will, sagt aus, daß Olliver während des Ausweichmanövers neben ihm steht.

Da – wenn man nicht davon ausgeht, daß der Unterwasserausläufer des Eisbergs, den die *Titanic* berührt hat, während der Kollision abbricht – ohne das Ruderkommando »Hart backbord« die ganze Seite des Schiffes aufgeschlitzt worden wäre, muß das Ruder von irgend jemandem auf »hart backbord« gelegt worden sein. Hichens ist es nicht, sonst hätte er es gesagt. Olliver ist es mit großer Wahrscheinlichkeit auch nicht gewesen, sonst hätte er sich mit Hichens absprechen können, daß dieser es getan hat. Immerhin gibt Olliver einen Hinweis auf »Hart backbord«, wenn seiner Aussage nach dieses Kommando erst nach der Kollision gegeben wurde. Boxhall macht zu widersprüchliche Angaben, wann er in den entscheidenden Sekunden wo gewesen ist, außerdem hätte der 4. Offizier ohne Umschweife zugeben können, daß er es war, der das Ruder auf »hart backbord« gelegt hat.

Damit bleiben noch Murdoch und Moody, die beide nicht überlebt haben. Moody befindet sich während des Ausweichmanövers beim Rudergänger. Es ist von daher durchaus möglich, daß es der 6. Offizier ist, der das Ruder auf »hart backbord« legt – möglicherweise auch ohne Befehl Murdochs –, als Moody erkennt, daß das Ruder auf »hart backbord« gelegt werden muß. Er greift einfach selbst in die Speichen des Steuerrades und bewegt es.

Murdoch selbst kann es auch gewesen sein. Doch der 1. Offizier macht in den wenigen Sekunden, die zwischen Sichten des Eisbergs und Kollision liegen, bereits zwei andere Dinge, so daß es ein Ding der Unmöglichkeit ist, wenn er nach Betätigen des Maschinentelegraphen und des Schalters zum Schließen der Schottenkammern im Rumpf auch noch höchstpersönlich das Ruder auf »hart backbord« legt. Obwohl es nicht das erste Mal wäre, daß Murdoch – ohne irgendwelche Worte zu verlieren – das Ruder eines Schiffes kurzzeitig übernimmt.

Als Murdoch als Senior-Offizier auf der *Arabic* diente, kam er gerade auf Wache, als der Ausguck die Lichter eines Segelschiffes direkt voraus meldete. Der Senior-Offizier, der von Murdoch abgelöst werden sollte, befahl »Hart backbord«, doch noch ehe der Rudergänger den Hauch einer Chance hatte, diesen Befehl auszuführen, schob Murdoch ihn zur Seite und übernahm selbst das Steuer. Murdoch hielt die *Arabic* auf altem Kurs, und während alle anderen auf der Brücke eine Kollision für unvermeidlich hielten und sich nach einem sicheren Platz umsahen, blieb Murdoch unbeweglich am Ruder stehen und behielt stur den Kurs bei. Die *Arabic* und das andere Schiff passierten einander mit einem ganz geringen Abstand, kamen aber voneinander klar.[7]

Insgesamt läßt sich anhand von Murdochs Handlungen nach Sichten des Eisbergs feststellen, daß der 1. Offizier ausgesprochen schnell reagierte.

Die vorliegenden Aussagen der Überlebenden von der Brücke und des Ausgucks lassen nur den Rückschluß zu, daß sich alles nicht innerhalb von 40 oder gar noch mehr Sekunden abspielte, wie in allen *Titanic*-Publikationen immer angegeben wird, sondern daß Murdoch nur extrem wenig Zeit blieb, überhaupt noch etwas zu unternehmen, um die *Titanic* vom Eisberg klarzusteuern. Es scheinen zwischen Sichtung des Eisbergs und Kollision maximal 15 Sekunden verstrichen zu sein, was bei einer Geschwindigkeit des Schiffes von ungefähr elf Metern pro Sekunde bedeutet, daß der Berg bestenfalls 170 Meter entfernt war.

Für Murdoch ist die Situation bei Sichtung des Eisbergs ausgesprochen unangenehm. Wenn er nichts unternimmt, kracht die *Titanic* mit dem Bug voraus auf das Hindernis. Dabei wäre der Bug des Schiffes schwer beschädigt worden, und im Vorschiff (dort sind die Quartiere der Mannschaft und auch Kabinen der 3. Klasse) hätte es viele Verletzte und vermutlich auch zahlreiche Tote gegeben. Ganz abgesehen davon hätte das für Murdoch persönlich bedeutet, daß er sich vor einem Untersuchungsausschuß für sein Nichtstun hätte verantworten müssen. Jede weitere Beförderung bei der White Star Line wäre für ihn in ganz weite Ferne gerückt, wenn man ihn nicht sogar entlassen hätte. Kein Senior-Offizier der Welt kann es sich erlauben, während seiner Wache die *Titanic* ungestraft auf einen Eisberg zu steuern.

Natürlich, nachdem die *Titanic* den Eisberg gestreift hat, damit zum Untergang verurteilt ist und etwa 1500 Menschen ihr Leben verlieren, ist absolut klar, daß die erste Alternative zweifellos die bessere gewesen wäre.[8] Aber als Murdoch den Eisberg sieht, weiß er nicht, was jetzt alle wissen, und er muß eine Entscheidung in Bruchteilen von Sekunden treffen. Für ihn gibt es keine andere Wahl, als noch ein Ausweichmanöver zu versuchen. Also befiehlt er: »Hart steuerbord«.

Wenn ein Eisberg direkt voraus ist, sollte man meinen, daß es egal ist, zu welcher Seite der Offizier ausweichen will. Das ist es aber nicht. Denn die *Titanic* ist ein Schiff, das bei Vorausfahrt schneller nach backbord als nach steuerbord ausweichen kann, da sie zwei rechtsdrehende und eine linksdrehende Schraube hat. Der Befehl »Hart steuerbord« läßt das Heck nach steuerbord abfallen, während der Bug nach backbord dreht.[9]

Legt man die Aussagen Hichens und auch Boxhalls für den weiteren Verlauf des Ausweichmanövers zugrunde, lassen sich folgende weitere Schritte Murdochs ableiten:

Der 1. Offizier stürzt zur Brückenmitte. Während dieser Zeit legt Hichens das Ruder auf hart steuerbord. Hichens hört den Maschinentelegraphen läuten, aber er sagt auch, daß ein schleifendes Geräusch zu hören ist, als das Ruder gerade hart über liegt. Boxhall, der in einer Version erst nach der Kollision und nach dem Kapitän auf die Brücke gekommen sein will (da meldet Murdoch bereits, daß die Schotten schon geschlossen sind), in einer anderen aber offensichtlich kurz vor der Kollision oder aber mit Einsetzen der Kollision, gibt an, daß er beobachtet, wie Murdoch den Schalter für die Schotten betätigt.

Murdoch sieht offensichtlich direkt nach seinem Ruderkommando, daß eine Kollision unausweichlich ist. Zuerst bedient er den Maschinentelegraphen, wahrscheinlich, weil er diesen zuerst erreicht, und legt ihn im Vorbeigehen auf »Stopp«. Dieses Maschinenkommando wird nicht sofort wirksam, da die Ingenieure erst auf dieses Kommando reagieren müssen, was einige Sekunden in Anspruch nimmt. Selbst wenn die Maschinen nicht mehr arbeiten, verbleibt noch Fahrt im Schiff. Auch die Schraubendrehungen stoppen – laut Aussage eines Überlebenden aus dem Maschinenraum – nicht sofort mit dem Abschalten der Maschinen. Danach betätigt Murdoch den Schalter zum

Schließen der Schottenkammern, was als Maßnahme zum Begrenzen des zu erwartenden Wassereinbruchs zu werten ist.

Spätestens zu diesem Zeitpunkt berührt die *Titanic* das Eis. Das schleifende Geräusch der Kollision hält für einige Sekunden an. Jetzt weiß Murdoch, daß seine Karriere bei der White Star Line definitiv beendet ist. Als Kapitän Smith auf die Brücke kommt, um in Erfahrung zu bringen, was geschehen ist, macht Murdoch anfangs noch Meldung – in fast 24 Jahren auf See wird ihm das so in Fleisch und Blut übergegangen sein, daß es schon mechanisch passiert. Als Smith befiehlt, die Schotten zu schließen, entgegnet Murdoch: »Sie sind bereits geschlossen«, was der 1. Offizier laut Boxhalls Aussage vor dem amerikanischen Untersuchungsausschuß dann allerdings mehrfach wiederholt. Diese Aussage ist übrigens die einzige, die sehr deutlich belegt, daß Murdoch in dem Moment offensichtlich unter Schock steht und sich nicht mehr in der Gewalt hat. Beim Klarmachen der Boote und bei der nachfolgenden Evakuierung des Schiffes jedoch hat er seine Fassung – zumindest nach außen hin – wiedergewonnen. Allerdings verstreichen noch mindestens 20 Minuten, ehe der Kapitän den Befehl zum Klarmachen der Boote gibt. Zeit genug für Murdoch, sich wieder unter Kontrolle zu bekommen.

Natürlich wurde das von Murdoch veranlaßte Ausweichmanöver schon 1912 diskutiert, allerdings nicht in der Schärfe wie heute. Dabei ist eine Sache absolut klar: Wäre die *Titanic* am Eisberg vorbeigefahren, ohne ihn zu berühren, wäre alles, was Murdoch unternommen hat, richtig gewesen, der Erfolg des Klarsteuerns hätte ihn bestätigt. In dem Moment aber, in dem die *Titanic* mit dem Eisberg in Berührung kommt, muß sich die Frage stellen, ob alles, was Murdoch versucht hat, um die Kollision noch zu verhindern, richtig war. Und natürlich fehlen auch Wortmeldungen von denjenigen, die alles ganz anders gemacht hätten, wenn sie an Murdochs Stelle gewesen wären, nicht.

Vor dem amerikanischen Untersuchungsausschuß sagt Joseph Bruce Ismay, daß die *Titanic* nicht gesunken wäre, wenn sie den Berg Bug voraus gerammt hätte. In einer späteren Aussage in den USA erklärt Ismay aber auch, daß Murdoch absolut richtig gehandelt hat.

In zwei Plädoyers vor dem britischen Untersuchungsausschuß wird ebenfalls auf das von Murdoch veranlaßte Ausweichmanöver eingegangen:

> Sir Robert Finlay, Vertreter der White Star Line: »Als Eis gemeldet wurde, wichen sie nach steuerbord aus, und wenn sie nicht nach steuerbord ausgewichen wären, dann hätte es einen schweren

Stoß gegeben, und eine Anzahl von Passagieren wäre umgekommen, aber es wird gesagt, daß das Schiff dann nicht gesunken wäre.«

Lord Mersey: »Das ist Mr. Wildings (Marinearchitekt der Werft Harland & Wolff, auf der die *Titanic* gebaut wurde) Vorschlag?«

Finlay: »Angenommen, der Offizier auf der Brücke hätte draufgehalten, und der Untersuchungsausschuß wäre zustande gekommen, was wäre über ihn unter den Umständen und wenn er draufgehalten hätte gesagt worden?«

Lord Mersey: »Er hätte stoppen und rückwärts fahren können und trotzdem mit dem Bug darauf fahren können.«

Finlay: »Wenn er das gemacht hätte, dann hätten Sie einen großen Schaden im Bugbereich des Schiffes, und möglicherweise wäre keiner der 3.-Klasse-Passagiere im vorderen Bereich mit dem Leben davongekommen.«

Lord Mersey: »Kein vernünftiger Mensch könnte den Mann für das Ausweichen nach steuerbord beschuldigen.«

Finlay: »Zweifellos hätte man ihn bedeutend schwerer beschuldigt, wenn er nicht nach steuerbord ausgewichen wäre.«

Angesichts der Attacken gegen Murdochs Ausweichmanöver in späteren Jahren erscheinen diese Worte Merseys und Finlays wie pure Ironie.

Lord Mersey: »Wie können Sie so was sagen?«

Finlay: »Weil Sie die Dinge so betrachten müssen, wie Sie sich denen auf der Brücke zu der Zeit darstellten.«

Lord Mersey: »Wie können Sie sagen, daß man ihn beschuldigen würde, wenn es tatsächlich so ist, daß er, wenn er mit dem Bug voraus draufgefahren wäre, 1300 Leben hätte retten können? Wenn Mr. Wilding richtigliegt und Mr. Murdoch Bug voraus auf den Berg gefahren wäre, wäre das Resultat gewesen, daß 1300 Leben, die nun verloren sind, gerettet worden wären.«

Finlay: »Aber jedes Gericht hätte gesagt, daß Mr. Murdoch sich der Fahrlässigkeit schuldig gemacht hat, indem er nicht nach steuerbord ausgewichen ist.«

Lord Mersey: »Wenn Mr. Wilding recht hat, dann war das Ruderkommando nach steuerbord nicht gerade eine sehr weise Entscheidung.«

(...)

Finlay: »Wenn man jetzt die Sache betrachtet, ist es zweifellos sehr schade, daß der Befehl ›Hart steuerbord‹ gegeben wurde, aber es ist klar, daß es äußerst unangemessen gewesen wäre, diesen Befehl nicht zu geben. Doch wie sich die Sache entwickelt hat, war es vielleicht äußerst unglücklich.«

Lord Mersey: »Das weiß ich nicht. Es mag so gewesen sein.«

Finlay: »Natürlich wäre es eine empörend schlechte Seemannschaft gewesen, nicht nach steuerbord auszuweichen.«

Lord Mersey: »Wenn Mr. Wilding recht hat, wäre das Schiff gerettet worden, wenn der Befehl nicht gegeben worden wäre, aber eine große Anzahl an Menschen wäre getötet worden. Es lohnt sich wirklich nicht, das jetzt zu diskutieren, es hat nichts mit dem Fall zu tun. Wir wissen alle, daß der Befehl nach steuerbord richtig war.«

Sir Rufus Isaacs, Staatsanwalt: »(...) Es wurde vorgegeben, daß, wenn der Befehl nicht gegeben worden wäre und das Schiff Bug voraus in den Eisberg gefahren wäre, sie nicht gesunken wäre, aber das ist natürlich alles nur Vermutung, und tatsächlich würde niemand ernsthaft vorschlagen, daß Kapitän Smith oder seine Offiziere den Kurs hätten beibehalten sollen.«

Auch dieser Satz entbehrt angesichts der jüngsten *Titanic*-Publikationen nicht einer gewissen Ironie, denn mittlerweile wird ernsthaft vorgeschlagen, daß Murdoch nicht mehr hätte versuchen sollen, noch auszuweichen.

Lord Mersey: »Sie brauchen sich damit nicht abzugeben. Das Ruder nach steuerbord zu legen war eine absolut angemessene Aktion, sagen mir meine Berater.[10]«

Natürlich hat Murdoch bei seinem verzweifelten Versuch, die drohende Kollision mit dem Eisberg noch zu verhindern, viel Pech gehabt. Die *Titanic* legte etwa elf Meter pro Sekunde zurück, und wäre der Eisberg nur etwa zwei Sekunden früher gesichtet worden, wäre die *Titanic* vermutlich schon von dem Hindernis klargekommen. Die *Titanic* hat den Eisberg lediglich gestreift, es haben also nur einige Meter über Kollision oder Klarsteuern entschieden.

Worauf Murdoch allerdings keinen Einfluß hatte, was aber auch mit über den Untergang des Schiffes entschieden hat, sind der verwendete Stahl und die Konstruktion der Schottenkammern.

Der Stahl, der für den Bau der *Titanic* genommen wurde, hatte einen hohen Schwefelanteil. Dadurch wurde dieser Stahl brüchig. Wäre Stahl in einer Zusammensetzung, wie er heute benutzt wird, verwendet worden, wäre das Schiff wohl auch beschädigt worden, aber nicht so schwer, daß es gesunken wäre. Allerdings: Daß ein hoher Schwefelanteil den Stahl brüchig macht, war 1912 nicht bekannt. Wenn heute die Behauptung aufgestellt wird: »Man hätte beim Bau des Schiffes nur besseren Stahl verwenden müssen, dann wäre das Schiff nicht gesunken«, dann kann man auch sagen: »Viele Frontalzusammenstöße zwischen PKW, die Todesopfer gefordert haben, hätten in den 60er Jahren verhindert werden können, wenn man damals schon alle Fahrzeuge mit Sicherheitsgurten und Airbags ausgerüstet hätte.«

Doch auch die Schottenkammern der *Titanic*, die das Schiff angeblich praktisch unsinkbar machen sollten, hatten konstruktionsbedingte Mängel. Die Schottenkammern waren nach oben hin offen, es gab über den Schottenwänden kein wasserdichtes Deck, das sich durch den ganzen Rumpf zog. Das eindringende Wasser hat also im Fall der *Titanic* den Rumpf nach unten gedrückt, und irgendwann konnte das Wasser von oben in die nächste Schottenkammer laufen. Dieser Vorgang hat sich so lange fortgesetzt, bis der Bug des Schiffes so schwer wurde, daß er das ganze Schiff in die Tiefe gezogen hat.

Von der Konstruktion her hätte sich die *Titanic* mit zwei beschädigten Schottenkammern (selbst wenn es die größten gewesen wären) schwimmend halten und vielleicht sogar aus eigener Kraft den nächsten Hafen erreichen können. Auch vier beschädigte Schottenkammern hätten das Schiff vermutlich nicht zum Sinken gebracht, aber durch die Kollision wurden fünf Schottenkammern beschädigt, und das war das Todesurteil für das Schiff.

Die Werft Harland & Wolff hat beim Bau der *Titanic* darauf verzichtet, die Kohlenbunker als wasserdichte Kammern auszulegen (auf *Lusitania* und *Mauretania*, die auf anderen Werften gebaut wurden, war das der Fall), da man befürchtete, daß der Kohlenstaub die Mechanik zerstören würde.

Auch hatten *Lusitania* und *Mauretania* eine andere Aufteilung in Schottenkammern als die *Titanic*; auf den Schiffen der Cunard Line gab es bedeutend mehr. Wilding, der Murdoch vor dem britischen Untersuchungsausschuß wegen des Ausweichmanövers belastet hat, wird gezwungen, zuzugeben, daß *Lusitania* und *Mauretania* eine Beschädigung, wie sie die *Titanic* davongetragen hat, vermutlich ohne zu sinken überstanden hätten. Allerdings gibt Wilding schnell den Hinweis, daß *Lusitania* und *Mauretania* mit ihrer Schottenaufteilung bei einem Wassereinbruch eine größere Schlagseite entwickeln können und dann wiederum die Gefahr des Kenterns besteht.

Alles in allem hat der 1. Offizier der *Titanic*, William McMaster Murdoch, während seiner letzten Wache großes Pech. Er muß mit der vom Kapitän angeordneten Geschwindigkeit und dem vom Kapitän vorgegebenen Kurs leben. Sein Vorgesetzter hat, obwohl bekannt ist, daß die *Titanic* mitten durch ein Eisfeld fährt und die äußeren Umstände nicht dazu geeignet sind, die Sichtung von Eis zu erleichtern, keinerlei Vorsichtsmaßnahmen getroffen. Murdoch kennt die Voraussetzungen und weiß, daß, wenn die *Titanic* während seiner Wache einen Schaden nimmt, seine Karriere bei der White Star Line definitiv beendet ist.

Als während Murdochs Wache der fatale Eisberg sehr spät gesichtet wird, hat Murdoch nur scheinbar eine Wahl. Tatsächlich kann er nur noch versuchen, ein erfolgreiches Ausweichmanöver zu fahren. Und weiß er sich nicht auf dem angeblich sichersten Schiff der Welt, das sogar unsinkbar sein soll? Es ist nicht bekannt, ob Murdoch jemals an ein unsinkbares Schiff geglaubt hat, aber nach der Kollision wird er sich mit Sicherheit gewünscht haben, daß die *Titanic* so ein Schiff sei …

Anmerkungen

1 Die *Carpathia* ist das Schiff, das zuerst am Unglücksort eintrifft und alle Überlebenden an Bord nimmt.

2 eine Viertel Meile = 463 Meter.

3 25 bis 30 Fuß = 7,62 bis 9,14 Meter.

4 150 Fuß = 45,72 Meter; 200 Fuß = 60,96 Meter.

5 200 Yards = 182,88 Meter.

6 20 Fuß = 6,10 Meter, 10 Fuß = 3,05 Meter.

7 Diese Geschichte findet sich – mit unterschiedlichen Details – in »The Maiden Voyage« von Geoffrey Marcus (ISBN 0 04 440263 5) und in »›Lights‹ – The Odyssey of C. H. Lightoller« von Patrick Stenson (ISBN 0 370 30593 0).

8 Im Spätsommer 1996 hat ein Pilot eines Jumbos den Start vom Flughafen in Tokio abgebrochen, als die Elektronik ihm einen Fehler bei einem Triebwerk meldete. Die Vollbremsung ließ die Reifen Feuer fangen, und unter den Passagieren, die über Notrutschen den Flieger verlassen mußten, gab es einige Verletzte. Diesem Piloten wurde in Presseberichten vorgehalten, daß er doch auch erst mal hätte starten und dann gleich wieder zur Landung hätte wenden können, denn dann hätte es keine Verletzten gegeben. Aber was wäre gewesen, wenn der Pilot sich für diese Alternative entschieden hätte und das Flugzeug abgestürzt wäre?

9 1929 wurde die Befehlsgebung umgeändert, so daß das Ruderkommando nicht mehr anzeigt, in welche Richtung das Heck, sondern der Bug drehen soll. Heute würde Murdoch also »Hart backbord« befehlen.

10 Diese Berater waren Nautiker.

Keine Panik auf der Titanic

Als Kapitän Edward John Smith weiß, daß sein Schiff sinkt und auf keinen Fall noch bis zur Morgendämmerung schwimmen wird, gibt er den Befehl, die Boote klarmachen zu lassen. Es ist der Beginn einer Evakuierung, die – wenn kein anderes Schiff die *Titanic* einige Zeit vor deren Untergang erreicht – teilweise scheitern muß, da der Platz in den Rettungsbooten nur für maximal 1178 der etwa 2200 Menschen an Bord ausreicht. Bei diesen Bootsplätzen sind bereits die vier Faltboote, von denen sich zwei auf dem Dach der Offiziersquartiere befinden, mit eingerechnet. Diese Faltboote bestehen aus einem hölzernen Rumpf und haben aufklappbare Seiten aus Segeltuch, man muß sie noch »zusammenbauen«, bevor sie von den Davits[1] der Notfallboote[2] aus beladen und gefiert werden können.

Obwohl die *Titanic* zuwenig Rettungsboote für alle Menschen an Bord hat – dabei ist sie auf ihrer Jungfernfahrt noch nicht mal ausgebucht –, übertrifft sie die Vorschriften des britischen Handelsministeriums. Besonders vor dem britischen Untersuchungsausschuß sind diese Gesetze ein Thema, und in seinem Plädoyer stellt W. D. Harbinson, Vertreter der 3.-Klasse-Passagiere, hinsichtlich der Vorgaben des britischen Handelsministeriums für Rettungsmittel an Bord von Passagierschiffen fest: »Das Handelsministerium zu verteidigen ist eine Verteidigung des nicht zu Verteidigenden. Es wacht 1894 auf und erläßt Regeln hinsichtlich Schiffen bis zu 10 000 Tonnen[3], und dann schläft es ein. Nichts wird getan, nichts wird eingeleitet, um den Maßstab zu erhöhen, obwohl die Schiffe von 10 000 auf 40 000 Tonnen wachsen, aber nichts wird getan, um den größer gewordenen Schiffen Rechnung zu tragen. Der Staatsanwalt hat eine große Aufgabe, das Handelsministerium zu verteidigen. Es hat viele Augen und Ohren, aber es hat offensichtlich nicht viele Gehirne.« Nachdem

Lord Mersey einige spöttische Bemerkungen dazu gemacht hat, schließt Harbinson sein Plädoyer mit der Feststellung: »Wenn das Handelsministerium modernisiert werden könnte und einen Lebensreflex zeigen würde, am Puls der Zeit in diesem Land, dann hätte diese weltweite Katastrophe jedenfalls etwas hervorgebracht.«

Vor Harbinsons Plädoyer sind an den verschiedensten Tagen Zeugen auch zu dem Thema Rettungsmittel an Bord von Schiffen sowie Vorschriften des Handelsministeriums befragt worden, und es spricht für die Fairneß des britischen Untersuchungsausschusses, daß ausschließlich Fachleute zu diesem Thema gehört werden.

Von der White Star Line wird einer der Direktoren, Harold Sanderson, vor dem britischen Untersuchungsausschuß dazu befragt, und Sandersons Aussage zu dem Thema »Rettungsboote für alle« lautet: »Ich denke nicht, daß es jemals in unserem Kopf oder in dem von irgendeinem, der für die Bestimmungen verantwortlich ist, gewesen ist, daß eine Reederei eines Schiffes wie die *Titanic* ausreichend Boote, um alle unterbringen zu können, haben sollte. Es ist so vom Wetter abhängig, und ich wage zu bezweifeln, daß sie alle erfolgreich gefiert werden könnten. Demnach, gemäß meiner Einschätzung, würde ich mich lieber dazu hingeben, ein Schiff so sicher zu machen, daß wir nicht in Erwägung ziehen müßten, alle diese Menschen in Boote zu setzen, und im Hinblick auf die außergewöhnliche Natur des Unfalls, der der *Titanic* widerfahren ist, denke ich immer noch nicht, daß es weise oder notwendig ist, die Veranlassung zu treffen, daß Boote für alle auf einem Schiff vorhanden sind. Ich denke jedoch, daß wir den Rettungsbootsplatz irgendwie vorteilhaft erhöhen könnten, und ich freue mich auf eine Empfehlung dieses Gerichts als Anhaltspunkt für uns, und ich bin sicher, die Öffentlichkeit wird es akzeptieren. In der Zwischenzeit bringen wir, um die Öffentlichkeit, von der wir unseren Lebensunterhalt verdienen, zufriedenzustellen, mehr Boote auf unsere Schiffe.«

Sanderson betont im weiteren Verlauf der Befragung, daß zu viele Boote auf dem Bootsdeck dermaßen viel Platz benötigen würden, daß die Besatzung dort nicht mehr arbeiten könnte.[4] Seiner Meinung nach müßten für 3 500 Menschen an Bord 50 bis 60 Rettungsboote bereitgestellt werden.

Für Sanderson ist allerdings die Tatsache, daß bei einer Evakuierung bei einem Sturm nur die Boote der Leeseite genutzt werden können, ein Argument, die Zahl der Boote zu erhöhen. Im Fall der *Titanic* hätte übrigens ein Sturm oder aber eine starke Schlagseite, wie sie häufig bei Schiffsunfällen auftritt, zur Folge gehabt, daß statt 20 nur 10 Rettungsboote zur Verfügung gestanden hätten, da die eine Hälfte der Boote dann unbenutzbar, weil nicht abzufieren, gewesen wäre.

Als Sanderson jedoch darauf angesprochen wird, ob es nicht besser gewesen wäre, auf einige Luxussuiten für Millionäre zu verzichten und dafür zusätzliche Sicherheitseinrichtungen zu schaffen, entgegnet Sanderson, daß die White Star Line Pionierfunktion bei diesen Riesenschiffen hat und diese Schiffe gebaut wurden, weil man festgestellt hat, daß ein Bedarf für diese Luxussuiten vorhanden ist. Doch man wird auf den White-Star-Schiffen Platz für die möglicherweise bald geforderten weiteren Rettungsboote finden. Rettungsboote für alle hält Sanderson aber für unnötig und nicht klug. Unterstützung erhält Sanderson an dieser Stelle von Lord Mersey, der trocken anmerkt: »Wenn sie Ärzte für jede Möglichkeit einer Epidemie an Bord haben müßten, würde das ein Schiff voller Ärzte zur Folge haben.« Diese Bemerkung wird mit Gelächter von den Zuhörern quittiert.

Sanderson erläutert ein weiteres Mal, warum er gegen eine hohe Anzahl an Rettungsbooten auf Schiffen ist: Rettungsboote sind eigentlich nur dazu gedacht, Transporte von Schiff zu Schiff bei einer Kollision oder von Schiff an Land im Falle eines Aufgrundlaufens auszuführen. In beiden Fällen kann ein Boot mehrmals verwendet werden. Sanderson verweist auch auf die Risiken der Seefahrt, die man niemals ganz ausschalten kann.

Ein weiterer Hinweis, der beim britischen Untersuchungsausschuß immer schnell angeführt wird, ist, daß bei unruhiger See kein Rettungsboot etwas nützt, weil man es a) nicht sicher fieren kann und b) die Wahrscheinlichkeit, daß das Boot im Wasser kentern wird, sehr groß ist.[5]

Sanderson verweist ansonsten noch darauf, daß die Anzahl der Rettungsboote auf einem Schiff zwar von der Reederei im Hinblick auf die Vorschriften des Handelsministeriums bestimmt wird, aber man sich dabei von der Werft beraten läßt.

Die »Hauswerft« der White Star Line ist Harland & Wolff, und deren Schiffsarchitekt Edward Wilding wird bei seiner Aussage auch zu dem Thema Rettungsboote an Bord von Schiffen befragt.

Wilding berichtet, daß Pläne, die *Titanic* mit Dreierreihen an Rettungsbooten, das wären 48 Boote, auszustatten, vom Davit-Hersteller an die Werft übermittelt wurden. Doch Harland & Wolff hat diese

Pläne seines Wissens nicht an die White Star Line weitergeleitet. Die Werft hielt 20 Boote für das, wofür sie vermutlich benutzt werden würden, für völlig ausreichend. Wilding weist darauf hin, daß prinzipiell die Reederei entscheidet. Doch in bestimmten Punkten wird aufgrund der Expertenerfahrung den Erbauern die Entscheidung überlassen. Die Anzahl der Rettungsboote gehört dazu.

Auf ausländischen Schiffen, so zum Beispiel auf der *Amerika*[6] der Hamburg–Amerika-Linie, sind auch schon Rettungsboote auf dem Achterdeck plaziert worden. Dennoch ist Wilding der Meinung, daß der Rettungsbootsplatz auf der *Amerika* und der *Titanic* bei ungefähr identischer maximaler Personenzahl an Bord – die *Amerika* ist zwar kleiner, bietet aber mehr Platz in der 3. Klasse – fast gleich ist.

Ein interessanter Zeuge zu dem Thema Rettungsboote und Bestimmungen des Handelsministeriums ist Alexander M. Carlisle. Er war Mitglied des Beratungsausschusses des Handelsministeriums von 1911 und bis Mai 1910 Leitender Direktor sowie Generalmanager der Werft Harland & Wolff. Carlisle hat der »Daily Mail« ein Interview hinsichtlich der seiner Meinung nach richtigen Anzahl an Rettungsbooten für die *Titanic* gegeben, das auch korrekt wiedergegeben wurde. Damit ist Carlisle ein unangenehmer Zeuge für die White Star Line. Allerdings ist in diesem Fall Lord Mersey der beste Verteidiger der Reederei.

Schon zu Beginn der Vernehmung von Carlisle erklärt Mersey, nachdem er seine Berater konsultiert hat, daß offensichtlich ist, was Carlisle im Hinterkopf hatte. Er nahm eine Änderung der Bestimmungen des Handelsministeriums, die eine Erhöhung der Anzahl an Rettungsbooten zur Folge haben würde, an. Deswegen machte er Pläne für die Unterbringung von mehr Booten und gab sie an Lord Pirrie[7]. Als aber keine zusätzlichen Rettungsboote vom Handelsministerium gefordert wurden, wurden diese Pläne ad acta gelegt.

Carlisle berichtet danach, daß die Pläne an Ismay und Sanderson weitergeleitet wurden. Es gab im Januar 1910 ein Gespräch zwischen Ismay, Sanderson, Lord Pirrie und ihm. Die Unterhaltung über die Rettungsboote dauerte gerade mal zehn Minuten, während die Gesamtdauer der Besprechung vier Stunden war.

Carlisle sagt, daß alle Davits der *Titanic* in der Lage gewesen wären, je vier Boote zu tragen, und er sieht auch keine Probleme darin, auch wirklich vier Boote pro Davit an Deck unterzubringen.

Allerdings schränkt er ein, daß Boote bei schwerem Wetter keinen Nutzen haben. Bei gutem Wetter sieht er keine Gründe, warum nicht alle Boote in einer Stunde gefiert werden könnten.

Carlisle stellt deutlich heraus, daß nur die Reederei über die Anzahl an Rettungsbooten entscheidet.

> Lord Mersey: »Nein, nein. Die Eigentümer überließen das den Erbauern.«
>
> Carlisle: »Ich gehe nicht davon aus, daß wir mehr Rettungsboote gegen den Willen der White Star Line hätten anbringen können.«

Als Carlisle dann auch noch sagt, daß er mehrfach betont habe, daß es nicht genug Rettungsboote auf der *Titanic* gibt, nimmt Lord Mersey den Zeugen höchstpersönlich auseinander.

> Lord Mersey: »Würden Sie mir sagen, zu welchem der Direktoren der White Star Line Sie sagten, daß die *Olympic* und die *Titanic* mit zuwenig Booten fuhren?«
>
> Carlisle: »Nein. Ich zeigte ihnen meine Pläne. Mehr konnte ich nicht tun.«
>
> Lord Mersey: »Sie wußten, daß diese Dampfer mit diesen Booten zur See fahren sollten, und Sie dachten, sie wären nicht ausreichend?«
>
> Carlisle: »Ich war niemals an Bord von diesen Schiffen.«
>
> Lord Mersey: »Nein, nein, nein. Wessen Aufgabe war es, dafür zu sorgen, daß diese Boote vorhanden waren?«
>
> Carlisle: »Des Reeders. Sie hätten mehr auf ihren anderen Dampfern bereitstellen müssen.«
>
> Lord Mersey: »Wollen Sie damit sagen, daß die Überlegung, den Bootsplatz auf der *Olympic* und der *Titanic* zu erhöhen, von der Möglichkeit, mehr Boote auf anderen Dampfern zur Verfügung zu stellen, beeinflußt wurde?«
>
> Carlisle: »Sicher.«
>
> Mr. Scanlan, Vertreter der Seeleute und Heizer: »Er dachte nicht, daß der Plan für die Bereitstellung von mehr Booten an das Handelsministerium weitergeleitet wurde. Mr. Ismay war anwesend, als er diese Pläne den White-Star-Direktoren vorstellte.«
>
> Lord Mersey: »Sagten Sie zu diesen Direktoren: ›Ich denke, da sollten dreimal so viele Boote auf dem Deck sein als da sind‹?«
>
> Carlisle: »Nein, das machte ich nicht.«

Lord Mersey: »Hielten Sie das nicht für sehr wichtig – Sie als Vorsitzender der Leitenden Direktoren?«

Carlisle: »Nein, das tat ich nicht.«

Lord Mersey: »Habe ich das so zu verstehen, daß Sie ihnen rieten, 64 Boote zu installieren?«

Carlisle: »Ich legte ihnen nur meine Vorschläge dar. Ich dachte, da sollten 48 sein, drei an jedem Davit.«

Laut Vertretern der Hafen- und Werftarbeiter vor dem britischen Untersuchungsausschuß wurde, während Carlisle in der Firma war, das war bis 1910, keine Entscheidung bezüglich der Anzahl von Rettungsbooten getroffen.

Lord Mersey: »Warum?«

Carlisle: »Weil wir warteten, um zu erfahren, welche Anforderungen das Handelsministerium stellte.«

Lord Mersey: »Sie lebten mit der Hoffnung, daß das Handelsministerium nicht mehr fordern würde.«

Nachdem sich damit das Gerücht, die *Titanic* hätte ursprünglich mehr Rettungsboote an Bord haben sollen, auch erledigt hat, bleibt für Carlisle nur noch die Feststellung: »Wir bauen Schiffe zum Schwimmen und nicht zum Rammen von Eisbergen oder Felsen.«

Doch Carlisle wird im weiteren Verlauf seiner Aussage von Lord Mersey noch ein weiteres Mal demontiert:

Mr. Laing, Vertreter der Werft Harland & Wolff, bringt vor, daß Carlisle der Meinung war, die Zahl der Rettungsboote auf der *Titanic* sei unzureichend. Carlisle war Mitglied eines Beratungsausschusses des Handelsministeriums, doch er wurde erst zwei Tage, bevor der Abschlußbericht erstellt wurde, gebeten, diesem Ausschuß beizutreten.

Laing: »Sind Sie sich der Tatsache bewußt, daß Ihre Empfehlung beinhaltet, daß weniger Boote an Bord sein müssen, als die *Titanic* tatsächlich trug?«

Carlisle: »Ja.«

Laing: »Damit unterschrieben Sie das Dokument, ohne es zu lesen?«

Carlisle: »Ich hielt es nicht für befriedigend, und ich sagte es ihnen, aber ich unterschrieb es.«

Lord Mersey: »Das ist eine sehr außergewöhnliche Sache.«

Carlisle: »Ich stimme Ihnen zu, es sieht wirklich sehr außergewöhnlich aus.«

Lord Mersey: »Möchten Sie auf das zurückkommen, was Sie unterschrieben haben?«

Carlisle: »Ich mag keine ›Allein in der Höhle des Löwen‹-Politik mit vielen Gentlemen betreiben und nicht mit ihnen den Schlüssen, zu denen sie gekommen sind, zuzustimmen.«

Sir Rufus Isaacs, Staatsanwalt: »Der Ausschuß war der Beratungsausschuß für Rettungsmittel, und seiner Meinung wäre beim Handelsministerium viel Bedeutung zugemessen worden. Für Boote von 45 000 Tonnen und darüber wurden, nach dieser Empfehlung, 16 Boote unter Davits und acht weitere nicht unter Davits vorgesehen. In der Tat waren die Bestimmungen des Handelsministeriums vor dieser Empfehlung, daß die *Titanic* ein Minimum von 9 625 Kubikfuß[8] an Bootsplatz zur Verfügung stellen mußte?«

Carlisle: »Ja.«

Lord Mersey: »Warum in aller Welt haben Sie das unterschrieben?«

Carlisle: »Ich weiß es nicht. Eigentlich bin ich nicht weich, aber an dem Tag war ich es.«

Lord Mersey: »Wer war es, der Sie zwang, das zu unterschreiben?«

Carlisle: »Ich kenne sie nicht bei Namen. Ich kannte alle gut genug, um mit Ihnen die Hand zu schütteln. Da war ein Labour Ministerpräsident, Mr. Havelock Wilson, und er war ebenfalls schwach, weil er es auch unterschrieb, ohne es zu befürworten.«

Die Empfehlung des Beratungsausschusses war datiert vom 14. Juli 1911 und beinhaltete laut Sir Walter J. Howell, Assistenzsekretär der Seefahrtsabteilung des Handelsministeriums, folgende Punkte:

1. Es ist fraglich, ob es praktikabel ist, die Zahl der Davits zu erhöhen.
2. Jede Erhöhung der Rettungsbootzahl ist möglicherweise am besten dadurch gewährleistet, daß man sie so ausrüstet, daß sie von vorhandenen Davits gefiert werden können.
3. Die Tonnage-Tafeln sollten – gemäß bestimmter Vorschläge – so weit ausgedehnt werden, daß für Schiffe von 45 000 Tonnen und darüber 16 Boote unter Davits und acht weitere Boote, die unverzüglich zum Fieren unter Davits bereitgestellt werden konnten, an Bord haben sollten. Die absolute Kapazität dieser Rettungsmittel sollte 8 300 Kubikfuß[9] betragen.

4. Schiffe von über 10 000 Tonnen sollten mit Funk ausgerüstet werden.
5. Die Gesetze sollten dahingehend geändert werden, daß es erlaubt ist, daß empfohlene Rettungsbootstypen ineinander gestapelt werden können.
6. Eine gewisse zusätzliche Anzahl an Platz in Booten und Flößen.
7. Schiffe, die mit Funk ausgerüstet und in Schottenkammern unterteilt sind, sollten davon ausgenommen werden, zusätzliche Boote an Bord zu führen.

Das Handelsministerium war mit diesen Vorschlägen nicht zufrieden und hatte deswegen im Januar 1912 beschlossen, den Beratungsausschuß ein weiteres Mal einzuberufen, damit dieser bestimmte Punkte noch mal erörtert. Sir Walter Howell entschied am 4. April 1912, daß die Vorlage an den Beratungsausschuß zurückgehen sollte. Doch erst am 16. April 1912 geht ein entsprechender Brief an diesen Ausschuß, was Lord Mersey zu der scharfsinnigen Feststellung veranlaßt, daß das Datum des Briefes bemerkenswert sei, schließlich sei es einen Tag nachdem die Meldungen von der *Titanic*-Katastrophe eingegangen sind gewesen.

Doch Sir Walter Howell kann noch weitere Daten liefern, die ebenfalls auf eine gewisse Untätigkeit des Handelsministeriums hinsichtlich der Rettungsboote auf Passagier- und Auswandererschiffen[10] hinweisen.

Das Gesetz, das die Rettungsmittel an Bord von Schiffen regelt und unter das auch die *Titanic* gefallen ist, stammt aus dem Jahre 1894 und basiert auf Tonnage und nicht auf der Anzahl der maximal zu befördernden Personen. Man hat sich für die Tonnage als Maßstab entschieden, da man die Schiffe in Typklassen einteilen wollte. Hintergründe für diese und Auswirkungen dieser Unterscheidung liefert eine Diskussion zwischen Lord Mersey und Sir Rufus Isaacs, Staatsanwalt.

> Lord Mersey: »Offensichtlich wurde der Standpunkt eingenommen, daß es auf einem Auswandererschiff unmöglich ist, Rettungsboote für alle an Bord zur Verfügung zu stellen, ohne die Stabilität des Schiffes und die Seemannschaft zu gefährden, aber wenn man ein Frachtschiff hat, auf dem weniger Menschen sind, kann man einfacher – und muß deswegen auch – ausreichend Bootsplatz für alle an Bord zur Verfügung stellen.«
>
> Isaacs: »Ja, und das doppelt, denn es muß auf beiden Seiten ausreichend sein.«[11]

Lord Mersey: »Ja, und was Rettungsboote betrifft, ist ein Mann sicherer auf einem Frachtschiff als auf einem Auswandererschiff, weil man auf einem Auswandererschiff nicht genug Rettungsbootsplatz bereitstellen kann, ohne die Navigation des Schiffes zu gefährden.«

Isaacs: »Ja, ein wichtiger Punkt, wenn man sich mit Passagier- und Auswandererschiffen befaßt, ist, daß man sich mit Schiffen befaßt, die über eine bestmögliche Ausrüstung verfügen, um das Sinken des Dampfers zu verhindern.«

Nach Meinung der Experten ist bei Passagierschiffen irgendwann der Punkt erreicht, an dem man das Schiff nicht mehr auf See schicken kann, weil es zu viele Rettungsmittel an Bord hat. Eine grobe Rechnung für die *Titanic* ergibt, daß man davon ausgehen muß, daß a) nicht alle Boote voll beladen werden und b) die See unruhig ist und damit nur die Boote von einer Seite zu benutzen sind, so daß die *Titanic* mindestens 80 Boote an einer Seite hätte haben müssen, um wirklich und unter allen Umständen Rettungsbootsplatz für alle garantieren zu können.

Sir Walter Howell verweist letztendlich darauf, daß die Schiffe seit der letzten Änderung der Gesetze für Rettungsboote im Jahre 1894 zwar größer, aber auch sicherer geworden sind. Die gesteigerte Sicherheit ist durch die Schottenkammern, durch Funk und durch die Festlegung von Routen, um Kollisionen zu vermeiden und Eis auszuweichen, erreicht worden.

Ein weiterer Zeuge zum Thema Rettungsmittel auf britischen Schiffen ist Sir Alfred Chalmers, der von 1896 bis 1911 der nautische Berater des Handelsministeriums war. Chalmers vertritt einen ziemlich eigenwilligen Standpunkt, denn seiner Meinung nach sollte die Zahl der Rettungsboote auch für Schiffe von der Größe der *Titanic* nicht erhöht werden. Überhaupt sollte man die Zahl der Rettungsboote ganz allein dem Ermessen der Reederei überlassen, der Staat sollte sich nicht in dieses Thema einmischen.

Die Regelung von 1894 wurde geschaffen, weil die damals vorhandene völlig veraltet war[12]. Doch Chalmers sagt nicht, von wann das vorherige Gesetz stammt. Er erwähnt lediglich, daß die darin genannte Höchstgrenze für Schiffe »1 500 BRT und größer« war.

Chalmers ist überzeugt, daß die Schiffseigner die Regelungen nur übertreffen, um die Passagiere dazu zu bewegen, mit ihren Schiffen zu fahren, was nach seiner Auffassung aber etwas übertrieben ist, weil die Dampfer sicher sind. Seiner Meinung nach hätte die *Titanic* auch weniger Boote haben können. Er ist sich sogar sicher, daß, wenn die *Titanic* weniger Boote gehabt hätte, mehr Menschen gerettet worden wären, weil die Offiziere sich dann bemüht hätten, die wenigen vorhandenen Boote bis auf den letzten Platz zu füllen. So aber wußten sie, als die ersten Boote halbleer gefiert wurden, daß es noch weitere Boote gab. In seinen Augen ist es nicht erforderlich, daß irgendeine Bestimmung des Handelsministeriums hinsichtlich der Rettungsmittel geändert werden muß, da die *Titanic*-Katastrophe eine ganz außergewöhnliche Katastrophe ist. Ansonsten erwidert er auf eine Frage von Lord Mersey, daß es nicht das Prinzip des Handelsministeriums ist, erst dann zu handeln, wenn eine Katastrophe eingetreten ist, um weitere Katastrophen zu verhindern, sondern man schon vorher tätig wird, um Unglücksfälle mit Ausmaßen wie bei der *Titanic* gar nicht erst geschehen zu lassen.

Der Nachfolger von Sir Alfred Chalmers, Captain Young, entlarvt sich als derjenige, der für die Verzögerung der Gesetzesänderung verantwortlich ist. Als Begründung sagt er, daß er sich selbst über die Kapazität und Sicherheit der Rettungsboote informieren wollte. Wäre er den Weg des geringsten Widerstands gegangen, hätte er den Vorschlag des Beratungsausschusses angenommen, aber er wollte lieber selbst alles überprüfen. Auch Captain Young ist übrigens der Meinung, daß es unmöglich ist, Rettungsbootsplatz für alle an Bord bei allen Gelegenheiten anbieten zu können, denn in diesem Fall müßte der komplette Bootsplatz je Seite zur Verfügung stehen, da bei Schlagseite nur die Boote einer Seite gefiert werden können, und bei rauher See müßte das Schiff noch in der Lage sein, sich zu drehen, damit jede Seite mal in Lee liegt. Außerdem kann man, außer bei ruhiger See, niemals die komplette Besatzung retten, denn es müssen immer welche an Bord bleiben, um auch das letzte Boot zu fieren, und wenn die See rauh ist, haben diese Männer wenig Aussicht darauf, jemals eines der Boote im Wasser zu erreichen.

Der letzte Zeuge, der zu diesem Thema aussagen muß, ist Sir Norman Hill, der eine ganze Reihe an Posten auf seine Position vereinigt hat. So ist er Vorsitzender des Handelsmarineausschusses, Sekretär der Liverpool Steam Ship Owners' Association und Mitglied des parlamentarischen Ausschusses der Reeder.

Hill berichtet, daß das Handelsministerium vor kurzem an den Ausschuß mit der Frage, welche Vorsichtsmaßnahmen getroffen werden können, um Verluste auf See zu vermeiden, herangetreten ist. Das veranlaßt Mersey zu der Bemerkung: »Ich fürchte, der Vorschlag wäre, daß das Handelsministerium sich immer Rat holt, aber niemals etwas tut.« Dieser Ausspruch wird mit Gelächter quittiert.

Hill liefert einige statistische Daten: So gab es in den letzten 20 Jahren etwa 32 000 Reisen von Passagierschiffen über den Atlantik, wobei es nur 25 Fälle mit Toten oder Schiffsverlusten gab. Diese 25 Fälle kosteten 68 Passagiere und 80 Besatzungsmitglieder das Leben. Auf allen anderen Schiffen kam es in dieser Zeit zu 233 Vorfällen mit 17 Todesopfern unter den Passagieren und 1 275 unter den Besatzungsmitgliedern.

Am 23. April 1912 gab es 523 zertifikierte Passagier- und Auswandererschiffe, von denen 343 (oder 66 Prozent) Rettungsbootsplatz unter Davits für alle an Bord hatten. 75 Prozent der anderen Schiffe können ebenfalls Rettungsbootsplatz für alle an Bord (wenn auch nicht alle unter Davits, sondern auch mit Faltbooten o. ä.) aufweisen, so daß insgesamt 80 Prozent der aktuellen Schiffe Rettungsbootsplatz für alle Menschen an Bord mitführen.

Hill verweist darauf, daß die größte Schwierigkeit auf Passagierschiffen darin liegt, die Passagiere in die Boote zu bringen. Man könne die Passagiere nicht drillen – wenn man das machen würde, verlöre man mehr Menschen durch Lungenentzündungen als jemals durch Boote gerettet würden.

Macht Hill als Zeuge auch einen sehr guten Eindruck, so erscheint er in einem anderen Licht, als Edwards, der Vertreter der Werft- und Hafenarbeiter, darauf hinweist, daß Hill zu der Anwaltskanzlei gehört, die in diesem Fall die White Star Line vertritt …

Auf Wunsch von Lord Mersey, der offensichtlich sehr viel von deutschen Gesetzen hält[13], hat sich Sir Rufus Isaacs um die deutschen Bestimmungen für Rettungsboote an Bord von Passagierschiffen bemüht und kann sie im Laufe des Untersuchungsausschusses auch darlegen:

Ein deutsches Schiff von der Größe der *Titanic* müßte 21 328 Kubikfuß an Rettungsbootsplatz bereitstellen und zusätzlich Rettungseinrichtungen mit einem Fassungsvermögen von 10 664 Kubikfuß, insgesamt also 31 992 Kubikfuß. Damit sind die deutschen Bestimmungen bedeutend strenger. In anderen Zahlen ausgedrückt, müßte ein deutsches Schiff von der Größe der *Titanic* 34 Boote unter Davits tragen, das wäre Bootsplatz für 3 198 Menschen.

Nach deutschen Bestimmungen bleiben 25 Prozent der Maximalzahl von Leuten an Bord ohne einen Bootsplatz, nach britischen Bestimmungen sind es aber 66 Prozent.

Angesichts dieser Zahlen stellt Mersey fest: »Es reicht mir aus zu registrieren, daß die *Titanic*, wenn sie unter deutscher Flagge gefahren wäre, viel mehr Boote getragen hätte, als sie tatsächlich an Bord hatte. Das ist wichtig, denn da war der Vorschlag, daß es unbequem gewesen wäre, mehr Boote an Bord zu haben, und es außerdem das Schiff instabil gemacht hätte.«

Die *Titanic* fährt aber nicht unter deutscher, sondern unter britischer Flagge, und damit ist der Rettungsbootsplatz bei weitem nicht ausreichend.

Für die Offiziere, die das Einbooten leiten, beginnt ein Wettlauf mit der Zeit, damit überhaupt alle Boote klargemacht werden können. Die überlebenden Offiziere Lightoller, Pitman, Boxhall und Lowe erklären einhellig, daß ihnen zu Beginn des Einbootens gar nicht bewußt war, in welcher Lage sich die *Titanic* befand. Zu allem Überfluß gehen mit jedem Boot, das gefiert wird, ausgebildete Seemänner von Bord und stehen damit auf der *Titanic* für das weitere Einbooten nicht mehr zur Verfügung. Unterschwellig kommt in den Aussagen vor den Untersuchungsausschüssen immer wieder durch, daß ein Mangel an Seeleuten herrschte.

Ein weiteres großes Problem ist, die Passagiere dazu zu bewegen, in die Boote zu gehen. Es ist schließlich mitten in der Nacht, lausig kalt – wer verspürt da schon viel Lust, in ein offenes hölzernes Boot zu steigen, um nachts etwas auf dem Ozean zu rudern? Die *Titanic* ist hell erleuchtet, im Inneren des Schiffes ist es warm, und was soll auf einem solchen Schiff schon passieren? Die meisten Passagiere und Besatzungsmitglieder halten die Lage der *Titanic* weder für gefährlich, schon gar nicht für aussichtslos. Sie sind von der absoluten Sicherheit und Unsinkbarkeit der *Titanic* felsenfest überzeugt. Und lediglich diejenigen, die im Vorschiff untergebracht sind, haben die Kollision nicht nur als leichte Erschütterung erlebt. Die Besatzungsmitglieder, die dort untergebracht sind, haben zum Teil eigene kurze Erkundungsgänge gemacht. Bald danach erreicht sie der Befehl, zu den Bootsstationen zu gehen, während die Stewards und Stewardessen die Aufgabe bekommen, alle Passagiere mit angelegten Schwimmwesten an Deck zu schicken.

Ein Teil der Passagiere der 3. Klasse ist ebenfalls im Vorschiff untergebracht. Diese Menschen machen die erschütternde Erfahrung, daß Wasser in ihre Kabinen fließt. Es sind zugleich die Passagiere der 3. Klasse, die die schlechtesten Chancen haben, den Weg zu den rettenden Booten zu finden. Laut amerikanischen Einwanderungsbestimmungen muß die 3. Klasse streng von den anderen beiden Klassen an Bord getrennt werden, um die Ausbreitung von Seuchen zu verhindern. Auf der *Titanic* hat das ein sehr verwinkeltes Gangsystem zur Folge, was die Chancen für die Auswanderer, die größtenteils nicht mal der englischen Sprache mächtig sind, noch zusätzlich erschwert. Zwar gibt es Notausgänge, die auf das Bootsdeck führen, doch es gelingt dem britischen Untersuchungsausschuß nicht herauszufinden, ob die Türen zu den Notausgängen geöffnet wurden. Edward Wilding von der Werft Harland & Wolff gibt übrigens zu, daß die Notausgänge schwer zu finden und ausgesprochen unbequem zu benutzen sind, aber er sagt auch, daß es etwa dreieinhalb Minuten dauert, bis man von den unteren Decks die Boote erreicht. Allerdings erklärt Wilding nicht, daß man sich dafür natürlich auch auf dem Schiff auskennen muß. Aber selbst die Besatzung ist neu auf dem Schiff. Außerdem sind alle Angaben Wildings mit großer Vorsicht zu genießen. So gibt er an, zahlreiche Berechnungen aufgestellt zu haben, doch er sieht keine Möglichkeit, daß die *Titanic* – wie von vielen Augenzeugen (merkwürdigerweise außer den Offizieren) beobachtet wurde – vor dem Untergang auseinandergebrochen ist. Die Entdeckung des Wracks, das in zwei Teile zerbrochen auf dem Meeresgrund liegt, widerlegt Wilding ganz eindeutig.

Während vor dem britischen Untersuchungsausschuß außer zwei Passagieren der 1. Klasse und Joseph Bruce Ismay nur Besatzungsmitglieder zu Wort kommen, vernimmt Senator Smith vom amerikanischen Untersuchungsausschuß immerhin zwei Passagiere der 3. Klasse als Zeugen, da in der Presse der Vorwurf laut geworden ist, die Auswanderer sind unter Deck zurückgehalten worden.

Olaus Abelseth, ein Norweger, kann sich schwimmend zu dem halbgekenterten Boot A retten und dadurch überleben, während die Verwandten, mit denen er gereist ist, umkommen. Er hat allerdings nicht erlebt, daß der 3. Klasse der Zutritt zum Bootsdeck verwehrt wurde.

> Senator Smith: »Ich möchte Ihre Aufmerksamkeit wieder auf das Zwischendeck lenken. Denken Sie, daß die Passagiere im Zwischendeck und im Bug des Schiffes eine Möglichkeit hatten, nach draußen zu gelangen und auf die Decks zu gehen, oder wurden sie zurückgehalten?«

Abelseth: »Ja, ich denke, sie hatten eine Gelegenheit, nach oben zu gelangen.«

Senator Smith: »Da waren keine Gitter oder Türen verschlossen oder irgendwas anderes, um sie untenzuhalten?«

Abelseth: »Nein, Sir, nicht, daß ich es sehen konnte.«

Senator Smith: »Sie sagten, daß eine Anzahl von ihnen über die Kräne kletterte?«

Abelseth: »Das war oben, auf dem Deck, nachdem sie auf das Deck gelangt waren. Das war, um auf das Bootsdeck zu gelangen.«

Senator Smith: »Auf das oberste Deck?«

Abelseth: »Auf das oberste Deck, ja. Aber unten, wo wir waren, in den Räumen, glaube ich nicht, daß da irgendeiner war, der irgend jemanden zurückgehalten hat.«

Senator Smith: »Sie wurden nicht irgendwie zurückgehalten? Ihnen wurde es – wie auch den anderen Passagieren – gestattet, in die Boote zu gehen?«

Abelseth: »Ja, Sir.«

Senator Smith: »Denken Sie, daß alle Zwischendeckpassagiere aus Ihrem Teil des Schiffes rausgekommen sind?«

Abelseth: »Das kann ich nicht mit Sicherheit sagen, aber ich denke, die meisten von ihnen sind rausgekommen.«

Und Daniel Buckley, ein irischer Auswanderer, sagt zu Senator Smith über die Chancen der Passagiere der 3. Klasse, die Boote zu erreichen: »Ich denke, sie hatten dieselbe Chance wie die Passagiere der 1. und der 2. Klasse.«

Auf dem Bootsdeck findet die vielleicht merkwürdigste Evakuierung eines Schiffes statt. Zu Beginn des Einbootens ist eine Verständigung an Deck unmöglich. Durch drei der vier riesigen Schornsteine wird Dampf abgelassen[14], und dabei entsteht ein ohrenbetäubender Lärm, so daß die Offiziere den Besatzungsmitgliedern nur mit Handzeichen Anweisungen geben können. Als sich nach einiger Zeit wieder nächtliche Stille über das sinkende Schiff legt, kommt die Bordkapelle an Deck und spielt – Ragtime[15]. Kann da jemand eine Gefahr vermuten? Anfangs ist die Neigung des Schiffes zum Bug hin auch kaum zu bemerken. Zu diesem Zeitpunkt wollen die wenigsten Passagiere freiwillig in die Boote gehen. Erst als der Bug des Schiffes weiter und weiter in die Tiefe sinkt und das Deck immer steiler wird, erkennen Passagiere und Besatzungsmitglieder die wahre Lage. Doch da sind von den zu wenigen Booten schon einige halbleer gefiert worden. Aber auch als immer mehr Menschen bereit sind, in die Boote zu gehen, werden nicht alle Boote voll besetzt. Die Offiziere befürchten, daß das Rettungsboot beim Fieren in der Mitte brechen könnte. Außerdem hält sich hartnäckig das Gerücht, daß die Boote von der hinteren Gangwaypforte aus bis zur vollen Kapazität beladen werden sollen. Es werden sogar der Bootsmann und einige Matrosen zum Öffnen des Luks in das Schiffsinnere geschickt. Keiner von diesen Männern wird jemals wieder gesehen. Für sie – wie auch für viele andere – wird die sinkende *Titanic* zur tödlichen Falle.

Auffällig an der Evakuierung ist auf jeden Fall, daß der 1. Offizier William McMaster Murdoch, der die neuartige Technik der Davits schon von der *Olympic* her kennt, die Boote voller (später sogar bis zur Kapazitätsgrenze und noch darüber hinaus) belädt als der 2. Offizier Charles Herbert Lightoller, der über keinerlei Erfahrung mit der *Olympic* verfügt und maximal 35 Menschen in ein Boot läßt. Die Rolle des dritten Senior-Offiziers der *Titanic*, Chief Officer Henry Tingle Wilde (er ist wie Murdoch vorher auf der *Olympic* gefahren) während des Einbootens ist sehr schwer nachvollziehbar, da sein Name kaum genannt wird. Besonders bei der Evakuierung wird die Problematik des »doppelten Chief Officer« deutlich, da die Besatzungsmitglieder vom »Chief Officer Murdoch«, vom »1. Offizier Murdoch« und vom »Chief Officer Wilde« sprechen. Wenn nur der »Chief Officer« genannt wird, ist es so gut wie unmöglich, die beschriebene Aktion Wilde oder Murdoch zuzuordnen.

Ebenfalls auffällig beim Einbooten ist, daß Lightoller strikt nach der Regel »Frauen und Kinder zuerst« vorgeht und je Boot nur zwei bis drei Besatzungsmitglieder zuläßt, während Murdoch nach dem Grundsatz handelt: »Frauen und Kinder zuerst, und wenn dann noch Platz ist, können Männer den auffüllen.« Dabei unterscheidet Murdoch offensichtlich auch nicht danach, ob es Besatzungsmitglieder oder Passagiere sind, die in die Boote gehen. Damit drängt sich die Vermutung auf, daß es dem 1. Offizier, der zum Zeitpunkt der Kollision das Kommando auf der Brücke hatte, nur noch darum geht, möglichst viele Menschen in den zu wenigen Booten von Bord zu bekommen und damit in vorübergehender Sicherheit zu wissen. Offensichtlich scheint Murdoch auch als einer der ersten an Bord zu wissen, daß die *Titanic* verloren ist, denn als er dem 3. Offizier Pitman das Kommando über Boot 5, das zweite Boot, das gefiert wird, überträgt, schüttelt Murdoch Pitman die Hand und sagt dabei: »Auf Wiedersehen, viel Glück.« Pitman gibt später zu, daß er selbst davon ausging, Murdoch wiederzusehen, während Murdoch den Eindruck hinterließ, daß er genau wußte, daß es kein Wiedersehen geben würde.

In den USA löst sowohl die Tatsache, daß in den Booten, die unter Lightollers Aufsicht gefiert wurden und nur wenige Besatzungsmitglieder an Bord hatten, Frauen gerudert haben, als auch der Fakt, daß sehr viele Besatzungsmitglieder überlebt haben (die sind überwiegend in den Booten von Bord gekommen, die unter Murdochs Aufsicht beladen und gefiert wurden), während reiche Amerikaner und auch Auswanderer der 3. Klasse ihr Leben verloren, Empörung aus. Gerade zum zweiten Punkt erweckt der amerikanische Untersuchungsausschuß unterschwellig den Eindruck, daß Besatzungsmitglieder höchstens zur Bemannung der Boote hätten von Bord gehen dürfen, aber ansonsten Menschen zweiter Klasse waren (die Crew war britisch) und deswegen doch besser den Amerikanern oder angehenden Amerikanern den Vortritt hätten lassen sollen.

Damit stehen sowohl Lightollers Methode, nur Frauen und Kinder mit drei Mann Besatzung in die Boote zu lassen, als auch Murdochs Bemühungen, die Boote so voll wie nur möglich zu beladen, in der Kritik. Übrigens hat Murdochs Beladungsstrategie mehr Menschen das Leben gerettet und weniger Ehefrauen zu Witwen und Kinder zu Halbwaisen gemacht als Lightollers.

Es ist auch eine generelle Annahme, daß Lightoller das Kommando über die Boote an der Backbordseite hatte, während Murdoch die Steuerbordseite unterstand. Lightoller hat in späteren Jahren wenig unternommen, dieser Annahme entgegenzutreten. Doch vor dem amerikanischen Untersuchungsausschuß sagt er, daß er backbord das Fieren aller Boote mit Ausnahme von drei oder vier überwachte, während er vor dem britischen Untersuchungsausschuß davon berichtet, daß er an den Booten 6, 8 (bis der Chief Officer dort übernahm, obwohl andere Überlebende den Kapitän dort gesehen haben wollen), 4 und D (ein Faltboot) gewesen ist.

Da – nach Angaben der überlebenden dienstjüngeren Offiziere – ein Boot nur gefiert werden konnte, wenn ein Senior-Offizier das Kommando dazu gab[16], müssen Wilde oder Murdoch an den von Lightoller nicht genannten Booten gewesen sein.

Es gelingt auch nicht, alle 20 Boote von den Davits aus zu beladen und zu fieren. Die beiden Faltboote, die auf dem Dach der Offiziersquartiere sind, können nur noch so weit klargemacht werden, daß sie kurz vor dem Untergang von Bord gespült werden. Eines treibt kieloben, das andere schwimmt halbgekentert im Wasser. Sie dienen einigen Menschen im Wasser als Überlebenshilfe, bis andere Rettungsboote in der Morgendämmerung diese »Notflöße« entdecken und die halberfrorenen Überlebenden von diesen beiden Faltbooten aufnehmen.

In welcher Hast das Einbooten vollzogen wird, wird daran deutlich, daß nur wenige Boote Laternen an Bord haben (auch wenn Quartermaster Hichens vor den Untersuchungsausschüssen davon berichtet, daß die Boote nach dem Untergang sich gegenseitig immer wieder die Lichter zeigten) und kein Boot über ein Kompaß verfügt. Daß die Boote zudem ohne Wasser und Nahrung gefiert wurden, wie manche Passagiere berichtet haben, widerlegt Kapitän Rostron von der *Carpathia*, der vor dem amerikanischen Untersuchungsausschuß aussagt, daß er die an Bord genommenen Boote überprüft hat und in allen Wasser und Schiffszwieback fand.

Beim Einbooten wird von überlebenden Besatzungsmitgliedern besonders oft der Name Murdoch lobend erwähnt. Es scheint, als wenn der Offizier, der zum Zeitpunkt der Kollision auf der Brücke Wache hatte, bei der anschließenden Evakuierungsaktion überall war. Man kann fast den Eindruck gewinnen, daß er verzweifelt versucht hat, das zu späte Sichten des Eisbergs und das gescheiterte Ausweichmanöver wiedergutzumachen, indem er dafür sorgt, daß möglichst viele Menschen in den zu wenigen Booten von Bord kommen. Laut Matrosen Frank Oliver Evans vor dem amerikanischen Untersuchungsausschuß hat Murdoch zumindest beim Beladen von Boot 10 eine sehr unkonventionelle Methode angewandt: Die Frauen hat er in das Boot springen lassen und die Kinder an ihren Kleidern gepackt und hineingeworfen, wo sie von den Seemännern aufgefangen wurden. Ein junger Schiffsbäcker ist Murdoch bei dieser Arbeit behilflich gewesen. Evans berichtet auch, daß einige Frauen anfangs gezögert haben, in das Boot zu springen, doch dann hat Murdoch sie dazu gezwungen. Senator Smith erkundigt sich, ob auch Kinder über Bord geworfen wurden oder jemand dabei verletzt wurde, doch Evans versichert, daß es nur einen einzigen Zwischenfall gab. Eine

Frau schaffte es nicht ganz, in das Boot zu springen. Sie wurde wieder an Deck gezogen, probierte es ein zweites Mal und schaffte es bei diesem Versuch.

Eine Episode beim Einbooten hat später viel Wirbel ausgelöst, und auch mit dieser Geschichte ist der 1. Offizier untrennbar verbunden. Der Seemann, der, als immer mehr Menschen bereit waren, in die Boote zu gehen, und als klar war, daß ein Beladen von den Gangwaytüren aus nicht stattfinden wird, die Boote bis zur Kapazitätsgrenze und darüber hinaus beladen hat, soll Boot Nr. 1 mit nur 12 Menschen anstelle von 40 möglichen Insassen zu Wasser gelassen haben. In diesem Boot befinden sich zwei Frauen, Lady Duff Gordon und ihre Zofe, Sir Cosmo Duff Gordon, zwei amerikanische 1.-Klasse-Passagiere und sieben Besatzungsmitglieder. Das Boot wird von dem sinkenden Schiff weggerudert und kehrt auch nach dem Untergang der *Titanic* nicht zur Unglücksstelle zurück, wo Hunderte von Menschen im Wasser um Hilfe schreien. Sir Cosmo Duff Gordon gibt den Besatzungsmitgliedern im Boot einen Scheck über £ 5, was ihm später den Vorwurf der versuchten Bestechung einbringt.

Der US-Untersuchungsausschuß geht kaum auf diesen Vorfall ein. Als einziger Zeuge aus Boot 1 sagt der Matrose Symons, der das Kommando in dem Boot hatte, aus. Symons verschweigt die genaue Anzahl der Leute in seinem Boot, erweckt sogar den Eindruck, sein Boot wäre zurückgerudert, aber vor Erreichen der Untergangsstelle sei ihnen ein anderes Boot entgegengekommen und jemand hätte ihnen gesagt, daß ein Weiterrudern zwecklos sei, weil dort sowieso keiner mehr lebt.

Der britische Untersuchungsausschuß befaßt sich sehr intensiv mit diesem Thema. Bei der Befragung von Symons stellt sich heraus, daß er wenige Tage vor seinem Auftritt im Zeugenstand vor dem britischen Untersuchungsausschuß Besuch von einem Herrn erhalten hat, der im Auftrag der Duff Gordons gekommen ist. Die Duff Gordons bestreiten hartnäckig, daß sie den Herrn geschickt haben, sie verweisen darauf, daß diese Aktion ohne ihr Wissen von Freunden unternommen wurde. Man glaubt ihnen.

Unübersehbar aber ist, daß eine Beeinflussung von Symons stattgefunden hat, denn er benutzt so oft die Formulierungen »Ich handelte nach eigenem Ermessen« und »Ich war jederzeit Herr der Situation«, daß Lord Mersey darauf mit bissigem Spott reagiert.

Nicht zu widerlegen ist allerdings, daß es offensichtlich Murdoch war, der das Kommando zum Abfieren des Bootes 1 gab, obwohl einige der Insassen von Boot 1 nur von einem Offizier sprechen, den aber nicht mit Namen benennen können. Symons allerdings sagt sowohl in den USA als auch in England, daß es Murdoch war, der das Kommando beim Beladen und Fieren hatte.

Doch einige Zeugen aus Boot 1 geben ganz klar an, daß, als jenes Boot gefiert werden sollte, keine Menschen mehr in der Nähe waren, die in das Boot hätten gehen können, und die Anweisung des Offiziers an Symons lautete, etwas vom Schiff wegzurudern und zurückzukehren, wenn das Boot vom Schiff gerufen werden würde. Offensichtlich war die Idee, die Boote von der hinteren Gangwaypforte aus bis zur vollen Kapazität zu beladen, zu dem Zeitpunkt noch nicht ganz gestorben. Übrigens sagt Boxhall vor dem britischen Untersuchungsausschuß, daß er, als er mit seinem Boot 2 (eines der letzten Boote, die gefiert wurden) im Wasser war, jemanden durch ein Megaphon schreien hörte: »Einige von den Booten zurück und kommt rüber zur Steuerbordseite.« Boxhall bemühte sich, diesem Befehl Folge zu leisten und um das Schiff herumzurudern, doch er hatte nur zwei Seemänner zum Rudern an Bord, und als er etwa 200 Yards[17] entfernt war, spürte er einen leichten Sog und entschied, daß es zu gefährlich war, dichter an das Schiff heranzurudern. Er führte deswegen sein Boot in eine südöstliche Richtung, weg von der sinkenden *Titanic*.

Leider sagt Boxhall nicht aus, ob er geöffnete Gangwaypforten sah. Offensichtlich basiert die letzte Anweisung, die der 4. Offizier von der *Titanic* erhielt, immer noch auf dem Plan, die Boote von der hinteren Gangwaypforte bis zur vollen Kapazität zu beladen. Doch dieses Vorhaben ist nie zur Ausführung gelangt, womit kostbarer Bootsplatz ungenutzt bleibt.

Womit wohl keiner der Senior-Offiziere gerechnet hat, als Boote halbleer gefiert wurden und das Vorhaben, die Boote von den Gangwaypforten aus weiter zu beladen, scheitert, ist, daß nach dem Untergang der *Titanic* nur ein einziges Boot zur Unglücksstelle zurückrudert – und das auch erst zu spät, um mehr als vier Menschen aus dem eisigen Wasser zu ziehen. Das Boot steht unter dem Kommando des 5. Offiziers Lowe, der zweifellos ein Rauhbein ist. Nachdem Lowe für sich selbst entschieden hat, daß es Zeit wird, mit einem Boot von Bord zu gehen, belädt er Nummer 14 mit Frauen und Kindern sowie einigen Besatzungsmitgliedern zum Rudern, übernimmt selbst das Kommando und gibt den Befehl zum Abfieren. Beim Abfieren schießt Lowe mit seinem Revolver mehrmals an der Schiffsseite entlang, um zu verhindern, daß Menschen von anderen Decks in sein mit 50 Personen ziemlich voll beladenes Boot springen.

Nachdem Boot 14 sicher gefiert ist, läßt Lowe vom sinkenden Schiff wegrudern und sammelt einige andere Boote zu einer kleinen Flotte an Rettungsbooten – das Kommando behält natürlich er. Nachdem die *Titanic* gesunken ist, nimmt er eine Umbesetzung vor, um sein eigenes Boot mit einer vernünftigen Bemannung und ausreichend Platz zur Untergangsstelle zurückzuführen. Die Bootsinsassen müssen in stockdunkler Nacht und unter dem Eindruck des gerade beobachteten Schiffsuntergangs von einem Boot in ein anderes umsteigen. Lowe soll dabei mit kräftigen Flüchen und harten Ausdrücken nicht gespart haben.

Als die Umbesetzung der Boote beendet ist, rudert er mit seinem eigenen Boot zurück. Doch das eisige Wasser hat die meisten der im Wasser Schwimmenden bereits getötet. Außerdem erweist es sich als äußerst schwierig, in der Dunkelheit einen einzelnen um Hilfe schreienden Menschen genau auszumachen und ihm zu Hilfe zu eilen.

Lowe rettet vier Menschen aus dem Wasser, von denen einer aber später im Boot stirbt, übernimmt die Menschen aus dem halbgekenterten Boot A (es war nicht mehr gelungen, das Boot noch rechtzeitig vorm Untergang klarzumachen), nimmt das Faltboot D, das in sehr großen Schwierigkeiten steckt, in Schlepp und hat auch noch die Nerven, zum Rettungsschiff *Carpathia* zu segeln.

Aber Lowes Verhalten wird kritisiert. Es geht dabei nicht um die Tatsache, daß er zurückgerudert ist, sondern darum, daß er erst so spät zurückgekehrt ist. Dabei wird allerdings übersehen, daß die Umbesetzung in den Booten mit Sicherheit einige Zeit erforderte und Lowe es auf der anderen Seite nicht wagen wollte, mit einem schlecht bemannten Boot voller Frauen und Kinder in eine ums Überleben kämpfende Menschenmasse zu rudern. Das hätte mit Sicherheit alle in dem Boot auf die sowieso schon lange Liste der Umgekommenen gebracht.

Ebenfalls in der Kritik steht Lowes Ausdrucksweise in Gegenwart von Frauen, es wird sogar öffentlich die Vermutung geäußert, Lowe sei betrunken gewesen. Wie aber ein Betrunkener die von Lowe gezeigte Leistung erbringen soll, wird nicht näher erläutert.

Lowe selbst sagt vor dem amerikanischen Untersuchungsausschuß, daß er nur Wasser trinkt.

Doch auch das Verhalten der Besatzung in den anderen Booten, in denen noch Platz für weitere Menschen ist, von denen aber keines gezielt zurückkehrt, um weitere Personen aufzunehmen, wird kritisiert. In diesen Booten zeigt sich ganz eindeutig eine Führungsschwäche der Seemänner, die das Kommando in dem Boot haben.

In Boot 5 hat der 3. Offizier Pitman die Befehlsgewalt, und als er die Anweisung gibt, zurückzurudern, protestieren Passagiere in dem Boot so heftig, daß Pitman seine Anordnung zurücknimmt und sein Boot einfach nur treiben läßt. Dabei hallen die Schreie der Ertrinkenden und Erfrierenden zu diesem Boot herüber.

Boot 2 steht unter dem Kommando vom 4. Offizier Boxhall. Der fragt die Insassen in dem Boot, ob man zurückrudern soll. Als alle sich dagegen aussprechen, unternimmt auch er nichts, um weitere Menschenleben zu retten.

Etwas anders ist die Situation in Boot 6. Quartermaster Hichens beweist dort seine Durchsetzungskraft, indem er auch auf stärkstes Drängen der Menschen in seinem Boot nicht zur Untergangsstelle zurückrudern läßt. Vor dem britischen Untersuchungsausschuß entschuldigt er sich damit, daß man zwar die Schreie der im Wasser ums Überleben Kämpfenden gehört hat, aber nicht wußte, wie man die finden sollte, da kein Kompaß im Boot war. Lord Mersey entgegnet darauf, daß er bis zu dem Zeitpunkt der Meinung gewesen sei, man brauchte dafür keinen Kompaß, sondern es sei ausreichend, wenn man Ohren hätte.

In anderen Booten weiß nach dem Versinken der *Titanic* offensichtlich keiner, was man genau machen sollte oder könnte. Deswegen unternimmt man nichts. Ein anderes Boot dagegen folgt der Anweisung des Kapitäns, zu dem Schiff, dessen Lichter man von der *Titanic* aus sehen konnte, zu rudern, um die Insassen dort abzusetzen und dann zurückzukehren und weitere Menschen aufzunehmen. Doch dieses Boot erreicht nicht mal das andere Schiff …

Anmerkungen

1 Davit = Kran zum Herunterlassen und auch Heraufholen von Rettungsbooten.

2 Notfallboote = kleinere Rettungsboote, die ständig ausgeschwungen sind, um im Bedarfsfall (zum Beispiel, wenn jemand ins Wasser gefallen ist) schnell zur Verfügung zu stehen.

3 Gemeint sind hier Bruttoregistertonnen – die *Titanic* hatte fast 46 000 BRT.

4 Hier drängt sich eher der Verdacht auf, daß zu viele Rettungsboote den Passagieren, die auf dem Bootsdeck ihre Promenaden machen, den Ausblick versperren würden.

5 Als Beispiel aus der Gegenwart beweist die *Estonia* die grausame Wahrheit dieser Feststellungen. Selbst 1 000 Rettungsboote hätten der *Estonia* nichts genützt, da das Schiff sehr schnell gesunken ist und es zudem sehr stürmisch war. Sicherlich läßt sich nicht abstreiten, daß eine höhere Zahl an Rettungsbooten die Chance, daß Menschen sich darin retten können, erhöht – wenn es denn gelingt, die Boote vor dem Untergang von dem Schiff zu lösen.

6 Das ist übrigens das Schiff, das eine Eismeldung über die *Titanic* und Cape Race an das Hydrographische Institut in Washington weitergeleitet hat. In dieser Eismeldung ist von Eis südlich vom Kurs der *Titanic* die Rede.

7 Lord Pirrie war der Chef der Werft Harland & Wolff und auch für die Pläne der *Titanic* zuständig.

8 Nach der von Carlisle mitunterzeichneten Empfehlung hätte die *Titanic* nur 8 300 Kubikfuß an Bootsplatz zur Verfügung stellen müssen. Der trotz der höheren Anzahl an Booten geringere bereitgestellte Platz beruht darauf, daß der Beratungsausschuß sich für kleinere Boote entschieden hatte.

9 Nach den geltenden Bestimmungen mußte die *Titanic* noch 9 625 Kubikfuß Bootsplatz zur Verfügung stellen, wären die Vorschläge bereits in Gesetze umgearbeitet und in Kraft gesetzt worden, hätte die *Titanic* noch weniger Bootsplatz gehabt.

10 Ein Schiff, das mehr als 50 Auswanderer an Bord hat, gilt nach den Bestimmungen des britischen Handelsministeriums als Auswandererschiff. Und damit ist die *Titanic* nicht nur ein Passagierschiff, sondern auch ein Auswandererdampfer.

11 Hier bezieht sich Isaacs auf die Tatsache, daß es bei Sturm und/oder Schlagseite nur von einer Seite aus möglich ist, die Boote zu fieren.

12 Offensichtlich selbst nach Maßstäben des Handelsministeriums.

13 Bei einem anderen Thema merkt Mersey an: »Because I have such faith in the care taken by Germans that I should say if they did not do it it was because there was a good reason for it.« (Ich habe so viel Vertrauen in die Vorsichtsmaßnahmen der Deutschen, daß ich sage, wenn sie es nicht machen, dann ist da ein guter Grund.)

14 Die *Titanic* ist bis zum Abstoppen nach der Kollision mit voller Kraft voraus gefahren. Um Kesselexplosionen durch einen zu hohen Druck zu vermeiden, muß der Dampf abgelassen werden.

15 Ragtime ist eine Jazzart und 1912 ausgesprochen populär. Der bekannteste Ragtime-Komponist ist Scott Joplin, und ein sehr bekannter Ragtime ist »The Entertainer«.

16 Lowe beschreibt es in seiner sehr flapsigen Ausdrucksweise vor dem amerikanischen Untersuchungsausschuß mit den Worten: »I was not the boss. Mr. Murdoch was running the show.« (»Ich war nicht der Boß. Mr. Murdoch schmiß den Laden.«)

17 200 Yards = etwa 180 Meter.

Ein selbstmörderischer Offizier?

Zu den ältesten Gerüchten zum Thema *Titanic* gehört, daß sich einer der Offiziere kurz vor dem Untergang des Schiffes erschossen hat. Vor den beiden Untersuchungsausschüssen ist das absolut kein Thema, das abgehandelt wird, da es für die Ursachenforschung keinerlei Bedeutung hat, doch für die Journalisten damals war es – als alle Welt nach Neuigkeiten von der *Titanic* gierte – ein gefundenes Fressen. Es kursierte sogar die Meldung, daß sich Kapitän Smith umgebracht hätte. Diese Nachricht wurde einen Tag später bereits dementiert. Sie basierte auf dem Bericht eines Passagiers der *Carpathia*[1], der diese Geschichte wiederum von einem Jungen, der auf der *Titanic* war, gehört haben will.

Buchautoren, besonders aus Deutschland, haben diese Behauptung literarisch aufbereitet. Inzwischen gilt es besonders in den USA als bewiesen, daß der 1. Offizier Murdoch sich erschossen hat. Auch der neueste Hollywoodfilm[2] greift dieses Thema auf. Um alles noch auf die Spitze zu treiben, wird, dem ursrünglichen Drehbuch nach, dem 1. Offizier sogar noch Bestechlichkeit unterstellt. Inzwischen allerdings gibt es Informationen, daß dies geändert wurde. Der Schauspieler Graham Mackintosh schrieb mir in einem Brief: »Einer der Aspekte, die ich in Camerons Drehbuch nicht einwandfrei fand, war die Darstellung Murdochs, daß er Bestechungsgeld annahm, um einen Passagier der 1. Klasse in ein Rettungsboot zu lassen. Murdoch war, wie Du schnell herausgestellt hast, ein hochangesehener Offizier mit Charakter und Integrität, und es macht wirklich wenig Sinn für ihn, eine Bestechung anzunehmen, wenn er weiß, daß er mit dem Schiff untergehen wird. Einige Tage, bevor wir die Bestechungsszene gedreht haben, gab ich Evan Steward (der Schauspieler, der den Charakter William McMaster Murdoch in dem neuesten Hollywood-Film spielt) eine Kopie von Deinem Brief über Murdoch. Er war dankbar, das zu erhalten. (...) Als die Szene gedreht wurde, spielte ich einen verweifelten Auswanderer auf dem Dach der Offiziersquartiere. Zu meiner Überraschung und Freude sah ich, daß die Szene umgeschrieben worden war – Murdoch schleudert das Geld in das Gesicht des Bestechers zurück. Ich hatte keine Gelegenheit, mit Ewans zu sprechen, bevor er das Studio verließ; vielleicht hat Cameron bereits akzeptiert, daß das Drehbuch in dem Punkt geändert werden mußte, aber vielleicht war auch Deine Information über Murdoch ein Faktor bei dieser wohltuenden Änderung des Films. Ich bin mir sicher, daß der Geist von William McMaster Murdoch nun etwas leichter schlafen wird. Danke, daß Du Dir die Zeit genommen hast, diese Information zur Verfügung zu stellen.«

Natürlich ist William McMaster Murdoch der einzige Kandidat für einen Selbstmord, der offensichtlich ein Motiv für so eine Handlung hat. Doch schon ein etwas intensiverer Blick auf die Berichte von 1912 läßt erhebliche Zweifel aufkommen, ob sich überhaupt ein Offizier der *Titanic* vorm Untergang des Schiffes selbst getötet hat.

In dem Buch »*Titanic*, End of a Dream« von Wyn Craig Wade[3] werden drei Berichte von Überlebenden angeführt:

Eine Frau, die die *Titanic* in Boot 4, eines der letzten Boote, die vom Schiff gefiert wurden, verlassen hat, berichtete, daß sie vom Rettungsboot aus beobachten konnte, wie sich ein Offizier erschoß. Bei diesen Angaben stellt sich natürlich die Frage: Was kann jemand in einer sternenklaren Nacht von einem Rettungsboot, das sich in der Nähe des sinkenden Schiffes befindet, von den Vorgängen auf dem Bootsdeck dieses Schiffes erkennen? Andere Überlebende jedenfalls konnten von den Booten aus keine Details von dem, was auf dem Schiff geschah, ausmachen.

Ein Zwischendeckpassagier berichtet, er hätte, als er ins Wasser gesprungen ist und sich vom Schiff entfernen wollte, beobachtet, daß der Chief Officer den Lauf einer Pistole in seinen Mund geschoben und dann geschossen hat. Seine Leiche fiel ins Wasser. Hier ist es ein Passagier, der den Chief Officer erwähnt. Es ist nicht anzunehmen, daß für diesen Passagier, wie für viele Besatzungsmitglieder, sowohl der Chief Officer Wilde als auch der Chief Officer Murdoch existieren. Auf der anderen Seite bleibt natürlich die Frage, wie gut ein Passagier die Ränge der Offiziere überhaupt kennt.

Ein Steward erklärt, daß er selbst es zwar nicht beobachtet, aber dafür von zwei anderen Besatzungsmitgliedern gehört habe, daß Murdoch erst ein Besatzungsmitglied und dann sich selbst erschossen hat. Die Informationsquellen des Stewards werden nicht genannt, und am Wahrheitsgehalt darf durchaus gezweifelt werden, da Zeitungen hohe Summen für Exklusivberichte oder Sensationen vom Untergang der *Titanic* geboten haben.

Im »White Star Journal«, Vol. 4, No 1 1996[4] ist ein Zeitungsartikel des »East Galway Democrat« vom 11. Mai 1912 abgedruckt. Dieser Artikel enthält den Bericht des Iren Eugene Daly, der den Untergang der *Titanic* überlebte. Daly brachte zwei Frauen zu einem Rettungsboot, wurde selbst allerdings abgewiesen. Er beobachtet danach, daß ein Offizier zwei Männer, die in das Boot wollen, erschießt, wendet sich um, und als er dann noch ein Mal zurückblickt, sieht er, daß auch der Offizier am Boden liegt. Umstehende sagen Daly, daß der Offizier sich erschossen hat. In diesem Bericht werden keine Bootsnummern genannt, so daß es sehr schwer nachvollziehbar ist, an welchem Boot sich dieser Vorfall abgespielt haben soll, doch der weitere Bericht läßt den Rückschluß zu, daß, wenn die *Titanic* nicht mehr als 20 Rettungsboote hatte, es sich beim Beladen von Boot D, eines der Faltboote, ereignete.

Ein Offizier an Boot D war der 2. Offizier Lightoller, und laut Darstellung im Buch »Lights – The Odyssey of C. H. Lightoller« von Patrick Stenson[5] befahl Lightoller der Besatzung, einen Kreis um dieses Boot zu bilden und nur Frauen und Kinder durchzulassen. Der 2. Offizier selbst befand sich im Boot und erhielt vom Chief Officer Wilde den Befehl: »You go with her, Lightoller.« (»Sie gehen da mit, Lightoller.«). Doch Lightoller antwortete: »Not damn likely!« (frei übersetzt: »Ganz sicher nicht!«), sprang zurück auf das Bootsdeck und ließ das Boot abfieren.

In der Aussage vom Steward Hardy vor dem amerikanischen Untersuchungsausschuß liest sich die ganze Geschichte etwas anders:

> Hardy: »(...) Zu dieser Zeit waren alle Steuerbordboote weg, und ich ging rüber nach backbord und half den Frauen und Kindern in die Boote, und letztendlich arbeitete ich auf dem Deck, bis das letzte Faltboot gefiert wurde.«
>
> Senator Fletcher: »Wo befand sich das Boot?«
>
> Hardy: »Ganz vorne, backbord. Wir fierten das Boot, mit Passagieren gefüllt. Wir fierten das Boot parallel zur Seite des Schiffes, und Mr. Lightoller und ich selbst, zwei Matrosen und zwei Heizer – die zwei Matrosen machten die Falle klar und brachten

sie in einen korrekten Zustand, und Mr. Lightoller und ich selbst beluden das Boot. Als das Boot voll war, war Mr. Lightoller mit mir im Boot, und der Chief Officer kam vorbei und fragte, ob das Boot voll sei, und er sagte ja. Er sagte dann, er würde selbst aussteigen und Platz für jemand anderen machen, und er ging zurück an Bord und fragte, ob ich rudern könne. Ich sagte ihm, ich könnte, und ich ging mit dem Boot. (...)«

(...)

Hardy: »Wir nahmen alle an Bord, die dort waren. Da war niemand, um das hintere Fall zu bedienen, bis Mr. Lightoller an Bord ging, um es selbst zu machen. Das vordere Ende des Bootes wurde gefiert, aber da war niemand, um das hintere Ende abzufieren, das finden Sie auch in Mr. Brights Aussage. Mr. Lightoller stieg vom Faltboot zurück auf das Schiff und tat es selbst.«

(...)

Senator Fletcher: »Wenn da mehr Leute versucht hätten, in das Boot zu gelangen, hätten Sie sie aufgenommen, oder?«

Hardy: »Keine Frage. Mr. Lightoller ging direkt zurück auf das Schiff, um Raum für einen anderen zu machen.«

Dalys Bericht sowie Hardys durchaus widersprüchliche Aussage im Hinblick auf Lightoller lassen natürlich Raum für einige Spekulationen, was sich nun tatsächlich beim Fieren von Boot D abgespielt hat und warum Lightoller auf das Schiff zurückging.

Lightoller selbst hat immer wieder betont, daß er sich einer Anordnung Wildes widersetzte und damit den Befehl eines Ranghöheren mißachtete. Eine Version Hardys läßt dagegen die Vermutung zu, daß Lightoller seinen Platz im Boot für einen anderen frei machen wollte. Die andere Version von Hardy gibt an, daß keiner den hinteren Davit bediente, wobei Hardy nur erwähnt, daß der Chief Officer zu Boot D kam, dabei aber offenläßt, ob er Murdoch oder Wilde meinte.

Wenn man jetzt Dalys Bericht damit verbindet, kann man eine Erklärung dafür finden, warum Lightoller selbst den hinteren Davit bedienen mußte ... Damit bleibt nur noch die Frage, ob nun Murdoch oder Wilde der andere Offizier an Boot D war. Die Antwort darauf ist relativ einfach zu finden: Murdoch wurde nach dem Fieren von Boot D noch von anderen Überlebenden gesehen, Wilde dagegen nicht. Außerdem: Murdoch hat durchaus auch Männer in die Boote gelassen, so daß es äußerst unwahrscheinlich erscheint, daß

Murdoch seine Haltung plötzlich ändert, als Daly bei dem Boot auftaucht.

Auf der anderen Seite wird der Name »Wilde« beim Beladen der Boote ausgesprochen selten erwähnt. Zwar berichten zahlreiche Besatzungsmitglieder, daß der Chief Officer bei dem und dem Boot war, doch auf der anderen Seite gibt es in diesen Berichten auch den »Chief Officer Murdoch«. In den seltensten Fällen ist es ganz klar zu ermitteln, ob Murdoch oder Wilde gemeint ist. Außerdem ist es ein neues Schiff, und die Besatzung fährt zum ersten Mal in dieser Zusammensetzung. Viele der Crew kennen nicht alle Offiziere mit Namen, sondern nur die, mit denen sie früher schon auf anderen Schiffen gefahren sind.

Was ebenfalls noch nie diskutiert worden ist, ist die Absicht, die Boote von der hinteren Gangwaypforte aus weiter zu beladen und wie das durchgeführt werden sollte. Bekannt ist lediglich, daß der Bootsmann mit einigen Matrosen nach unten geschickt wurde, um diese Pforten zu öffnen. Doch keiner von diesen Männern kam jemals wieder auf das Bootsdeck zurück. Wenn man sich jedoch näher mit den Aussagen der Besatzungsmitglieder und Junior-Offiziere hinsichtlich des Einbootens befaßt, erscheint es merkwürdig, daß offensichtlich kein Offizier mit dem Bootsmann und dessen Leuten zu den Gangwayluks gegangen ist, denn es wird immer wieder deutlich gemacht, daß ein Boot nur gefiert werden konnte, wenn einer der Senior-Offiziere das Kommando dazu gab. Besonders drastisch drückte es der 5. Offizier Lowe aus, der die Worte: »I was not the boss. Mr. Murdoch was running the show.« (»Ich war nicht der Chef. Mr. Murdoch schmiß den Laden.«) benutzt, um die Befehlsgewalt beim Beladen und Fieren der Boote deutlich zu machen.

Da die Rolle des Chief Officers Wilde beim Einbooten so merkwürdig verschwommen und auch unklar ist, kann die Vermutung, daß Wilde mit dem Bootsmann und dessen Mannen zu den Gangwayluks gegangen ist, um von dort aus das weitere Beladen der bereits gefierten Boote zu beaufsichtigen, durchaus zulässig sein. Die späteren Auftritte von Wilde auf dem Bootsdeck, die gegen diese Annahme sprechen, sind so rar, daß sie sich mit Verwechslungen mit anderen Personen sowie Unkenntnis der Besatzungsmitglieder über die Namen und Ränge der Senior-Offiziere erklären lassen.

Auf der anderen Seite bleibt natürlich auch die Frage: Warum sollte Daly in seinem Bericht lügen? Aber diese Episode in der Erzählung Dalys kann auch der Phantasie des Reporters entsprungen sein, denn von denen, die sich in Boot D oder in dessen Nähe befanden, berichtet kein anderer davon, daß er gesehen hat, wie sich jemand an Boot D erschoß.

Natürlich kann man die in Dalys Bericht genannten Ereignisse auch zur anderen Seite verlegen. Das wäre dann Boot C, ebenfalls ein Faltboot. In dem Boot entkommt auch Joseph Bruce Ismay dem sinkenden Schiff. Bei diesem Boot befinden sich von den Schiffsoffizieren angeblich Wilde, Murdoch – diese beiden werden beim Einbooten übrigens niemals zusammen gesehen, sondern es wird entweder Wilde oder aber Murdoch genannt – und der Zahlmeister McElroy. Murdoch wird nach dem Fieren von Boot C noch lebend gesehen, Wildes Rolle ist natürlich auch auf dieser Seite seltsam verschwommen. Damit bleibt als weiterer möglicher Selbstmordkandidat noch der Zahlmeister McElroy. Allerdings ist fraglich, ob McElroy überhaupt an Boot C war. Ein Steward, der sowohl Murdoch als auch McElroy kannte, erwähnt vor dem amerikanischen Untersuchungsausschuß, daß man diese beiden Männer in der Dunkelheit nur sehr schwer auseinanderhalten konnte, weil beide sehr groß waren.

Fraglich ist natürlich, ob sich überhaupt ein Offizier vor dem Untergang der *Titanic* erschossen hat. Es wurden weder die Leichen Wildes, Murdochs, Moodys oder Kapitän Smiths gefunden, so daß sich dadurch kein eindeutiger Beleg für oder wider die Gerüchte ergeben hat.

Das offensichtlichste Motiv hat natürlich Murdoch als wachhabender Senior-Offizier zum Zeitpunkt der Kollision. Doch sein Verhalten während des Einbootens wird von überlebenden Besatzungsmitgliedern als »cool and calm« (»kühl und ruhig«) beschrieben und muß damit auffallend kühl und ruhig gewesen sein. Laut vorliegenden Aussagen vor den Untersuchungsausschüssen lief beim Einbooten alles relativ ruhig ab. Nur zum Ende hin kam an einigen Booten Hektik auf, die von den Offizieren schnell wieder unter Kontrolle gebracht wurde.

Es erscheint viel wahrscheinlicher, daß Murdoch, wenn er sich erschießen will, den Selbstmord kurz nach der Kollision begeht (so wird es in zwei Romanen deutscher Autoren verbreitet), als er noch unter Schock steht. Unwahrscheinlicher ist, daß er erst noch beim Einbooten der offensichtlich aktivste und am schnellsten arbeitende Offizier ist, um sich dann kurz vor dem Untergang selbst zu töten.

Die inzwischen etwas unbekanntere, aber glaubwürdigere Version von Murdochs Ende findet sich in der Zeitung »Dumfries & Galloway Standard & Advertiser« vom 11. Mai 1912 :

»Mrs. Murdoch, die Witwe des verstorbenen Leutnant Murdoch, 1. Offizier des glücklosen Liners, hat folgenden Brief erhalten: Hotel Continental, Washington, 24. April 1912. Sehr geehrte Mrs. Murdoch – Ich schreibe im Auftrag der überlebenden Offiziere, um unsere tiefe Anteilnahme an Ihrem schrecklichen Verlust auszudrücken. Worte können unsere Gefühle nicht ausdrücken – noch weniger ein Brief. Ich bedaure zutiefst, daß ich es verpaßte, mit der letzten Post mit Ihnen zu kommunizieren, um die Berichte, die in den Zeitungen verbreitet wurden, zurückzuweisen. Ich war praktisch der letzte Mensch und sicherlich der letzte Offizier, der Mr. Murdoch gesehen hat. Er bemühte sich, das vordere Steuerbordfaltboot zu fieren. Ich hatte meines bereits vom Dach der Offiziersquartiere herunter. Sie werden besser verstehen, wenn ich sage, daß ich an backbord arbeitete, während Mr. Murdoch überwiegend an steuerbord mit dem Beladen und Fieren der Boote beschäftigt war. Nachdem ich mein Boot vom Dach der Offiziersquartiere herunter hatte, und da keine Zeit war, es zu öffnen, ließ ich es zurück und rannte zur Steuerbordseite, immer noch auf dem Dach der Offiziersquartiere. Ich sah dann praktisch auf Ihren Mann und seine Männer herunter. Er arbeitete hart, half persönlich mit, holte das vordere Bootsfall über. In diesem Moment tauchte das Schiff, und wir waren alle im Wasser. Andere Berichte hinsichtlich des Endes sind absolut falsch. Mr. Murdoch starb wie ein Mann, seine Pflicht erfüllend. Wenden Sie sich ohne zu zögern an uns, wenn wir irgend etwas für Sie tun können. – Mit freundlichen Grüßen, *(unterschrieben)* C. H. Lightoller, 2. Offizier, G. (sic) Groves Boxhall, 4. Offizier, H. J. Pitman, 3. Offizier, H. G. Lowe, 5. Offizier.«

Dieser Bericht Lightollers deckt sich absolut mit seinen Angaben vor dem amerikanischen und dem britischen Untersuchungsausschuß, steht allerdings im Widerspruch zu dem, was in späteren Publikationen über Lightollers Entkommen vom Schiff berichtet wurde. Doch der zeitgenössische Bericht dürfte mit Sicherheit der zuverlässigere sein.

Über mögliche Selbstmordmotive der anderen Schiffsoffiziere, die nicht überlebt haben, ist nichts bekannt. Es bleibt letztendlich die

Feststellung, daß alle Offiziere, die nicht überlebt haben, langjährige Seemänner waren, die genau wußten, was sie erwartete und was von ihnen erwartet wurde, wenn alle Boote von Bord waren und das Schiff endgültig in den Fluten versank. Sich selbst zu erschießen gehörte mit Sicherheit nicht dazu.

Damit bleibt nur noch der Vorwurf an Murdochs Adresse: Bestechlichkeit.

Bereits beim Fieren von Boot 5, das zweite Boot, das die *Titanic* steuerbord verläßt, verabschiedet sich Murdoch vom 3. Offizier Pitman mit den Worten »Good-bye, good luck« (»Auf Wiedersehen, viel Glück«)[6]. Pitman sagt sowohl vor dem amerikanischen als auch vor dem britischen Untersuchungsausschuß, daß Murdoch den Eindruck hinterließ, er wüßte genau, daß es kein Wiedersehen geben würde. Schon da muß Murdoch also gewußt haben, daß das Schiff sinkt, und schon zu dem Zeitpunkt muß Murdoch entschlossen gewesen sein, mit der *Titanic* unterzugehen. Damit wird allerdings auch der Vorwurf der Bestechlichkeit in seine Richtung ad absurdum geführt: Warum sollte jemand, der genau weiß, daß er den nächsten Morgen nicht mehr erleben wird, Geld für einen Platz in einem Boot annehmen? Er selbst hat keine Möglichkeit mehr, daraus noch irgendeinen Nutzen zu ziehen.

Anmerkungen

1 Das Schiff, das zuerst am Unglücksort eintraf und alle Überlebenden an Bord nahm.
2 Laut vorab veröffentlichtem Drehbuch und Meldungen im Internet. Diese Informationen erhielt ich von Brian Ticehurst (British *Titanic* Society).
3 ISBN: 0 297 78887 6, deutsche Ausgabe: W. C. Wade, *Titanic*, Das Ende eines Traums, ISBN 3 423 10130 X
4 »White Star Journal« ist die Mitgliederzeitschrift der Irish Titanic Historical Society (Anschrift: The President, The Anchorage, Coast Road, Malahide, Co. Dublin, Ireland).
5 ISBN 0 370 30593 0.
6 Diese Szene wurde auch von einigen anderen Überlebenden beobachtet und vor dem amerikanischen Untersuchungsausschuß erwähnt.

Das Geisterschiff

Als von der sinkenden *Titanic* aus Lichter eines anderen Schiffes gesehen werden, gibt es Hoffnung darauf, daß Hilfe naht und schnell vor Ort ist. Da das andere Schiff jedoch offensichtlich nicht die gefunkten Hilfeschreie des Ozeanriesen hört, werden von der *Titanic* aus Raketen abgeschossen, um auf die verzweifelte Lage aufmerksam zu machen. Aber das andere Schiff reagiert nicht.

Der amerikanische Untersuchungsausschuß, der vor dem britischen seine Arbeit aufnimmt, wird zuerst mit den Berichten von unterlassener Hilfeleistung konfrontiert. Er wacht doch erst so richtig auf, als eine Zeitung aus Boston mit dem Bericht eines Besatzungsmitglieds der *Californian* aufwartet, in dem behauptet wird, von dem Dampfer aus wurden die Raketen der *Titanic* gesehen und die Schiffsführung habe nichts unternommen.

Sowohl der amerikanische als auch der britische Untersuchungsausschuß kommen zu dem Ergebnis, daß es die *Californian* war, deren Lichter von der *Titanic* aus gesehen wurden. Aber bis heute ist es fast schon eine Glaubensfrage unter »*Titanic*ern«, ob es wirklich die *Californian* war, von der der Untergang der *Titanic* tatenlos beobachtet wurde. Im englischsprachigen Raum existieren ganze Bücher, die sich nur mit diesem Thema und dem Für und Wider befassen, immer neue Kandidaten für das Geisterschiff werden genannt, Seeleute, die in jener Nacht auf irgendeinem Ozean waren, kamen in späteren Jahren mit der Behauptung, ihr damaliges Schiff sei das Schiff gewesen, das von der sinkenden *Titanic* aus gesehen wurde. Es gibt inzwischen die »Drei-Schiff-« und die »Vier-Schiff-Theorie« zur Entlastung der *Californian*[1]. Das »Geisterschiff« ist sicherlich die merkwürdigste Geschichte, die die *Titanic* auch heute noch zu bieten hat.

Die Angaben der Überlebenden der *Titanic* zu den Lichtern des anderen Schiffes sind so widersprüchlich, wie es die Beobachtungen von vielen Zeugen nur sein können. Allein anhand von diesen Aussagen wäre es unmöglich, überhaupt vernünftige Rückschlüsse auf irgendein anderes Schiff zu ziehen. Einige sagen, es war das Licht eines Dampfers, andere sagen, es war das Licht eines Segelschiffes, einige behaupten, das Schiff kam näher und entfernte sich dann wieder, andere sind der Überzeugung, daß das Schiff langsam verschwand. Noch wieder andere geben an, daß sich das Licht nicht bewegte, und noch wieder andere sind der Meinung, es war nur ein Stern, der gesehen wurde.

Einige sagen, vom Rettungsboot aus haben sie das Licht nicht mehr gesehen, andere sagen, es war bis zum Tagesanbruch unverändert sichtbar. Was jedoch nach der Morgendämmerung aus diesem Licht wurde, läßt sich anhand der Aussagen nicht aufklären. Es ist jedoch nicht auszuschließen, daß zu dem Zeitpunkt bereits alle Augen auf die *Carpathia* gerichtet waren, denn dieses Schiff ist schließlich gekommen, so daß das andere Schiff angesichts der Kälte in den Booten, der Verzweiflung der Schiffbrüchigen und der nahen Rettung völlig in Vergessenheit geraten ist.

Der amerikanische Untersuchungsausschuß ist sehr bemüht herauszufinden, welches Schiff in der Nähe der *Titanic* war und nicht zu Hilfe gekommen ist. Der Dampfer *Frankfurt* vom Norddeutschen Lloyd gerät unter Verdacht, weil der überlebende Funker Bride aussagt, daß der Funker Phillips aufgrund der Stärke der Funksignale der *Frankfurt* meinte, dieses Schiff sei am dichtesten bei der *Titanic*, doch die Position der *Frankfurt* belegt, daß dieser Dampfer etwa 130 bis 140 Seemeilen[2] von der *Titanic* entfernt war und damit nicht als »Geisterschiff« in Frage kommt.

Senator Smith erwähnt kurz, er habe die Information erhalten, daß sich ein verlassener Schoner in dem Seegebiet befand. Doch der Senator sagt leider nicht, woher er diese Information erhielt. Abgesehen davon kann ein verlassener Schoner der sinkenden *Titanic* keine Hilfe leisten. Außerdem bleibt dazu nur noch die Feststellung, die Sir Rufus Isaacs, Staatsanwalt beim britischen Untersuchungsausschuß, zur Aussage eines Zeugen, das Licht eines Segelschiffes gesehen zu haben, das aber verschwand, machte: »Es war eine windstille Nacht, und ohne Wind kann sich kein Segelschiff bewegen.«

Nun kann man zwar darauf verweisen, daß auch damals schon Segelschiffe mit Hilfsmotoren ausgerüstet wurden, doch sobald sich ein Segelschiff mit Motorkraft bewegt, muß es die Beleuchtung eines Dampfers zeigen, weil es als Maschinenschiff zählt. Das ist zusätzlich zu den seitlichen Positionslaternen und der Hecklampe das sogenannte Dampferlicht am Vormast.

Zwei Schiffe jedoch geraten durch Presseberichte in den Ruf, das Geisterschiff gewesen zu sein: die *Mount Temple* der Canadian Pacific und die *Californian* der Leyland Line.

Von der *Mount Temple* sagt der Kapitän sowohl vor dem amerikanischen als auch vor dem britischen Untersuchungsausschuß aus. Laut seinen Angaben war die Position der *Mount Temple* am 15. April 1912 um 0.30 Uhr morgens (Schiffszeit) 41°25' Nord, 51° 41' West und damit 49 Seemeilen[3] von der letzten Position der *Titanic*, wie sie im gefunkten Hilferuf angegeben war, entfernt. Die *Mount Temple* nimmt Kurs auf die angegebene Position, wobei das Schiff eine Geschwindigkeit von etwa 11,5 Knoten[4] entwickelt.

Captain Moore: »Gegen drei Uhr begannen wir, auf Eis zu treffen, Sir.«

Senator Smith: »Wo? Von welcher Richtung?«

Moore: »Wir passierten es auf unserem Kurs. Wir trafen Eis auf unserem Kurs. Sofort telegraphierte ich dem Maschinenraum ›Achtung‹, und wir verdoppelten den Ausguck, und ich setzte den 4. Offizier nach vorne, damit er jedes Eis, das uns beschädigen könnte, sehen konnte oder, in der Tat jedes Eis.«

(...)

Senator Smith: »Ergriffen Sie irgendwelche anderen Vorsichtsmaßnahmen, um Gefahr oder einen Unfall zu vermeiden.«

Moore: »Nicht zu der Zeit, Sir. Wir hatten den Ausguck, und die Maschinen waren auf ›Achtung‹.«

Senator Smith: »Damit schützten Sie sich zu der Zeit einfach selbst gegen Eis?«

Moore: »Das ist alles, Sir.«

Senator Smith: »Und Sie hatten Ihr Schiff gestoppt?«

Moore: »Oh, nein, Sir. Wir hatten nur unsere Maschinen auf ›Achtung‹.«

Senator Smith: »Waren Sie zu irgendeiner Zeit gestoppt?«

Moore: »Wir waren gestoppt, ja.«

Senator Smith: »So verstehe ich Sie.«

Moore: »Um 3.25 Uhr Schiffszeit stoppten wir.«

Senator Smith: »Wo waren Sie da, in welcher Position befand sich Ihr Schiff?«

Moore: »Ich denke, wir waren zu der Zeit ungefähr 14 Seemeilen von der Position der *Titanic* entfernt.«

Senator Smith: »Können Sie mir nur sagen, wie Ihre Position lautete, stellten Sie sie fest?«

Moore: »Ich konnte nicht; ich konnte keine Position ermitteln. Da war nichts … Ich konnte nicht sehen …«

Es mutet erstaunlich an, daß es einem Kapitän wie Moore in einer sternenklaren Nacht nicht möglich ist, seine Position zu ermitteln.

Senator Smith: »Sie schätzten, daß Sie 14 Seemeilen von der *Titanic* entfernt waren?«

Moore: »Das ist, was ich schätzte.«

Senator Fletcher: »Um welche Uhrzeit war das?«

Moore: »Um 3.25 Uhr.«

Senator Smith: »War es dunkel, oder brach der Tag an?«

Moore: »Es war dunkel, Sir.«

Senator Smith: »Was taten Sie dann?«

Moore: »Ich stoppte das Schiff. Ich möchte noch sagen, daß ich vorher einen Schoner traf oder irgendein kleines Fahrzeug, und ich mußte dem Schiff aus dem Weg gehen, und das Licht des Schiffes schien auszugehen.«

Senator Smith: »Das Licht des Schoners schien auszugehen?«

Moore: »Das Licht des Schoners, ja. Als das Licht an meinem Bug war, ein grünes Licht, legte ich das Ruder nach steuerbord.«

Senator Smith: »Der Schoner war zwischen Ihnen und der Position der *Titanic*?«

Moore: »Ja, Sir.«

Senator Smith: »Und in Ihrem Kurs?«

Moore: »Sie war etwas vor unserem Bug, und sofort legte ich das Ruder nach steuerbord und brachte die beiden Lichter grün zu grün, Sir.«[5]

Senator Smith: »Kam der Schoner auf Sie zu?«

Moore: »Ich steuerte nach Osten, und dieses grüne Licht öffnete sich zu mir.«

Senator Smith: »Kam er offensichtlich von der Richtung, in der sich die *Titanic* befand?«

Moore: »Von irgendwo dort, Sir. Klar, wäre er direkt von dort gekommen, hätte er mir seine beiden Lichter gezeigt.«

Senator Smith: »Man hat mich informiert, daß sich ein verlassener Schoner ohne irgendeine Seele an Bord in jener Nacht in jenem Seegebiet befand. Können Sie mir sagen, ob der Schoner bewohnt war oder nicht?«

Moore: »Das kann ich nicht sagen, Sir. Ich konnte nur die Lichter sehen. Es war dunkel.«

(…)

Senator Smith: »Aber das Licht würde doch zeigen, daß er bewohnt war?«

Moore: »Zu der Zeit ja, Sir.«

Senator Smith: »Sie selbst kommunizierten mit keiner Person und sahen auch keine Person auf dem Schiff?«

Moore: »Oh, nein, Sir. Es war ganz dunkel.«

Senator Smith: »Wieviel dichter an der *Titanic* als Sie war Ihrer Meinung nach der Schoner zu der Zeit, in der Sie …«

Moore: »Ich denke, dieses Licht war nicht weiter als eine Meile oder anderthalb Meilen entfernt, weil ich sofort das Ruder nach steuerbord legte, weil ich dieses Licht sah, und nachdem ich das Licht an meinem Steuerbordbug hatte, schien dieses Licht plötzlich auszugehen. Ich behielt den Kurs bei, und dann muß der Quartermaster sie plötzlich wieder etwas nach Osten aufkommen lassen haben, denn ich hörte das Nebelhorn des Schoners. Er betätigte sein Nebelhorn, und wir legten sofort das Ruder nach steuerbord, und ich befahl volle Kraft zurück, und wir nahmen die Fahrt aus dem Schiff.«

Senator Smith: »Sie denken, daß der Schoner nur eine kurze Distanz von der *Titanic* entfernt war?«

Moore: »Ich dachte, daß er uns sehr nahe war, denn ich legte die Maschinen auf volle Kraft zurück, um ihm auszuweichen.«

Senator Smith: »Lassen Sie uns sehen, ob wir einander verstehen. Wie weit war der Schoner von Ihnen entfernt?«

Moore: »Na ja, ich denke, zu der Zeit können wir nicht sehr weit voneinander entfernt gewesen sein. Ich konnte nicht schätzen, weil Sie auf See nicht anhand eines Lichtes schätzen können.«

Senator Smith: »Um 3.25 Uhr morgens dachten Sie, Sie wären 14 Meilen von der *Titanic* entfernt?«

Moore: »Ja, Sir.«

Senator Smith: »Und zu der Zeit sahen Sie den Schoner?«

Moore: »Oh, nein, es war kurz nach drei Uhr, als ich den Schoner sah, Sir.«

Senator Smith: »Wie ich sagte – gegen 3.25 Uhr?«

Moore: »Nein, kurz nach drei Uhr sah ich den Schoner. Das war, bevor ich sie stoppte, weil das Eis so dicht wurde, Sir. Also eigentlich stoppte ich sie gar nicht ganz, ich stoppte einfach die Maschinen und ließ die Fahrt aus dem Schiff nehmen und fuhr dann langsam weiter.«

Senator Smith: »Sie sagten, daß ein Licht auf dem Schoner war?«

Moore: »Ein Licht. Ich sah nur das eine Licht. Er zeigte mir seine Steuerbordseite.«

Senator Smith: »Was taten Sie, nachdem der Schoner passiert hatte und aus Ihrem Kurs war?«

Moore: »Ich brachte sie auf den alten Kurs zurück, Sir.«

Senator Smith: »Ich möchte ganz sicher sein, daß der Schoner der *Titanic* so nahe war, wie ich glaube, Sie verstanden zu haben.«

Moore: »Ich denke, der Schoner war von der Position der *Titanic* vielleicht 12,5 bis 13 Meilen entfernt.«

Senator Smith: »Genau, und von Ihnen zu der Zeit?«

Moore: »Zu der Zeit war es weiter entfernt, weil es 3.25 Uhr war, als ich das Schiff stoppte; ich schätze, es war kurz nach drei Uhr. Ich kann die Zeiten nicht geben, weil ich sie nicht festhielt; aber um 3.25 Uhr war ich 14 Meilen entfernt. Es war kurz nach drei Uhr, als ich den Schoner traf und nach steuerbord ausweichen mußte. Das heißt, ich drehte um etwa zwei Strich nach steuerbord.«

Senator Smith: »Wie schnell bewegte sich der Schoner ungefähr?«

Moore: »Er kann sich nicht sehr schnell bewegt haben.«

Senator Smith: »Wie schnell? Geben Sie nur Ihre beste Schätzung.«

Moore: »Ich wage zu sagen, daß er einige Knoten in der Stunde machte. Einige Zeit später sprang eine Brise auf, bis wir eine ziemlich frische Brise hatten.«

Senator Smith: »Der Schoner kam aus der Richtung der Position der *Titanic*?«

Moore: »Ziemlich genau, Sir. Sehen Sie, ich steuerte Nord 65°[6] Ost, und er lag etwas zum Süden, denn wenn er direkt entgegengesetzt gekommen wäre, hätte er mir natürlich seine beiden Lichter gezeigt.«

Senator Smith: »Was ich herauszubekommen versuche, ist:

Einer oder zwei der Schiffsoffiziere der *Titanic* sagen, daß sie nach der Kollision mit dem Eisberg die Morselampe benutzten und Raketen abfeuerten, um Hilfe herbeizurufen, und während sie die Raketen abfeuerten und die Morselampe betätigten, sahen sie Lichter voraus oder sahen Lichter, die nicht weiter als fünf Meilen[7] von der *Titanic* entfernt sein konnten. Was ich versuche herauszufinden, ist die Frage, was für ein Licht sie sahen.«

Moore: »Gut, das mag das Licht des Trampdampfers[8], der uns voraus war, gewesen sein, denn als ich wendete, war ein Dampfer an meinem Backbordbug.«

Senator Smith: »Der in dieselbe Richtung fuhr?«

Moore: »Fast in dieselbe Richtung. Als er voraus fuhr, kreuzte er allmählich unseren Bug, bis er am Steuerbordbug war, unserem Steuerbordbug, Sir.«

Senator Smith: »Sahen Sie persönlich das Schiff?«

Moore: »Ich sah es selbst. Ich war die ganze Zeit auf der Brücke.«

Senator Smith: »Kommunizierten Sie per Funk mit ihm?«

Moore: »Ich denke nicht, daß er Funk hatte; ich bin mir sicher, er hatte keinen Funk, denn bei Tageslicht war ich ihm nahe.«

Senator Smith: »Wie groß war der Dampfer?«

Moore: »Ich denke, es war ein Schiff von ungefähr 4 000 bis 5 000 Tonnen.«

(...)

Senator Smith: »Kamen Sie dem Schiff, von dem Sie gerade gesprochen haben, nahe genug, um zu sehen, wer es war?«

Moore: »Seinen Namen, Sir?«

Senator Smith: »Sein Name?«

Moore: »Nein, ich bekam seinen Namen nicht.«

Senator Smith: »Oder seine Art?«

Moore: »Ich denke, es war ein ausländisches Schiff, Sir. Es war kein englisches Schiff, denn es zeigte seine Flagge nicht.«

(...)

Senator Smith: »Haben Sie das Schiff jemals gesehen, seit Sie es am frühen Morgen sahen – Montag?«

Moore: »Ich sah es bis nach neun Uhr, Sir.«

Senator Smith: »Aber Sie hatten keine Unterhaltung mit ihm?«

Moore: »Hatte keine Unterhaltung mit ihm. Wir versuchten, ihn in dem Signalbuch festzustellen, und wir versuchten, ihm zu signalisieren, denn ich denke, er dachte, ich würde nach Osten fahren, daß ich auf Ostkurs war, und ich denke, als ich wendete, nachdem wir beide stoppten, als wir feststellten, daß das Eis zu dick war, folgte er mir, denn als ich wendete, nachdem ich herausgefunden hatte, daß das Eis im Süden zu dick war, nachdem ich später am Morgen nach Süden gefahren war, nachdem es Tag geworden war, und ich fuhr nach unten, ich dachte, er wäre vielleicht in eine Stelle geraten, als ich ankam, hatte er gestoppt, er hatte festgestellt, daß das Eis zu dick war. Ich fuhr etwas weiter, und ich wendete, denn es wurde zu dick, um ein Schiff dort durch zu führen. Aber das war ungefähr fünf oder vielleicht halb sechs morgens, Sir.«

Senator Smith: »Sie haben keine Möglichkeit festzustellen, wie der Name des Schiffes oder seines Kommandanten ist?«

Moore: »Ich hatte keinerlei Unterhaltung mit ihm, Sir.«

Senator Smith: »Waren Sie nahe genug, um zu sehen, ob der Schornstein irgendeine besondere Farbe hatte?«[9]

Moore: »Wenn ich mich richtig erinnere, war er schwarz mit irgendeinem Wappen in einem Band fast an der Spitze.«

Senator Smith: »Sie haben es seit jener Nacht nicht mehr gesehen?«

Moore: »Ich habe es seit dem Morgen nicht mehr gesehen, nach neun Uhr morgens, denn es folgte mir rund um diesen Eishaufen, müssen Sie wissen, Sir.«

Es ist bis heute nicht gelungen, die beiden von Kapitän Moore genannten anderen Schiffe zu identifizieren, und die Vermutung, daß Moore wegen der Presseberichte kein Risiko eingehen wollte und daher die beiden Schiffstypen, die womöglich von der *Titanic* aus gesehen wurden, in seinem Bericht als Entgegenkommer »liefert«, ist sicherlich zulässig. Denn einem Schiff in Seenot nicht zu Hilfe zu kommen ist unterlassene Hilfeleistung und steht unter Strafe. Und Moore befindet sich durchaus unter Druck, so einen Verdacht weit von sich zu weisen:

Senator Smith: »Einige der Passagiere, die Sonntag nacht gegen Mitternacht auf Ihrem Schiff waren, behaupten, daß sie diese Raketen von den Decks der *Titanic* gesehen haben. Haben Sie irgendwas darüber gehört?«

Moore: »Ich habe es in den Zeitungen gelesen, Sir, aber in der Tat glaube ich nicht, daß irgendein Passagier um zwölf Uhr nachts an Deck war. Ich bin sicher, weil sie überhaupt nichts darüber wissen würden, und Sie dürfen sicher sein, daß sie in ihren

Betten waren. Ich weiß, daß der Steward mir sagt, daß niemand an Deck war, das ist der Nachtwächter am achteren Ende. Im vorderen Bereich war niemand an Deck. Der Mann, der sich in dem befindet, was wir das ständige Zwischendeck nennen, das unter der Brücke entlangführt – wir haben ein ständiges Zwischendeck dort, und das andere ist natürlich ein veränderliches, das wir abbauen können –, und keiner sah einen Passagier an Deck, Sir.«

Es ist auch Kapitän Moore von der *Mount Temple*, der sagt, die von der *Titanic* gefunkte letzte Position ist nicht richtig. Moore erreicht die angegebene Position der *Titanic* und findet nichts außer ganz dichtem Packeis und großen Eisbergen. Ihm ist klar, daß die *Titanic* nicht durch dieses Eis gedampft sein kann und deswegen weiter östlich untergegangen sein muß. Mit dieser Auffassung steht Moore lange Jahre ziemlich alleine da, doch die Entdeckung des Wracks bestätigt seine Annahme.[10]

Die Lage für Moore wäre sicherlich bedeutend unangenehmer geworden, hätte es nicht die *Californian* gegeben …

»Ich, der unterzeichnende Ernest Gill[11], als zweiter Donkeyman auf dem Dampfer *Californian*, Kapitän Lord, beschäftigt, gebe folgende Erklärung über die Vorgänge der Nacht vom Sonntag, dem 14. April:

Ich bin 29 Jahre alt, Einwohner von Yorkshire[12], ledig. Ich machte meine erste Fahrt auf der *Californian*.

In der Nacht vom 14. April war ich von 8 Uhr abends bis 0.00 Uhr auf Wache im Maschinenraum. Um 23.56 kam ich an Deck. Die Sterne schienen hell. Es war sehr klar, und ich konnte sehr weit sehen. Die Schiffsmaschinen waren seit 22.30 gestoppt, und sie trieb mitten in Treibeis. Ich sah an Steuerbord über die Reling und sah in 10 Seemeilen[13] Entfernung die Lichter eines sehr großen Dampfers. Ich konnte die Lichter ihrer Breitseite sehen. Ich beobachtete sie für eine volle Minute. Auch die auf der Brücke und im Ausguck müssen sie gesehen haben.

Es war jetzt 0.00 Uhr, und ich ging zu meiner Kabine. Ich weckte meinen Kameraden, William Thomas. Er hörte das Eis gegen die Seite schlagen und fragte: ›Sind wir im Eis?‹ Ich antwortete: ›Ja, aber steuerbord muß es frei sein, denn ich sah ein großes Schiff mit voller Kraft fahren. Es sah so aus, als wäre es vielleicht ein großes deutsches.‹

Ich legte mich hin, aber konnte nicht schlafen. Eine halbe

Stunde später stand ich auf, um eine Zigarette zu rauchen. Wegen der Fracht konnte ich nicht unter Deck rauchen, deswegen ging ich wieder auf das Deck.

Ich war etwa 10 Minuten auf Deck, als ich eine weiße Rakete etwa 10 Seemeilen entfernt an Steuerbord sah. Ich dachte, es wäre eine Sternschnuppe. Nach sieben oder acht Minuten sah ich mit Bestimmtheit eine zweite Rakete an derselben Stelle, und ich sagte zu mir: ›Da muß ein Schiff in Seenot sein.‹

Es war nicht meine Aufgabe, die Brücke oder den Ausguck zu informieren, aber sie können gar nicht anders, sie müssen es auch gesehen haben.

Ich ging direkt danach wieder in meine Kabine und rechnete damit, daß das Schiff auf die Raketen reagieren würde.

Ich weiß nichts mehr, bis ich um 6.40 vom Chefingenieur geweckt wurde, der sagte: ›Steh auf, um zu helfen. Die *Titanic* ist untergegangen.‹

Ich erhob mich aus meiner Koje. Ich ging an Deck und stellte fest, daß das Schiff mit voller Kraft voraus fuhr. Es war frei von dem Eisfeld, aber da waren viele Berge.

Ich ging nach unten auf Wache und hörte eine Unterhaltung zwischen dem 2. und dem 4. Ingenieur. Mr. J. C. Evans ist der Zweite und Mr. Wooten ist der Vierte. Der Zweite erzählte dem Vierten, daß der 3. Offizier gemeldet hatte, daß während seiner Wache Raketen abgeschossen wurden. Da wußte ich, daß ich die *Titanic* gesehen hatte.

Der 2. Ingenieur fügte hinzu, daß der Kapitän vom Offiziersanwärter, dessen Name, glaube ich, Gibson ist, über die Raketen in Kenntnis gesetzt wurde. Der Skipper hat ihm befohlen, das Schiff in Seenot anzumorsen. Mr. Stone, der 2. nautische Offizier, war zu der Zeit auf der Brücke, sagte Mr. Evans.

Ich hörte Mr. Evans sagen, daß mehr Lichter gezeigt und weitere Raketen abgeschossen wurden. Dann, gemäß Mr. Evans, ging Mr. Gibson wieder zum Kapitän und meldete weitere Raketen. Der Skipper befahl ihm, weiter zu morsen, bis er eine Antwort erhielte. Es wurde keine Antwort empfangen.

Die nächste Bemerkung, die ich vom Zweiten hörte, war: ›Warum zum Teufel haben sie nicht den Funker geweckt?‹ Die gesamte Mannschaft hat untereinander über diese Mißachtung der Raketen gesprochen. Ich persönlich drängte einige, mich bei meinem Protest gegen das Verhalten des Kapitäns zu unterstützen, aber sie weigerten sich, weil sie befürchten, ihre Jobs zu verlieren.

Ein oder zwei Tage, bevor das Schiff den Hafen erreichte, rief der Skipper den Quartermaster, der auf Wache war, als die Raketen abgeschossen wurden, zu sich in seine Kabine. Sie unterhielten sich für ungefähr eine dreiviertel Stunde. Der Quartermaster erklärte, daß er die Raketen nicht gesehen hat.

Ich bin mir ganz sicher, daß die *Californian* weniger als die 20 Meilen[14], die von den Offizieren angegeben werden, von der *Titanic* entfernt war. Ich hätte sie nicht sehen können, wenn sie weiter als 10 Seemeilen entfernt gewesen ist, und ich sah sie sehr deutlich.

Ich habe keine üblen Absichten gegenüber dem Kapitän oder den Offizieren des Schiffes, und ich verliere einen gutbezahlten Job durch diese Erklärung. Ich werde getrieben von dem Wunsch, daß kein Kapitän, der ein Schiff in Seenot mißachtet oder Hilfe verweigert, seine Männer zum Schweigen drängen sollte.

Ernest Gill

Vereidigt und unterschrieben von mir, an diesem 24. Tag des April 1912.

Samuel Putman, öffentlicher Notar.«

Auch dieser Bericht hätte sich möglicherweise noch ganz leicht als »bedeutungslos« abstempeln lassen können. Immerhin hat Gill von einer Tageszeitung in Boston Geld für diese Geschichte erhalten. Aber ein Zwischenfall in Boston erhöht das Mißtrauen gegen die *Californian*:

Senator Smith: »Ehe ich Mr. Franklin vernehmen werde, möchte ich, daß der Bericht zeigt, daß alles, was in Verbindung mit diesem Untersuchungsausschuß öffentlich ist, und daß kein Versuch irgendeiner Art unternommen wird, Teile von Aussagen oder die Begleitumstände zu unterdrücken.

Ich habe den Kapitän und den Funker des Dampfers *Californian* vorgeladen, weil davon ausgegangen wird, daß sie die *Titanic* vor der Nähe zum Eis am Tag der Katastrophe gewarnt haben. Ich erhielt folgendes Telegramm aus Boston, datiert vom 25. April 1912, adressiert an den Sergeant-at-arms:

D. M. Randell, Sergeant-at-arms, Senat der Vereinigten Staaten, Washington, D. C.:

›Ihr Telegramm bezüglich Dampfer *Californian* um 6 abends

erhalten. Capt. Stanley Lord und Funker C. E. Evans pflichtgemäß mit beglaubigter Telegramm-Kopie durch mich persönlich um 7 abends vorgeladen. Sie persönlich waren gewillt zu kommen, sind aber um 10 abends von den White-Star-Offiziellen noch nicht mit der Erlaubnis zu gehen ausgestattet worden. Glaube, sie haben wichtige Informationen. Bitte geben Sie weitere Anweisungen, bringe sie nach Washington, falls nötig.

Guy Murchie

United States Marshal‹

Als diese Nachricht empfangen wurde, wurde ich von Colonel Randell, Sergeant at arms, angerufen und über diese Nachricht informiert, und ich gab dem Sergeant-at-arms sofort die Befugnis, die Anwesenheit des Kapitäns und Funkers der *Californian* zu fordern. Das wurde getan, und um zu verhindern, daß keine Mißverständnisse auftauchen oder falsche Berichte verbreitet werden, die in irgendeiner Form auf die Offiziere der *Californian* oder irgendeiner anderen Reederei zurückfallen, wünsche ich Mr. Franklin, Vizepräsidenten der International Mercantile Marine Company, die die White Star Line kontrolliert, zu fragen, ob er irgendwas über diese Angelegenheit weiß.«

Franklin erklärt sehr wortreich, was er darüber weiß. Die Reederei wäre besorgt, ob der Kapitän und der Funker rechtzeitig zur Abfahrt der *Californian* nach Boston zurückkehren würden, und wolle deswegen lieber, daß die beiden Herren in Boston vernommen werden. Das jedoch wollte der Untersuchungsausschuß nicht, und deswegen hätten Kapitän und Funker die Erlaubnis erhalten, nach Washington zu kommen, auch weil der Untersuchungsausschuß zugesagt habe, daß eine rechtzeitige Rückkehr nach Boston sichergestellt würde.

Was Senator Smith von dieser Erklärung hält, wird durch seine nächste Frage deutlich:

Senator Smith: »Ist der Dampfer *Californian* Teil Ihrer Reederei?«

Franklin: »Der Dampfer wird von der Leyland Line bereedert, und die größe Mehrheit der Aktien und die Mehrheit der Vorzugsaktien der Leyland Line sind im Besitz unserer verschiedenen Firmen, mit dem Ergebnis, daß alle Leyland-Dampfer unserem Büro in Boston anvertraut sind, und wir sind deren Agenten dort.

Ich möchte weiter sagen, daß, wenn Sie es wünschen, daß das Bostoner Büro angerufen wird, ich das veranlassen werde, damit herausgefunden wird, wann die Männer aufgebrochen sind, denn ich bin sicher, daß sie auf dem Weg sind.«

Senator Smith: »Ich weiß, wann sie aufgebrochen sind, und es wird unnötig sein.«

Für Kapitän Stanley Lord ist dieser Vorgang in Boston natürlich ein schlechter Start, und selbstverständlich muß auch er seine Version dazu erzählen:

Senator Smith: »Ich möchte nicht impertinent erscheinen, Kapitän, und ich hoffe, sie halten es nicht dafür, aber heute morgen tauchte die Frage auf, ob es von irgend jemandem in irgendeiner Form einen Versuch gegeben hat, Sie davon abzuhalten, der Anforderung des US-Senates zu entsprechen?«

Lord: »Ich denke nicht. Ich bat um die Erlaubnis, als der Marshall mir die Nachricht überbracht hatte. Ich fragte den örtlichen Manager um Erlaubnis oder eher noch den stellvertretenden örtlichen Manager. Ich konnte den Manager nicht bekommen. Er sagte, er würde den Manager fragen. Das ist alles, was ich darüber weiß.«

Senator Smith: »Die *Californian*, die Sie kommandieren, gehört zu welcher Reederei?«

Lord: »Der Leyland Line.«

Senator Smith: »Die Leyland Line ist Mitglied oder ein Teil der International Mercantile Marine Company, oder?«

Lord: »Ich glaube, ja.«

Senator Smith: »Und sie wird in diesem Land von Mr. Franklin repräsentiert?«

Lord: »So verstehe ich das, Sir.«

Senator Smith: »Und in England von Mr. Ismay?«

Lord: »Ja, Sir.«

(...)

Senator Bourne: »Ich verstand, daß niemand Sie daran hinderte, auf die Vorladung des Senats zu reagieren – keiner der Leute, mit denen Sie oder Ihre Reederei in Verbindung stehen?«

Lord: »Nein. Als der Marshall zu mir kam – er kam gegen halb acht letzte Nacht –, sagte ich ihm, daß ich nicht gehen möchte, ohne daß meine Reederei mir die Erlaubnis gegeben hat. Wir gingen zusammen zum Telefon, und ich sagte diesem stellvertretenden Manager, was geschehen ist. Er sagte: ›In Ordnung, ich werde Mr. Thomas informieren. Bleiben Sie erreichbar, und ich werde Sie über das Ergebnis informieren.‹ Es war eine Frage, ob sie es mir erlauben würden oder nicht. Ich weiß nicht, worüber diskutiert wurde. Er sagte nicht: ›Sie gehen nicht.‹«

Senator Bourne: »Es wurden keine Einwände gemacht?«

Lord: »Nicht mir gegenüber, nein.«

Senator Bourne: »Oder Ihre Reederei?«

Lord: »Er sagte: ›Halten Sie sich in der Nähe des Telefons auf, bis ich Mr. Thomas erreicht habe.‹ Das ist alles, was er sagte.«

Senator Perkins: »Wie war die Antwort? Erhielten Sie irgendeine weitere Antwort?«

Lord: »Ja, er sagte mir, ich solle mich beeilen und gehen.«

Wenn schon dieser ganze Vorgang einen merkwürdigen Beigeschmack hinterläßt – die gesunkene *Titanic* und die *Californian*, die nun unter Verdacht steht, das Geisterschiff gewesen zu sein, gehören zu demselben Reedereientrust –, so ist Lords Bericht über die Vorgänge auf seinem Schiff in der Nacht zum 15. April 1912 nicht gerade dazu geeignet, die *Californian* zu verteidigen und das Mißtrauen zu zerstreuen.

Senator Smith: »Kapitän, sahen Sie Sonntag nacht irgendwelche Notsignale, entweder Raketen oder Morsesignale?«

Lord: »Nein, Sir, ich nicht. Der Offizier der Wache sah einige Signale, aber er sagte, es seien keine Notsignale.«

Senator Smith: »Sie waren keine Notsignale?«

Lord: »Keine Notsignale.«

Senator Smith: »Aber er meldete sie?«

Lord: »Mir. Ich denke, Sie lassen mich besser diese Geschichte erzählen.«

Senator Smith: »Ich wünsche, Sie würden es tun.«

Lord: »Als ich um halb elf Uhr abends von der Brücke kam, bemerkte ich zum Offizier, daß ich dachte, ein Licht käme, und es war ein äußerst seltsames Licht, und wir hatten die ganze Zeit Fehler mit diesen Sternen, die wir für Signale gehalten haben, gemacht. Wir konnten nicht unterscheiden, wo der Himmel aufhörte und das Wasser anfing. Es war eine totale Flaute, verstehen Sie. Er sagte, er dachte, es wäre ein Stern, und ich sagte nichts weiter. Ich ging nach unten. Ich unterhielt mich mit dem Ingenieur darüber, daß er Dampf halten sollte, und wir sahen diese Lichter näher kommen, und ich sagte: ›Da kommt ein Dampfer. Gehen wir zum Funker und fragen, wie die Lage ist.‹ Aber auf unserem Weg nach unten traf ich auf den Funker und sagte: ›Wissen Sie etwas?‹ Er sagte: ›Die *Titanic*.‹ Deswegen befahl ich ihm dann, die *Titanic* zu informieren. Ich sagte: ›Das ist nicht die *Titanic*, da gibt es keine Zweifel.‹ Sie kam und lag gegen halb zwölf vier Meilen[15] querab von uns bis viertel nach eins, schätze ich. Wir konnten alles auf ihr sehr deutlich erkennen, wir sahen ihre Lichter. Wir signalisierten ihr gegen halb zwölf mit der Morselampe. Sie schenkte uns nicht die geringste Beachtung. Das war zwischen halb zwölf und zwanzig Minuten vor zwölf. Wir signalisierten ihr ein weiteres Mal gegen zehn Minuten nach zwölf, halb eins, viertel vor eins und ein Uhr. Wir haben eine sehr starke Morselampe. Ich glaube, man kann sie etwa zehn Meilen weit sehen, und sie war ungefähr vier Meilen entfernt, und sie schenkte ihr nicht die geringste Aufmerksamkeit. Als der 2. Offizier um zwölf Uhr oder zehn Minuten nach zwölf auf die Brücke kam, befahl ich ihm, den Dampfer, der gestoppt hatte, zu beobachten, und ich machte ihn auf das Eis aufmerksam, sagte ihm, daß wir vom Eis umgeben waren; den Dampfer zu beobachten, daß wir einander nicht näher kamen. Gegen zwanzig Minuten vor eins pfiff ich durch das Sprachrohr und fragte ihn, ob sie näher käme. Er sagte: ›Nein, sie nimmt uns gar nicht wahr.‹ Deswegen sagte ich: ›Ich werde mich etwas hinlegen.‹ Gegen Viertel nach eins sagte er: ›Ich glaube, sie hat eine Rakete abgefeuert.‹ Er sagte: ›Sie hat nicht auf unsere Morsesignale geantwortet, und sie entfernt sich allmählich von uns.‹ Ich sagte: ›Rufen Sie sie und lassen Sie mich sofort wissen, wie ihr Name ist.‹ Er legte die Pfeife zurück und rief offensichtlich. Ich konnte ihn über meinen Kopf tackern hören. Dann schlief ich ein.«

Senator Smith: »Sie hörten nichts mehr darüber?«

Lord: »Nichts mehr darüber seit dem Moment und halb fünf, ich habe die schwache Erinnerung, daß der Anwärter die Tür zu meinem Raum öffnete, öffnete und schloß. Ich sagte: ›Was ist?‹ Er antwortete nicht, und ich schlief wieder ein. Ich glaube, der Junge kam runter, um mir die Nachricht zu überbringen, daß dieser Dampfer weg von uns nach Südwesten gedampft ist, mehrere von diesen Blitzen oder weißen Raketen zeigend, weggedampft nach Südwesten.«

Senator Smith: »Kapitän, diese Morsesignale sind eine Art von Sprache oder Methode, mit der sich Schiffe unterhalten?«

Lord: »Ja, Sir, nachts.«

Senator Smith: »Die Raketen, die benutzt werden, dienen demselben Zweck und werden unter Seeleuten verstanden, oder?«

Lord: »Als Notraketen?«

Senator Smith: »Ja.«

Lord: »Oh, ja, Sie verkennen niemals eine Notrakete.«

Senator Smith: »Angenommen die Morsesignale und die Raketen wurden auf der *Titanic* für eine halbe bis dreiviertel Stunde nachdem Sie das Eis gestreift hatte ununterbrochen gezeigt und gefeuert, würden Sie, von der Position Ihres Schiffes in einer Nacht wie Sonntag nacht, in der Lage gewesen sein, diese Signale zu sehen?«

Lord: »Von ihrer angenommenen Position?«

Senator Smith: »Ja.«

Lord: »Wir können Ihre Morsesignale nicht gesehen haben. Das ist ein Ding der Unmöglichkeit.«

Senator Smith: »Können Sie die Raketen gesehen haben?«

Lord: »Ich glaube nicht. Neunzehneinhalb Meilen ist eine lange Strecke. Es wäre ein gutes Stück unten am Horizont. Es könnte für eine Sternschnuppe oder irgendwas anderes angesehen werden.«

(...)

Senator Fletcher: »Lassen Sie mich Ihnen eine Frage hinsichtlich des Dampfers, den Sie in vier Meilen Entfernung sahen, stellen. Wie war dessen Position bezogen auf Ihr Schiff ...«

Lord: »Ziemlich nahe südlich von uns, vier Meilen südlich.«

Senator Fletcher: »Steuerbord oder backbord?«

Lord: »Na ja, auf unserem gewöhnlichen Kurs, unser gewöhnlicher Kurs war fast genau rechtweisend West, aber als wir das Eis sahen, waren wir so dicht, daß wir die Maschinen umschalten mußten und sie volle Kraft zurück laufen lassen mußten, und diese Umschalteaktion drehte das Schiff nach steuerbord, und wir lagen etwa rechtweisend Nordost. Als dieser Mann vorbeikam, zeigte er sein grünes Licht zu unserem Steuerbordlicht, das war vor Mitternacht. Nach Mitternacht wurden wir langsam herumgetrieben und zeigten ihm unser rotes Licht.«

Senator Fletcher: »Und er passierte nach Südwesten?«

Lord: »Er war bis ungefähr ein Uhr gestoppt, und dann begann er, wieder voraus zu fahren, und der 2. Offizier meldete, daß er von Süd-Südost nach West-Südwest gedreht hatte, sechseinhalb

Strich, und wenn er vier Seemeilen entfernt war, schätze ich, daß er in dieser Stunde eine Strecke von sieben oder siebeneinhalb Meilen zurückgelegt hat.«

Senator Fletcher: »War er jemals dichter an Ihnen dran?«

Lord: »Nein, Sir.«

Senator Fletcher: »Waren Sie in der Lage zu sagen, was das für ein Schiff war?«

Lord: »Der Offizier der Wache, der Anwärter dort und ich selbst – ich sah es vor ein Uhr, bevor ich in meinen Raum ging – waren der Meinung, daß es ein gewöhnlicher Frachtdampfer war.«

Senator Fletcher: »Sahen Sie die Schornsteine?«

Lord: »Nein, Sir. Es hatte eine Mastlaterne und ein grünes Licht, das ich zuerst sah.«

(...)

Senator Smith: »Senator Fletcher fragte Sie im Hinblick auf den Dampfer, der Sie Sonntag nacht stoppte.«

Lord: »Ja, Sir.«

Senator Smith: »Haben Sie irgendeine Idee, welcher Dampfer das war?«

Lord: »Nicht die geringste. Bei Tagesanbruch sahen wir einen Dampfer mit einem gelben Schornstein südwestlich von uns, hinter der Stelle, die der andere Mann verlassen hatte, ungefähr acht Seemeilen entfernt.«

Senator Fletcher: »Gehen Sie davon aus, daß es derselbe war?«

Lord: »Das kann ich nicht sagen. Ich glaube nicht, denn dieser eine hatte nur ein Mastlicht, das wir um halb zwölf sahen.«

Diese Geschichte von Lord gibt keinen Hinweis darauf, daß irgend jemand an Bord der *Californian* dachte, der nachts gesichtete Dampfer hätte irgendwelche Schwierigkeiten. Der Offizier der Wache sieht zwar Raketen, meldet diese auch dem Kapitän, aber es ist keine Rede von Notraketen, die laut Lord unverwechselbar sind. Daß dennoch zumindest der Offizier, der ab vier Uhr morgens auf der Brücke Wache hat, den Raketen durchaus Bedeutung zugemessen hätte, wird an den Worten deutlich, mit denen er den Funker Evans weckte:

Senator Smith: »Wann wurden Sie geweckt?«

Evans: »Gegen 3.30 Uhr New Yorker Zeit.«

Senator Smith: »Und wer weckte Sie?«

Evans: »Der Chief Officer.«

Senator Smith: »Was sagte er zu Ihnen?«

Evans: »Er sagte: ›Da ist ein Schiff, das in der Nacht Raketen abgeschossen hat. Bitte stellen Sie fest, ob irgendwas los ist.‹«

(...)

Senator Smith: »Sagten Sie mir, was der Offizier sagte, als er Sie Montag zwischen drei und vier Uhr morgens weckte?«

Evans: »Er kam zwischen drei und vier Uhr in meinen Raum, öffnete die Tür. Er hatte geklopft, aber ich schlief, und er kam rein. Er sagte, er hatte geklopft und kam dann rein.«

Senator Smith: »War abgeschlossen?«

Evans: »Nein, wir schließen an Bord eines Schiffes niemals eine Tür ab. Er kam in meinen Raum, und ich wachte nicht auf, und er bekam mich zu packen. Als er mich berührte, wachte ich erschrocken auf, und er sagte: ›Funker, da ist ein Schiff, das nachts Raketen abgefeuert hat. Würden Sie Ihr Gerät in Betrieb nehmen und versuchen, herauszufinden, was da nicht stimmt – was da los ist?‹ Ich sprang in meine Hosen und rief sofort. Innerhalb von fünf Minuten wußte ich, was geschehen war.«

Es wird auf ewig das Geheimnis Kapitän Lords und des Wachoffiziers, der die Raketen sichtete, bleiben, warum nicht schon in der Nacht, als die Raketen vom anderen Schiff abgefeuert wurden, der Funker geweckt wurde. Unabhängig davon, ob das andere Schiff die *Titanic* war oder nicht: Evans hätte den Notruf empfangen und die *Californian* hätte die Unglücksstelle noch vor der *Carpathia*, die alle Schiffbrüchigen aufgenommen hat, erreicht. Als Entschuldigung für das Nichtwecken des Funkers in der Nacht kann nur angeführt werden, daß Funk 1912 eine neue Technik ist, die noch nicht auf allen Schiffen installiert ist. Die Bedeutung und die Möglichkeiten der drahtlosen Telegraphie sind erst durch den Untergang der *Titanic* in das allgemeine Bewußtsein gerückt.

Kommt Kapitän Stanley Lord trotz des Zwischenfalls in Boston in den USA noch relativ glimpflich und unbeschadet davon, gerät er vor dem britischen Untersuchungsausschuß unter ganz heftigen Beschuß. Erstaunlich und erschreckend zugleich ist die Naivität, mit der Lord die Fragen beantwortet. Er realisiert seine Lage offensichtlich gar nicht. Die ganz große Tragik scheint zu sein, daß er sich absolut sicher ist, sein Wachoffizier zu der Zeit, in der die Raketen gesichtet wurden, wäre in der Lage, Notraketen zu erkennen. Dabei fängt auch in London alles sehr harmlos für Lord an …

Die *Californian* hat London am 5. April 1912 verlassen und befindet sich auf dem Weg nach Boston. Am Abend des 14. April 1912 muß die *Californian* um 22.21 Uhr Schiffszeit wegen eines Eisfeldes abstoppen, ihre Position ist 42° 5' Nord, 50° 7' West. Leider läßt sich nicht ermitteln, ob es eine gekoppelte oder eine anhand von Sternenobservationen bestimmte Position ist. Gekoppelte Positionen haben Unsicherheitsfaktoren in ihrer Berechnung, die sie ungenauer werden lassen. Auch die letzte Position der *Titanic* ist eine gekoppelte Position, und die Entdeckung des Wracks hat bewiesen, daß sie nicht richtig war.

Gegen elf Uhr abends wird von der *Californian* aus das Licht eines Dampfers gesehen. Der andere Dampfer fährt nach Westen und befindet sich süd-südöstlich von der *Californian*. Die *Titanic* ist auf einem Westkurs, und ihr Kurs verläuft südlich von der *Californian*. Wenn sie von der *Californian* aus gesichtet wird, muß sie tatsächlich anfangs süd-südöstlich von der *Californian* gewesen sein. Aber Lord bestreitet, daß es die *Titanic* war, die gesehen wurde, weil auf dem anderen Dampfer zuwenig Licht für ein Passagierschiff war. Er schenkt dem anderen Schiff, das etwa sechs bis sieben Seemeilen entfernt ist – man beachte die geänderte Entfernungsangabe zu seiner Aussage in den USA –, keine weitere Beachtung, läßt aber der *Titanic* per Funk ausrichten, daß die *Californian* vom Eis eingeschlossen ist. Warum aber läßt Lord die *Titanic* warnen, wenn er davon ausgeht, daß das andere Schiff nicht die *Titanic* ist?

Das andere Schiff stoppt gegen 23.30 Uhr Schiffszeit der *Californian*. Zwischen Schiffszeit *Californian* und *Titanic* besteht ein Unterschied von zwölf Minuten (die *Californian*-Zeit lag aufgrund ihrer westlicheren Position zwölf Minuten hinter *Titanic*-Zeit), so daß das andere Schiff um 23.42 Uhr *Titanic*-Zeit abgestoppt ist. Die *Titanic* ist gegen 23.40 Uhr mit dem Eisberg kollidiert, und ein Schiff, das mit voller Fahrt fährt, benötigt etwas Zeit, um zum Stillstand zu kommen.

Gegen 0.10 Uhr *Californian*-Zeit gibt Lord seinem 2. Offizier die Anweisung, zu beobachten, ob das andere Schiff seine Lage verändert. Die *Californian* ist zu dieser Zeit von losem Eis umgeben.

Lord geht gegen 0.15 Uhr *Californian*-Zeit in seine Kabine und fragt gegen 0.40 Uhr *Californian*-Zeit den 2. Offizier auf der Brücke, wie sich das andere Schiff verhält. Offensichtlich macht er sich doch Gedanken, denn das andere Schiff ist gestoppt, befindet sich damit nicht auf Kollisionskurs. Sechs bis sieben Seemeilen Distanz sind eine sichere Entfernung. Der 2. Offizier antwortet, daß sich nichts geändert hat. Er habe versucht, das andere Schiff mit der Morselampe anzublinken, aber keine Antwort erhalten.

Etwas später meldet der 2. Offizier, daß das andere Schiff langsam seine Lage in Richtung Südwest ändere und eine Rakete abgeschossen habe.

Und nun spitzt sich die Lage für Kapitän Lord vor dem britischen Untersuchungsausschuß zu, denn das einzige Schiff, von dem bekannt ist, daß es in der Nacht zum 15. April in dem Seegebiet Raketen abgeschossen hat, ist die *Titanic*.

Lord Mersey: »Gehe ich richtig in der Annahme, daß die *Titanic* zu der Zeit, in der die Rakete gesehen wurde, in der Position war, wo die Rakete abgefeuert wurde?«

Kapitän Lord: »Nein.«

Lord Mersey: »Anscheinend war die *Titanic*, laut Aussagen, zu der Zeit etwa 14 oder 15 Meilen von der *Californian* entfernt. Ist abgesehen davon noch irgendeine Aussage, die sich auf ein mysteriöses Licht, das gesehen wurde, bezieht und dieses ausschließt?«

Staatsanwalt: »Nein.«

Sir Robert Finlay: »Die *Titanic* war da 19 Meilen entfernt.«

Sir Robert Finlay ist der Vertreter der White Star Line, und es sei nur am Rande ein weiteres Mal erwähnt, daß die Leyland Line zum selben Reedereientrust wie die White Star Line gehört und dieser Reedereientrust durch den Untergang der *Titanic* unter immensen öffentlichen Druck geraten ist.

Lord Mersey: »Wissen Sie, was wirklich in meinem Kopf ist, ist, ob sie wirklich die Lichter der *Titanic* sahen. Ich möchte sehen, ob das richtig ist oder nicht.«

Staatsanwalt: »Sahen Sie ein oder zwei Mastlichter?«

Kapitän Lord: »Ich sah eines, aber der 3. Offizier sagte mir hinterher, er sah zwei. Er sagte es mir am nächsten Tag.«

Lord Mersey: »Das ist sehr wichtig, denn die *Titanic* hätte zwei Mastlichter gehabt.«

Staatsanwalt: »Wer ist der 3. Offizier?«

Kapitän Lord: »Mr. Groves.«

Staatsanwalt: »Was sagte er zu Ihnen?«

Kapitän Lord: »Ich fragte ihn, wie viele Lichter das Schiff hatte, und er antwortete, zwei, und ich merkte an, daß ich nur eines sah.«

Lord Mersey: »Warum fragten Sie ihn?«

Kapitän Lord: »Ich war neugierig hinsichtlich des *Titanic*-Unfalls.«

Offensichtlich hat Stanley Lord im Hinterkopf, daß die Brückenwache den Untergang der *Titanic* beobachtet, aber die Notlage des anderen Schiffes nicht erkannt hat. Seine Haltung, dennoch seine Brückenwache zu verteidigen, ruiniert jedoch seinen eigenen Ruf.

Staatsanwalt: »Hatten Sie irgendwelche Zweifel?«

Kapitän Lord: »Nicht persönlich. Ich denke nicht, daß die *Titanic* zu der Zeit weniger als 32 Meilen von uns entfernt war.«

Staatsanwalt: »Kennen Sie irgendein anderes Schiff, das zwei Mastlichter hat?«

Kapitän Lord: »Ja, jede Menge.«

Staatsanwalt: »Aber zu dieser Zeit und an dieser Stelle?«

Kapitän Lord: »Die genannte Position, 19 Meilen entfernt, ist meiner Meinung nach nicht der Ort, an dem die *Titanic* den Eisberg gestreift hat. Die Stelle, an der ich die Wrackteile sah, war 30 Meilen entfernt.«[16]

Staatsanwalt: »Erinnern Sie sich daran, daß Ihnen der 3. Offizier gegen Viertel nach elf jene Nacht meldete, daß er einen Dampfer gesichtet habe?«

Kapitän Lord: »Nein. Vor Viertel vor zwölf hörte ich gar keine Meldung.«[17]

Staatsanwalt: »Sagte er, daß es ein Passagierdampfer war?«

Kapitän Lord: »Nein.«

Staatsanwalt: »Und entgegneten Sie, daß das einzige Passagierschiff in der Nähe der *Californian* die *Titanic* ist?«

Kapitän Lord: »Sie war.«

Staatsanwalt: »Sagten Sie das?«

Kapitän Lord: »Ich erinnere mich nicht, das gesagt zu haben, aber vielleicht habe ich es gesagt.«

Staatsanwalt: »Wissen Sie von irgendeinem anderen Schiff in Ihrer Nähe, abgesehen von der *Titanic*?«

Kapitän Lord: »Ich weiß nicht, wo die *Titanic* war. Ich hatte niemals ihre Position, obwohl ich in Funkkontakt mit ihr stand.«

Staatsanwalt: »Dachten Sie jemals, daß der sich Ihnen nähernde Dampfer die *Titanic* sei?«

Kapitän Lord: »Nein.«

In diesem Zusammenhang scheint es merkwürdig zu sein, daß Lord die *Titanic* darüber informieren läßt, die *Californian* sei von Eis eingeschlossen, als die Lichter eines anderen Schiffes gesichtet werden, von denen Lord nach dem Untergang der *Titanic* behauptet, es seien nicht die Lichter der *Titanic* gewesen. Welchen Sinn macht dann eine Eiswarnung an die *Titanic*? Die *Californian* ist zu dem Zeitpunkt schon etwas länger vom Eis eingeschlossen …

Staatsanwalt: »Sie sahen den 3. Offizier von der Brücke aus mit der Morselampe signalisieren?«

Kapitän Lord: »Ja, aber er erhielt keine Antwort. Das schien mir nicht besonders merkwürdig zu sein.«

Staatsanwalt: »Erinnern Sie sich, daß Gibson, ein Anwärter, gegen 1.15 Uhr zu Ihnen kam, um Ihnen etwas zu erzählen?«

Kapitän Lord: »Ja. Er öffnete die Tür, und ich sagte: ›Was ist?‹, aber Gibson antwortete nicht.«

Staatsanwalt: »Waren Sie um 23.40 an Deck?«

Kapitän Lord: »Ja, und ich ging um 0.15.«

Staatsanwalt: »Sagte der 3. Offizier zu Ihnen, daß die Deckbeleuchtung des Schiffes auszugehen schien?«

Kapitän Lord: »Nicht zu mir.«

Staatsanwalt: »Wurde irgendwas darüber zu irgend jemandem gesagt?«

Kapitän Lord: »Ich habe seitdem gehört, daß das der 3. Offizier zum 2. Offizier gesagt hat.«

Staatsanwalt: »Wurden Sie um 4.30 Uhr vom Chief Officer geweckt?«

Kapitän Lord: »Ja, er sagte mir, daß der Dampfer, der Raketen abgefeuert hatte, immer noch im Süden war.«

Staatsanwalt: »Wissen Sie, daß der eine Reihe von Raketen abgeschossen hat?«

Kapitän Lord: »Ja, am nächsten Tag gegen fünf Uhr morgens sagte mir der 2. Offizier, daß der Dampfer einige Raketen während seiner Wache abgefeuert hat.«

An dieser Stelle greift Lord Mersey ein und fordert die anderen Offiziere der *Californian* auf, aus dem Saal zu gehen. Als seine Offiziere den Raum verlassen, müßte Lord eigentlich klar sein, was die Stunde für ihn geschlagen hat. Doch der Kapitän stolpert in jede Fangfrage. Selbst die Auswege, die ihm förmlich angeboten werden, nutzt er nicht.

Staatsanwalt: »Wissen Sie, daß Gibson vom 2. Offizier befohlen worden war, Sie zu wecken?«

Kapitän Lord: »Ich hörte am nächsten Tag davon.«

Staatsanwalt: »Und war das aus dem Grund, daß dieses andere Schiff acht Raketen abgefeuert hat und daß das Schiff verschwunden war?«

Kapitän Lord: »Ich hörte nicht, daß das andere Schiff verschwunden ist. Ich wußte nichts von den Raketen außer der einen, die ich bis fünf Uhr morgens[18] sah.«

Staatsanwalt: »Blieben Sie im Kartenraum, als Sie diese eine Rakete sahen?«

Kapitän Lord: »Ja.«

Staatsanwalt: »Sie wußten, daß da Gefahr für Dampfer, die in Ihrer Nähe dampften, war?«

Kapitän Lord: »Ja, für Dampfer, die fuhren.«

Staatsanwalt: »Und daß da Gefahr für die *Titanic* war, weil Sie ihr von dem Eis berichtet hatten?«

Kapitän Lord: »Ja.«

Lord hatte zu Beginn noch erwähnt, er wisse gar nicht, wo die *Titanic* sich befand. Doch wenn er an dieser Stelle zugibt, daß er wußte, für die *Titanic* bestand Gefahr, muß er doch eine ziemlich genaue Vorstellung davon gehabt haben, in welchem Seegebiet die *Titanic* und daß sie der *Californian* durchaus nahe ist.

Staatsanwalt: »Was sagten Sie zu der Zeit über die Rakete?«

Kapitän Lord: »Ich sagte zu dem Offizier: ›Ist das ein Reedereisignal?‹, und ich dachte, es wäre eines, obwohl er sagte, er wisse es nicht.«

Lord Mersey: »Was, dachten Sie, machte sie?«

Kapitän Lord: »Ich dachte, sie antwortete auf unsere Signale. Wir hatten seit 23.30 Uhr[19] versucht, mit ihr in Verbindung zu treten.«

Staatsanwalt: »Welche Nachricht überbrachte Ihnen Gibson?«

Kapitän Lord: »Ich hörte ihn gar nichts sagen.«

Staatsanwalt: »Auf See sehen Sie außer Notraketen keine anderen Raketensignale?«

Kapitän Lord: »Reedereisignale sind Notraketen sehr ähnlich. Ich dachte, sie würde unsere Morsesignale bestätigen.«

In den USA hat Lord noch fest behauptet, daß Notraketen unverwechselbar sind.

Staatsanwalt: »Erwarteten Sie, daß Gibson zu Ihnen kam?«

Kapitän Lord: »Ja. Ich gab die Anweisung, ihn zu mir zu schicken, wenn der Dampfer geantwortet hatte. Ich schlief und wachte durch das Schlagen der Tür auf, doch schlief wieder ein, ohne daß ich Gibson irgendwas sagen hörte.«

Staatsanwalt: »Dann denken Sie jetzt, daß die Rakete, die Sie sahen, eine Notrakete war?«

Kapitän Lord: »Nein, denn wir hörten den Knall nicht, und wir waren dicht genug dran, um ihn zu hören.«

Staatsanwalt: »Erinnern Sie eine Unterhaltung mit Ihrem Chief Officer um fünf Uhr morgens?«

Kapitän Lord: »Ja, wir überlegten, ob wir wenden oder wegen des Eises umdrehen sollten. Der Chief Officer sagte: ›Möchten Sie nach unten gehen und nach dem Dampfer, der südlich von uns ist, sehen, denn vielleicht hat er sein Ruder verloren.‹ Ich sagte dann: ›Er hat aber keine Signale gesetzt‹, und er antwortete, daß der 2. Offizier ihm erzählt hat, daß der Dampfer während seiner Wache einige Raketen gefeuert hat. Ich sagte dann: ›Wecken Sie den Funker‹, und der Chief Officer ging, um den Befehl auszuführen, und kam kurz danach zurück und sagte: ›Da ist ein Schiff gesunken.‹ Der Chief Officer ging dann zurück zum Funkraum, und als er nach einer kurzen Zeit zurückkam, berichtete er mir, daß es die *Titanic* war, die gesunken ist. Dann ging ich persönlich zum Funkraum.«

Staatsanwalt: »Sagten Sie dann irgendwas über die Möglichkeit, daß das Schiff, das die Raketen abgefeuert hat, die *Titanic* war?«

Kapitän Lord: »Nein. Ich ging direkt zum Funkraum.«

Staatsanwalt: »Sagten Sie dann irgendwas über die Möglichkeit, daß es das Schiff war, wegen dessen Sie erwarteten, daß Gibson mit Neuigkeiten zu Ihnen geschickt wurde?«

Kapitän Lord: »Nicht dann.«

Dieser Aussage nach scheint Lord durchaus in Erwägung gezogen zu haben, daß seine Brückenwache den Untergang der *Titanic* beobachtet und nichts unternommen hat. Nicht mal der Kapitän wurde geweckt.

Staatsanwalt: »Sind Sie völlig überzeugt, daß es nicht die *Titanic* war, die sie die vorangegangene Nacht gesehen haben?«

Kapitän Lord: »Ich persönlich bin mir sicher, daß sie es nicht war. Wir waren nur vier oder fünf Meilen entfernt, und wir würden die Raketen gehört haben.«

Es sei an dieser Stelle daran erinnert, daß Kapitän Moore von der *Mount Temple* in den USA erklärt hat, daß man bei Dunkelheit auf See keine Entfernungen schätzen kann.

Staatsanwalt: »Haben Sie jemals von einem anderen Schiff gehört, daß in Ihrer Nähe war und Raketen abgefeuert hat?«

Kapitän Lord: »Nein.«

Staatsanwalt: »Warum sind Sie so sicher, daß es nicht die *Titanic* war?«

Kapitän Lord: »Weil keiner bei dieser Entfernung einen Fehler bei so einem Dampfer machen könnte. Ich glaube nicht, daß wir ihre Seitenlichter gesehen hätten, wenn sie weiter als vier oder fünf Meilen entfernt war.«

Und hier kommt unterschwellig doch wieder durch, daß Lord im Hinterkopf die Befürchtung hat, es war die *Titanic*.

Staatsanwalt: »Sie können kein anderes Passagierschiff nennen, das zu dieser Zeit in Ihrer Nähe war und Raketen abgefeuert hat?«

Kapitän Lord: »Ich sah am anderen Tag nur einen anderen Dampfer, die *Mount Temple*. Ich kann keinen anderen Dampfer nennen.«

Staatsanwalt: »Sie können außer der *Titanic* keinen anderen Dampfer nennen, der Raketen abgefeuert hat?«

Kapitän Lord: »Nein.«

Staatsanwalt: »Erhielten Sie um sechs Uhr morgens die Nachricht, daß die *Titanic* sinkt?«

Kapitän Lord: »Ja, auf 41°46' Nord, 50°14' West, und ich nahm sofort Kurs auf die Position.«

Staatsanwalt: »Fuhren Sie zurück zu der Position, auf der die *Titanic* gesunken ist?«

Kapitän Lord: »Wir passierten sie.«

Staatsanwalt: »Kreuzten Sie in der Nähe der Unglücksstelle?«

Kapitän Lord: »Ja.«

Staatsanwalt: »Sahen Sie da irgendwas?«

Kapitän Lord: »Nein.«

Staatsanwalt: »Keine Wrackteile?«

Kapitän Lord: »Nein.«

Staatsanwalt: »Wo war irgendwas?«

Kapitän Lord: »In der Nähe der *Carpathia* sah ich Deckstühle, Faltboote und so weiter.«

Staatsanwalt: »Irgendwelche Wrackteile?«

Kapitän Lord: »Ja.«

Staatsanwalt: »Suchten Sie weiter, um zu sehen, ob Sie irgendwelche Leichen finden konnten?«

Kapitän Lord: »Ich sah keine.«

Staatsanwalt: »Wie lautete die Position?«

Kapitän Lord: »41°33' Nord, 50°1' West.«

(…)

Lord Mersey: »Wann und wie verloren Sie Sichtkontakt zu dem Dampfer, den Sie gesehen haben?«

Kapitän Lord: »Gegen zwei Uhr.«

Lord Mersey: »Wie weit war er entfernt?«

Kapitän Lord: »Er war vier oder mehr Meilen im Südwesten. Ich sah den Dampfer um 23.30 Uhr stoppen.«

Lord Mersey: »Dann kann er nicht gedampft sein. Er war mitten im Eis?«

Kapitän Lord: »Ja. Es war zwei Uhr, als wir sein Heck sahen.«

Lord Mersey: »Und das war das letzte, was Sie von ihm sahen?«

Kapitän Lord: »Ja.«

Scanlan, Vertreter der Seemänner und Heizer: »Wenn Sie im unklaren über den Namen des Schiffes waren, konnten Sie nicht Ihren Funker wecken?«

Kapitän Lord: »Wir konnten keine Antwort erhalten, deswegen dachten wir, es hätte kein Funk. Hätte es Funk gehabt, hätten wir mit ihm in Verbindung treten können.«

Scanlan: »Hätten Sie nicht Ihren Funker wecken können? Wäre das nicht vernünftiger gewesen?«

Kapitän Lord: »Dann hätten wir die Signale der *Titanic* gehört.«

Scanlan: »Warum sagen Sie, daß der Dampfer, den Sie sahen und der Ihren Angaben nach so groß wie Ihr eigenes Schiff war, kein Funk hatte?«

Kapitän Lord: »Weil der Funker sagte, er hatte keine Antwort, und deswegen kam ich zu dem Schluß, daß es nicht die *Titanic* ist.«

Diese Aussage ist wieder ein Hinweis darauf, daß Lord durchaus damit gerechnet hat, daß das andere Schiff die *Titanic* sein könnte.

(…)

Roche, Vertreter der Ingenieure: »Ich habe Sie so verstanden, daß Sie nach zehn Uhr abends nicht mehr besonders begierig waren, Ihre Maschinen zu bewegen?«

Kapitän Lord: »Nein.«

Roche: »War das der Grund, warum Sie nicht besonders nachforschten?«

Kapitän Lord: »Nein.«

(...)

Edwards, Vertreter der Werft- und Hafenarbeiter: »Sie sagten in Amerika aus, daß Sie keine Erinnerung daran haben, daß der Junge irgendwas sagte, als er um ein Uhr zu Ihnen kam?«

Kapitän Lord: »Ja.«

Edwards: »Was sagen Sie jetzt?«

Kapitän Lord: »Ich erinnere keine Worte.«

Edwards: »Sagten Sie dem amerikanischen Untersuchungsausschuß, daß Sie eine schwache Erinnerung daran haben, daß der Kabinenjunge etwas von einem Schiff in Bereitschaft sagte?«

Kapitän Lord: »Nein. Ich erwartete eine Nachricht vom Offizier.«

Edwards: »Sagten Sie dem amerikanischen Ausschuß, daß da Lichtblitze von dem Schiff waren, daß diese vielleicht Notsignale oder Morsesignale sein könnten?«

Kapitän Lord: »Gar nichts davon.«

Edwards: »Sagten Sie dem amerikanischen Ausschuß, daß die Sichtung des Lichtes sehr außergewöhnlich war?«

Kapitän Lord: »Es war, was übersichtig genannt wird. Sie konnten Lichter auf Schiffen für Sterne halten.«

Edwards: »Sie sagten, daß Sie, als Sie von der *Virginian* hörten, daß die *Titanic* untergegangen ist, haben Sie nicht gesagt, daß Sie diese Signale hätten sehen müssen?«

Kapitän Lord: »Ich dachte es. Ich habe es nicht gesagt.«

Und hier gibt Lord zu, daß er wußte, wie nahe die *Titanic* der *Californian* war: Nahe genug, um von der *Californian* aus gesehen zu werden. Und das dürfte auch belegen, daß Lord davon ausgegangen ist, es war die *Titanic*, deren Lichter von der *Californian* gesichtet wurden. Deswegen auch die Eiswarnung an die *Titanic*. Möglicherweise hat niemand an die Möglichkeit, daß die *Titanic* Notraketen abschießen könnte – das Schiff galt schließlich als unsinkbar –, gedacht und deswegen den Raketen keine Bedeutung zugemessen.

Edwards: »Sie sagten dem amerikanischen Untersuchungsausschuß, daß es nicht möglich war, daß Sie die Lichter der *Titanic* gesehen haben?«

Kapitän Lord: »Nicht auf die Entfernung, die Sie von mir gewesen sein muß.«

(...)

Staatsanwalt: »Wann schickte der 2. Offizier den Anwärter zu Ihnen?«

Kapitän Lord: »Um zwei Uhr morgens.«

Staatsanwalt: »Wollten Sie zu der Zeit von dem Anwärter wissen, ob es alles weiße Raketen waren?«

Kapitän Lord: »Ich weiß nicht. Ich schlief. Ich habe den Jungen seitdem sehr genau befragt, und er sagte, daß ich die Augen öffnete und sagte: ›Was ist?‹ Er sagte mir, daß er mir die Meldung des Offiziers überbrachte und mir die Farbe der Lichter bestätigte.«

Staatsanwalt: »Sagt er die Wahrheit?«

Kapitän Lord: »Ich zweifle nicht daran, daß er es tut.«

Hier nimmt Lord den angebotenen Ausweg nicht wahr. Hätte er an dieser Stelle behauptet, dem Anwärter wäre nicht zu trauen, wäre für ihn einiges einfacher geworden.

Staatsanwalt: »Sehen Sie nicht, was das bedeutet, Kapitän? Es bedeutet, daß der Junge zu Ihnen kam und Ihnen von den Raketen vom Schiff erzählte und daß Sie fragten, ob es weiße Raketen wären, und daß Sie ihm dann sagten, daß er Meldung machen sollte, was weiter geschähe?«

Kapitän Lord: »Das ist, was er sagt.«

Staatsanwalt: »Haben Sie Gründe, daran zu zweifeln?«

Kapitän Lord: »Ich schlief.«

An dieser Stelle merkt Lord offensichtlich, daß er einen Fehler gemacht hat. Er will – wie vielleicht jeder gute Vorgesetzte – einen Untergebenen schützen. Aber das bringt nur ihn selbst in ganz große Schwierigkeiten.

Staatsanwalt: »Wollen Sie damit sagen, daß Sie im Schlaf sprechen?«

Kapitän Lord: »Sehr wahrscheinlich war ich halb im Schlaf und halb wach. Ich habe keine Erinnerung daran, daß der Anwärter überhaupt irgendwas sagte.«

Staatsanwalt: »Was war die Bedeutung Ihrer Frage, ob es alles weiße Lichter waren?«

Kapitän Lord: »Nichts Besonderes. Reedereisignale haben üblicherweise einige Farben. Einige Reedereisignale jedoch sind weiß.«

Staatsanwalt: »Kapitän, Sie tun sich wirklich keinen Gefallen. War nicht der Hintergrund so, daß Sie, wenn sie weiß gewesen wären, gewußt hätten, daß es Notsignale waren?«

Kapitän Lord: »Ich weiß nicht, was der Hintergrund war.«

Staatsanwalt: »Erinnern Sie sich daran, daß der Offizier gegen zwanzig Minuten vor drei Uhr Meldung durch das Sprachrohr machte?«

Kapitän Lord: »Nein.«

Staatsanwalt: »Sagte er Ihnen nicht, daß der andere Dampfer verschwunden ist und zuletzt Südwest zu West lag?«

Kapitän Lord: »Ich erinnere mich nicht daran. Er sagte es mir aber später.«

Staatsanwalt: »Haben Sie irgendwelche Gründe, daran zu zweifeln?«

Kapitän Lord: »Ich erinnere mich nicht daran.«

Staatsanwalt: »Ist er ein verläßlicher, vertrauenswürdiger Mann?«

Kapitän Lord: »Ja.«

Staatsanwalt: »Dann fährt er fort zu sagen: ›Der Kapitän fragte mich, ob ich mir sicher sei, daß da keine Farben in den Lichtern sind.‹?«

Kapitän Lord: »Ich erinnere das nicht.«

Staatsanwalt: »Und daß er Ihnen versicherte, daß es keine farbigen Lichter waren?«

Kapitän Lord: »Ich habe keine Erinnerung an irgendwas zwischen halb zwei und halb fünf.«

Staatsanwalt: »Weckte Mr. Steward, der Chief Officer, Sie um halb fünf und berichtete Ihnen, daß der 2. Offizier Raketen gesehen hat, und Sie antworteten: ›Ja, weiß ich‹?«

Kapitän Lord: »Nein.«

Staatsanwalt: »Wenn Sie den Funker geweckt hätten, als Sie die erste Rakete gesehen hatten, hätte er die Meldung der *Titanic* gehört?«

Kapitän Lord: »Ja.«

Staatsanwalt: »Hätten Sie das CQD-Signal selbst verstanden?«

> Kapitän Lord: »Es ist zu schnell für mich, aber der Funker hätte es verstanden.«
>
> (...)
>
> In Erwiderung auf eine Frage von Lord Mersey stellt der Zeuge fest, daß keiner realisierte, daß die Raketen Notraketen waren. Er machte keinen Eintrag im Logbuch, weil sie dachten, es wären keine Notraketen.
>
> (...)

Die Lage für Lord ist so übel geworden, daß er einen Interessenvertreter für sich vor dem britischen Untersuchungsausschuß hat – Mr. Dunlop. Eine Frage, die Dunlop Lord stellt, reißt Lord noch etwas weiter rein:

> Dunlop: »Als Sie sich der *Titanic* näherten, fragten Sie da den 2. Offizier, warum er Sie nicht gerufen hatte?«
>
> Kapitän Lord: »Ja, und er sagte, er hatte Gibson geschickt, der sagte, ich wäre wach. Ich sagte dann, daß ich überrascht war, daß er nicht selbst gekommen ist, um mich zu wecken, und er sagte, er hätte das getan, wenn er gedacht hätte, es seien Notraketen, aber seiner Meinung nach waren sie es nicht.«

Auch bei dieser Aussage Lords gewinnt man den Eindruck, daß der Kapitän selbst ein ungutes Gefühl bei der ganzen Sache hat, doch er verteidigt tapfer seine Brückenwache, wohl wissend, daß ein Kapitän immer die ganze Verantwortung trägt – selbst wenn er schläft.

Die Beobachtungen der Brückenwache sind durchaus merkwürdig: Nicht nur Raketen werden von dem anderen Schiff abgeschossen. Der 2. Offizier und der Anwärter haben auch den Eindruck, daß das andere Schiff »komisch« im Wasser liegt. Der Anwärter berichtet, er vermutete, daß der andere Dampfer eine starke Schlagseite nach steuerbord hat. Diese Schlagseite will er an den Lichtern des anderen Schiffes erkannt haben. Es ist das erste und einzige Mal, daß von der *Californian* zugegeben wird, daß mehr als nur die Positionslaternen und Mastlicht gesichtet worden ist.

Außer den Raketen von diesem Dampfer werden von der Brükkenwache gegen zwanzig Minuten vor vier Uhr morgens weitere Raketen gesehen. Diese befinden sich am Horizont. Um diese Uhrzeit sind von der *Carpathia* Lichtsignale abgeschossen worden. Wenn man Lords Standpunkt vor dem britischen Untersuchungsausschuß, daß die *Titanic* über 30 Seemeilen entfernt war, als richtig ansieht, dann müssen außer der *Titanic* und der *Carpathia* noch zwei andere

Schiffe in der Nacht Raketen abgefeuert haben, denn die *Carpathia* – von der bekannt ist, daß sie Raketen abgeschossen hat – befindet sich zu diesem Zeitpunkt über 40 Seemeilen von der *Californian* entfernt. Diese Entfernung ist zu groß, um Lichtsignale zu erkennen.

Wenn außer der *Carpathia* noch ein anderes Schiff zwischen *Californian* und *Carpathia* Raketen abgeschossen hat, hätten sie auch von der *Carpathia* aus gesehen werden müssen. Doch die *Carpathia* sah nur die grünen Leuchtkugeln, die der 4. Offizier der *Titanic* von einem Rettungsboot aus abgefeuert hat. Von der *Californian* aus wurden allerdings nur weiße Lichtsignale gesehen.

Ebenfalls merkwürdig ist die Wortwahl »disappeared« (verschwand), wenn aus der Sicht der *Californian* beschrieben wird, wie das Licht des anderen Schiffes außer Sicht kam. Offensichtlich hat keiner eindeutige Schiffsbewegungen beobachtet – das andere Licht verschwand ganz einfach. Wenn das andere Schiff, wie von der Brückenwache vermutet, nach Südwesten gedampft ist, muß das andere Schiff rückwärts gefahren sein, da von der *Californian* aus niemals die Hecklaterne des anderen Schiffes gesehen wurde. Wäre das andere Schiff vorwärts Richtung Südwesten entschwunden, hätte es der *Californian* allerdings das Heck zuwenden müssen.

Wenn man davon ausgeht, daß das von der *Californian* gesichtete Schiff nicht die *Titanic* war, gelangt man sehr schnell zur »Drei-Schiff-Theorie«, das heißt, ein drittes, bis heute unidentifiziertes Schiff befand sich zwischen der *Titanic* und der *Californian*.

Dieses unbekannte Schiff X befindet sich auf einem Parallelkurs zur *Titanic* – allerdings nördlich von dem White-Star-Dampfer, aber südlich von der *Californian*. Es stoppt – wie die *Titanic* – gegen 23.30 Uhr *Californian*-Zeit. Es feuert – wie die *Titanic* – Raketen ab. Diese Raketen werden allerdings nicht von der *Titanic* gesehen. Es verschwindet dann mit Rückwärtsfahrt aus dem Sichtfeld der *Californian* ungefähr zu dem Zeitpunkt, an dem die *Titanic* gesunken ist. Dieses Schiff X wird seit jener Nacht nicht wieder gesehen. Möglicherweise ist auch Schiff X in dem Eisfeld, das der *Titanic* zum Verhängnis wurde, untergegangen? Aber es ist nicht bekannt, daß in jener Nacht in jenem Seegebiet ein anderes Schiff mit Mann und Maus versank.

Außerdem birgt die »Drei-Schiff-Theorie« ein ganz großes Manko: Es sind die Raketen. Die *Californian* hat Raketen gesehen, die *Titanic* hat welche abgefeuert, selbst aber nur die Lichter eines

Schiffes gesehen, das keine Raketen abgeschossen hat. Damit Schiff X sich zwischen *Titanic* und *Californian* befunden haben kann, ohne selbst Lichtsignale abzuschießen, greifen Verteidiger von Kapitän Lord gerne zu dem Trick, daß von der *Californian* aus zwar Raketen gesichtet wurden, diese aber nicht von dem Schiff X abgeschossen wurden. Es ist dabei nur sehr bedauerlich, daß in den Aussagen von 1912 noch davon gesprochen wird, daß die Raketen von Schiff X direkt kamen.

Doch ganz schnell kommt man dann zur »Vier-Schiff-Theorie«: Es befindet sich nicht nur Schiff X zwischen *Titanic* und *Californian*, sondern auch noch Schiff Y, wobei Schiff X von der *Californian* aus gesehen wird, während die *Titanic* Schiff Y sichtet.

Schiff X verhält sich wie bei der »Drei-Schiff-Theorie«, darf bei der »Vier-Schiff-Theorie« sogar selbst Raketen abfeuern, die allerdings nicht von der *Titanic* aus gesehen werden, sondern nur von der *Californian* und möglicherweise auch von Schiff Y.

Erstaunlich an diesen beiden Theorien ist jedoch, daß sich Schiff X ziemlich synchron zur *Titanic* verhält …

Geht man jedoch davon aus, daß Schiff X die *Titanic* ist und Schiff Y nur in der Theorie existiert, gelangt man nur zu dem Ergebnis, zu dem auch die Untersuchungsausschüsse gekommen sind: Die *Californian* hat die *Titanic* gesehen und nicht auf deren Notraketen reagiert.

Verteidiger von Kapitän Lord führen in neuerer Zeit immer wieder an, daß die *Titanic* »falsche« Notraketen abgeschossen hat – Notsignale hätten schließlich rot und nicht weiß zu sein[20]. Doch 1912 gibt es noch keine generelle Farbe für Notraketen. Lord Mersey stellt fest, daß Notraketen jede Farbe haben können, und der Verteidiger von Kapitän Lord vor dem britischen Untersuchungsausschuß erklärt in der offensichtlich typischen Naivität für alle, die sich 1912 bemühen, die *Californian* von dem Verdacht des Geisterschiffes zu befreien, daß Notraketen üblicherweise weiß sind. Die Brückenwache der *Californian* hat weiße Raketen gesehen.

Problematischer wird die ganze Angelegenheit jedoch dadurch, daß schon durch die 1912 genannten Positionen eine Entfernung zwischen *Titanic* und *Californian* war, die es eigentlich ausschließt, daß die beiden Schiffe einander gesehen haben können. Die Entdeckung des Wracks hat jedoch gezeigt, daß sich die *Titanic* noch weiter südöstlich befand, als vom 4. Offizier der *Titanic* errechnet.

Allerdings darf nicht vergessen werden, daß die Position der *Californian* gegen 22.30 Uhr bestimmt wurde, und wenn es eine gekoppelte Position war, besteht die Möglichkeit, daß sie nicht völlig richtig ist. Die *Titanic* stoppt gegen 23.40 Uhr (23.30 Uhr *Californian*-Zeit) – also etwa eine Stunde nachdem die *Californian* wegen des Eises ihre Fahrt unterbrochen hat. In dieser einen Stunde ist die *Californian* gedriftet. Laut 4. Offizier der *Titanic* trifft man in dem Seegebiet eine südöstliche Strömung an. Allerdings variiert die Stärke der Strömung, so daß unklar ist, wie weit die *Californian* in dieser einen Stunde mit der Strömung in Richtung Südosten getrieben ist.

Kapitän Lord berichtet von einer Nacht mit merkwürdigen Lichtverhältnissen. Die Offiziere der *Titanic* sprechen davon, daß es eine Nacht war, in der man sehr weit sehen konnte. Und es war eine kalte Nacht mit einem sternenklaren Himmel. Je kälter die Luft, um so geringer der darin gebundene Anteil an Feuchtigkeit und um so weiter die Sicht.

Möglicherweise hat die klare und kalte Nacht eine größere Sicht ermöglicht, als von den Seeleuten angenommen wurde. Es sei an Kapitän Moore von der *Mount Temple* erinnert, der gesagt hat, daß man bei Dunkelheit auf See keine Entfernungen schätzen kann. Damit war auch die Distanz zwischen der *Californian* und dem von ihr gesichteten Schiff größer – genau wie die Entfernung der *Titanic* zu dem von ihr gesichteten Schiff – als die anhand von Erfahrungswerten geschätzten Meilen. Deswegen konnte weder die *Titanic* die Morselampe der *Californian* noch die *Californian* die Morselampe der *Titanic* entziffern. Das Brückenpersonal auf beiden Schiffen hielt es jeweils für das Flackern des Mastlichtes des anderen Schiffes. Wie es mit Entfernungen üblich ist: Je größer der Abstand, um so kleiner wirkt das Objekt in der Distanz. So kann die *Titanic* durchaus zu einem Trampschiff und die *Californian* zu einem Fischdampfer werden.[21]

Doch warum wurde von den Rettungsbooten der *Titanic* aus am nächsten Morgen das andere Schiff nicht mehr gesehen? Die *Californian* ist weiterhin nur mit der Strömung gedriftet. Die Antwort liegt vielleicht darin, daß bei Tagesanbruch die *Carpathia* bereits in Sichtweite war und dieses Schiff tatsächlich den Schiffbrüchigen zu Hilfe kam, so daß die Aufmerksamkeit der Menschen in den Booten in die andere Richtung gerichtet war. Außerdem kann sich die Lufttemperatur erhöht haben. Dadurch hat sich der Feuchtigkeitsanteil in der Luft erhöht und die Sichtweite reduziert.

Übrigens ist es Joseph Bruce Ismay, Präsident der White Star Line und Überlebender der *Titanic*, der vor dem britischen Untersuchungsausschuß sagt: »Ich verstehe, daß das Licht der *Californian* an backbord war.« Damit ist offensichtlich für Ismay die Sache klar.

Und auch für die Untersuchungsausschüsse ist die Angelegenheit eindeutig: Beide kommen anhand der Zeugenaussagen zu dem Ergebnis, daß das von der *Titanic* gesichtete Schiff die *Californian* war und die *Californian* den Untergang der *Titanic* beobachtet hat. Zu offensichtlich sind die Parallelen zwischen dem Verhalten von Schiff X und der *Titanic*.

Anmerkungen

1 «Drei-Schiff-Theorie« = zwischen der *Titanic* und der *Californian* befand sich ein weiteres bis heute unidentifiziertes Schiff.
»Vier-Schiff-Theorie« = zwischen der *Titanic* und der *Californian* befanden sich gleich zwei bis heute unidentifizierte Schiffe, von denen eines von der *Titanic* und das andere von der *Californian* aus gesehen wurde.

2 Das sind etwa 240 bis 260 Kilometer.

3 49 Seemeilen = 90,75 Kilometer.

4 11,5 Knoten = 21,3 km/h.

5 Die Positionslaternen von Schiffen haben zwei verschiedene Farben: Backbord ist rot und steuerbord grün. Kapitän Moore von der *Mount Temple* erklärt mit der Angabe »grün zu grün«, daß sich die Schiffe an steuerbord passierten.

6 Nach heutigen Angaben ein Kurs von 65°.

7 5 Meilen = etwa 9 km.

8 Tramp = Bezeichnung für ein kleines Frachtschiff.

9 Jede Reederei hatte eine eigene Schornsteinfärbung und -musterung.

10 Die *Titanic* befand sich tatsächlich einige Meilen südöstlich von der vom 4. Offizier Boxhall errechneten letzten Position. Es ist übrigens eine interessante Gedankenspielerei, was passiert wäre, wenn die *Titanic* dem Eisberg, der ihr zum Verhängnis wurde, noch rechtzeitig hätte ausweichen können – wahrscheinlich hätte sie nur einige Meilen später die Geschwindigkeit reduzieren und sich mühsam einen Weg durch das dichte Eisfeld, dessen westliche Seite die *Mount Temple* zum Abstoppen zwang, suchen oder aber das Eis südlich umfahren müssen.

11 Donkeymaschine = Hilfsmaschine.

12 Yorkshire = Grafschaft in England.

13 10 Seemeilen = 18,52 Kilometer.

14 20 Seemeilen = 37,04 Kilometer.

15 4 Seemeilen = 7,5 Kilometer.

16 Lord hat noch vor dem amerikanischen Untersuchungsausschuß davon gesprochen, daß die *Titanic* 19 Seemeilen von der *Californian* entfernt war. Hier scheint er doch die Verteidigung seiner Sache anzustreben.

17 In den USA hat Lord noch gesagt, er habe den Dampfer gegen halb elf Uhr abends das erste Mal gesehen. Und gegen 23.10 Uhr Schiffszeit hat der Funker der *Californian* im Auftrag von Lord versucht, der *Titanic* mitzuteilen, daß die *Californian* von Eis

eingeschlossen ist, weil von der *Californian* aus die Lichter eines anderen Schiffes gesichtet worden waren.

18 Auch die *Carpathia*, die als erstes Schiff an der Unglücksstelle eintraf, hat Raketen abgefeuert, um der *Titanic* zu zeigen, daß Hilfe naht.

19 Dieses Mal sagt Lord wieder, daß das Schiff bereits um 11.30 Uhr abends in Sicht war. An anderer Stelle hatte er behauptet, das andere Schiff sei ihm erst um Viertel vor zwölf gemeldet worden.

20 Die amerikanische Schriftstellerin D. E. Bristow nimmt für sich in Anspruch, die erste gewesen zu sein, die auf die falsche Farbe in den Notraketen der *Titanic* hingewiesen hat, doch sie irrt: Schon in den 30er Jahren hat der deutsche Autor Pelz von Felinau in seinem Roman »*Titanic* – Die Tragödie eines Ozeanriesen« dieses Thema aufgegriffen.

21 Eigene Erfahrungen hinsichtlich der Sichtweite in Abhängigkeit von Temperaturen habe ich auf der B4 zwischen Lentföhrden und Alveslohe-Hoffnung gemacht. Die B4 ist auf diesem Abschnitt sehr gerade, und bei Alveslohe-Hoffnung befindet sich eine Verkehrsampel. Diese Ampel habe ich – bei Nacht – auf Entfernungen zwischen 4,3 km und 6,2 km erkennen können. Die 6,2 km waren in einer sternenklaren, aber auch eisig kalten Nacht (etwa -10° Celsius). In dieser Nacht wirkte selbst der Fernsehturm Kaltenkirchens, den man linker Hand in etwa 3,5 bis 4 km Entfernung (Luftlinie) passiert, zum Greifen nah.

Der Idiot auf der Frankfurt

Als klar ist, daß die *Titanic* sinkt, geht der Befehl an die Funkstation, Hilfe herbeizurufen. Der 1. Funker John George »Jack« Phillips macht sich unverzüglich daran, den Notruf mitsamt einer Positionsangabe (diese wird kurze Zeit später von der Brücke noch mal korrigiert in 41°46' Nord, 50° 14' West) in die Nacht zu schicken. Allerdings erreicht keines der Schiffe, die den Hilfeschrei der untergehenden *Titanic* empfangen, den Unglücksort, ehe diese in den Fluten versank. Erst um vier Uhr morgens und damit eine Stunde und vierzig Minuten, nachdem der Ozeanriese in den Tiefen des Nordatlantiks verschwunden ist, dreht die *Carpathia* von der britischen Cunard Line bei, weil sie ein Rettungsboot der *Titanic* gesichtet hat. Die *Carpathia* nimmt laut Angaben ihres Kapitäns 705 Überlebende aus 18 Rettungsbooten auf. Das sind alle Überlebenden der Katastrophe.

Unter diesen Überlebenden befindet sich auch der 2. Funker der *Titanic*, Harold Sidney Bride, der nach Ankunft der Geretteten in New York einem Reporter der »New York Times« seine Geschichte für eintausend US-Dollar, das ist etwa das Fünfzigfache seines normalen Monatsgehalts, verkauft. In einer leicht abgewandelten Form gibt Bride diese Story auch vor dem amerikanischen Untersuchungsausschuß wieder. Diese beiden Berichte des 2. Funkers gelten als Standardgrundlage über die Vorgänge in der Funkstation der *Titanic*.

Merkwürdig ist nur, daß Bride vor dem britischen Untersuchungsausschuß von der US-Version völlig abweichende Angaben macht. Das allerdings hat seiner Glaubwürdigkeit keinerlei Abbruch getan. Bride ist einer der Lieblingszeugen der *Titanic*-Autoren. Dabei hat schon Lord Mersey Zweifel an der Verläßlichkeit des Funkers, der dem Vorsitzenden des britischen Untersuchungsausschusses viel zu genaue Zeitangaben macht.

Viel Wirbel löst Brides Angabe hinsichtlich des Verhaltens des deutschen Dampfers *Frankfurt* aus:

Senator Smith: »Sie erhielten innerhalb von drei oder vier Minuten (nachdem der erste Notruf gesendet worden war) eine Antwort, aber Sie wissen das nur von dem, was ...«

Bride: »... Mr. Phillips mir sagte.«

Senator Smith: »Was sagte er Ihnen?«

Bride: »Er befahl mir, zum Kapitän zu gehen und die *Frankfurt* zu melden.«

Senator Smith: »Was meinen Sie mit der *Frankfurt*?«

Bride: »Er hatte eine Verbindung mit der *Frankfurt*, Sir, er hatte der *Frankfurt* unsere Position gegeben.«

Senator Smith: »War die *Frankfurt* das erste Schiff, das das CQD[1] aufnahm?«

Bride: »Ja, Sir.«

(...)

Senator Smith: »Und der Kapitän wünschte, daß die Position von dem Schiff (*Frankfurt*) bestimmt wurde?«

Bride: »Mr. Phillips wartete bereits auf die Position des Schiffes.«

Laut Bride antworteten danach auch die *Carpathia* und die *Olympic*. In der umständlichen Art des Senators werden diese Informationen von allen Seiten beleuchtet. Danach jedoch wird es spannend:

Senator Smith: »Was war, soweit Sie sich erinnern können, die nächste Meldung?«

Bride: »Ja, gut, nach der *Olympic*, Sir, erhielten wir keine weiteren Antworten, und ich fragte Mr. Phillips draußen – ja, gut, er ging nach draußen, um zu sehen, wie sie dort vorankamen, und ich übernahm die Kopfhörer.«

Senator Smith: »Ich habe Sie so verstanden, daß die erste Antwort auf den CQD-Notruf von der *Frankfurt* kam?«

Bride: »Ja, Sir.«

Senator Smith: »Welche Reederei?«

Bride: »Deutsche Reederei, wenn ich mich richtig erinnere.«

Marconi: »Der Norddeutsche Lloyd.«

Senator Smith: »Erhielten Sie irgendwelche anderen Meldungen von der *Frankfurt*?«

Bride: »Dann nicht, Sir. Wir hatten der *Frankfurt* unsere Position übermittelt, aber wir hatten im Gegenzug nichts von ihr erhalten.«

Senator Smith: »Sie hatten der *Frankfurt* Ihre Position auf See übermittelt?«

Bride: »Ja, Sir.«

Senator Smith: »Und erhielten keine weitere Bestätigung.«

Bride: »Er sagte uns, wir sollten uns in Bereitschaft halten. Das heißt warten.«

Senator Smith: »Die *Frankfurt* sagte Ihnen, Sie sollen sich in Bereitschaft halten?«

Bride: »Ja, Sir.«

Senator Smith: »Heißt das: ›Ich komme‹?«

Bride: »Es heißt warten, er kommt noch mal wieder.«

Senator Smith: »Wohin fuhr die *Frankfurt*?«

Bride: »Ich glaube, sie war ostwärts gerichtet, aber ich kann es nicht mit Sicherheit sagen.«

(…)

Senator Smith: »Wissen Sie die Position der *Frankfurt*, als sie den Notruf empfing?«

Bride: »Das ist das, worauf wir gewartet haben, Sir.«

Senator Smith: »Konnten Sie sie jemals ermitteln?«

Bride: »Nein, Sir.«

Senator Smith: »Hörten Sie irgend jemanden sagen, daß sie dachten, die *Frankfurt* sei das Schiff, das am dichtesten bei der *Titanic* war?«

Bride: »Ja, Sir, Mr. Phillips sagte mir das.«

Senator Smith: »Wer sagte das?«

Bride: »Mr. Phillips sagte mir, daß, nach der Stärke der Signale der beiden Schiffe geschätzt, die *Frankfurt* näher war.«

Senator Smith: »Sagte Mr. Phillips Ihnen, daß er versuchte, eine Verbindung mit der *Frankfurt* herzustellen, um das Schiff zu Ihrer Rettung zu holen?«

Bride: »Ja, gut, Mr. Phillips ging davon aus, daß die *Frankfurt*, nachdem sie das CQD gehört und unsere Position erhalten hatte, sofort den Kapitän informieren und weitere Schritte einleiten würde. Offensichtlich tat sie das nicht.«

(…)

Senator Smith: »Hatten Sie irgendeine andere Verbindung mit der *Frankfurt*, nachdem sie auf den Notruf geantwortet hatte.«

Bride: »Ja, Sir.«

Senator Smith: »Was war das?«

Bride: »Sie rief uns eine ausgesprochen lange Zeit später und fragte uns, was los sei.«

Senator Smith: »Wie lange danach?«

Bride: »Ich denke, es war weit über 20 Minuten später.«

Senator Smith: »20 Minuten nachdem die Nachricht, die Ihre Position, die Position der *Titanic* ...«

Bride: »... Und das CQD.«

Senator Smith: »Und den CQD-Notruf gab, erhielten Sie eine weitere Nachricht der *Frankfurt*, die lautete: ›Was ist los?‹«

Bride: »Ja, Sir.«

Senator Smith: »Sagten die noch irgendwas anderes?«

Bride: »Er fragte lediglich, Sir, was mit uns los sei.«

Senator Smith: »Was sagten Sie zu der Nachricht?«

Bride: »Ich denke, Mr. Phillips antwortete ziemlich schnell.«

Senator Smith: »Was sagte er? Ich würde es gerne wissen?«

Bride: »Ja, gut, er sagte etwas in der Richtung, daß der ein ziemlicher Idiot sei.«

Senator Smith: »Geben Sie es in seiner Sprache.«

Bride: »Ja, gut, er sagte ihm, er sei ein Idiot, Sir.«

Senator Smith: »Ist das alles?«

Bride: »Ja, Sir.«

Senator Smith: »Setzte er dem Wort noch irgendwas ernsteres voraus?«

Bride: »Nein, Sir.«

Senator Smith: »Sagte Mr. Phillips ihm dann, was los war?«

Bride: »Nein, Sir.«

Senator Smith: »Hatte er irgendeine weitere Unterhaltung mit der *Frankfurt*?«

Bride: »Nein, Sir. Er sagte ihm, er solle in Bereitschaft bleiben – fertig.«

Bride bleibt im weiteren Verlauf seiner Aussage zu diesem Thema, die sich über fast sechs Seiten à 54 Zeilen hinzieht, stur dabei, daß die *Frankfurt* ihre Position nicht gab und daher keiner wußte, wo sich das Schiff genau befand. Bride drückt auch seine Überzeugung aus, daß der deutsche Funker sein Geschäft nicht verstand.

Diese Geschichte ist eine der Legenden der *Titanic*, die inzwischen viel Anlaß für Spekulationen geboten hat. So taucht immer wieder die Behauptung auf, daß Funker der Marconi-Gesellschaft ausgesprochen rüde mit Funkern anderer Gesellschaften umsprangen. Die *Frankfurt* soll ein Schiff gewesen sein, dessen Funkausrüstung nicht von Marconi gestellt wurde. Aufklärung darüber bietet bereits Mr. Marconi persönlich vor dem amerikanischen Untersuchungsausschuß:

> Senator Smith: »Mr. Marconi, wissen Sie, wie die *Frankfurt* ausgerüstet ist?«
>
> Marconi: »Die *Frankfurt* ist, glaube ich, ein Schiff des Norddeutschen Lloyds. Ausrüster ist eine deutsche Firma namens Debed Co. Es bedeutet eine Menge an Dingen im Deutschen, jeder Buchstabe, worauf ich nicht eingehen will, ich bin ein Direktor.«
>
> Senator Smith: »Sie sind ein Direktor der deutschen Firma?«
>
> Marconi: »Ja.«
>
> Senator Smith: »Sind Sie mit der Funkausrüstung oder dem Funkgerät vertraut?«
>
> Marconi: »Ich bin nicht mit der Funkausrüstung dieses bestimmten Schiffes vertraut.«
>
> Senator Smith: »Damit können Sie auch keinen Vergleich zwischen der Ausrüstung oder dem Gerät der *Carpathia* und der *Frankfurt* ziehen?«
>
> Marconi: »Es ist mir nicht möglich, Sir, dieses zu tun.«
>
> Senator Smith: »Würde die Tatsache, daß die *Frankfurt* mit einem Gerät deutscher Fertigung ausgerüstet ist, in irgendeiner Form ihr Interesse an Rufen, die über das Marconi-System gemacht werden, mindern?«
>
> Marconi: »Nein, denn es ist ein Marconi-Gerät. Es ist in Deutschland hergestellt, aber es wurde unter meinen Patenten gemäß eines Arrangements, das wir mit deutschen Interessen haben, gefertigt.«
>
> (…)
>
> Marconi: »(…) Die *Frankfurt*, die mit Funk ausgerüstet war, gehörte zu einer der, wie ich sie nenne, Marconi-Gesellschaften, denn ich wäre kein Direktor der Firma, wenn sie nicht mit uns verbunden wäre.«

Offensichtlich scheint es immer Bride zu treffen, wenn es Probleme mit Funkern von nicht-britischen Schiffen gibt, denn er kritisiert nicht nur den Funker der *Frankfurt* heftigst, sondern er wirft auch den Funkern von zwei amerikanischen Kriegsschiffen, die von der US-Regierung den Auftrag erhalten hatten, mit der *Carpathia* in

Verbindung zu treten, um die Namen von Geretteten zu erfahren und bei der Übermittlung an Landstationen behilflich zu sein, vor, ihr Geschäft nicht zu verstehen. Die amerikanischen Kriegsschiffe waren definitiv nicht mit Marconi-Geräten ausgerüstet.

Bride selbst ist übrigens 22 Jahre alt und seit Juli 1911, also nicht ganz ein Jahr, als Funker beschäftigt, nachdem er zuvor acht Monate lang an »The British School of Telegraphy« gelernt hat.

Aufgrund der Angabe von Bride, daß Phillips anhand der Stärke der Signale der *Frankfurt* glaubte, dieses Schiff sei am dichtesten an der *Titanic*, gerät diese sogar kurzzeitig unter Verdacht, das von der *Titanic* gesichtete »Geisterschiff« gewesen zu sein. Allerdings ist die Stärke der Signale nicht nur von der Entfernung abhängig, sondern auch von der benutzten Funkanlage. Die *Olympic* war auf über 500 Seemeilen Entfernung zu hören – wie auch die *Titanic*. Die Anlage der *Carpathia* dagegen hatte bei gutem Wetter nachts eine Reichweite von 200 bis 300 Seemeilen. Bei Nebel und tagsüber konnte sich diese jedoch auf 120 Seemeilen oder noch weniger reduzieren, denn diese Anlage war veraltet. Leider läßt sich anhand der Aussagen vor dem amerikanischen Untersuchungsausschuß nicht feststellen, über welche Reichweite die Funkanlage der *Frankfurt* verfügt, doch die außer Bride noch aussagenden Funker erklären übereinstimmend, daß man eine Entfernung zwischen zwei Schiffen anhand der Signalstärke nur schätzen kann, wenn man weiß, mit was für einer Anlage das andere Schiff ausgerüstet ist.

Dennoch gibt es die These, daß die *Frankfurt* lediglich 25 Seemeilen von der sinkenden *Titanic* entfernt war, nach dem ersten Hilferuf auch den Kurs in Richtung Unglücksstelle änderte, jedoch nach Phillips' gemorsten »Du bist ein Idiot« an den deutschen Funker die Hilfsaktion beendete und ihren alten Kurs wieder aufnahm, da man auf dem deutschen Schiff davon ausging, daß die *Titanic* lieber ein britisches Schiff als Rettungsschiff haben wollte. Der Ursprung dieser These ist schwer zu ermitteln. Als Kronzeuge wird jedoch ein gewisser William Muller genannt – ein Deutscher, dessen richtiger Name Wilhelm Müller ist und der seinen Lebensabend in Kanada verbracht hat. Für die amerikanische Autorin Diana Bristow ist er der Hauptzeuge in Sachen *Frankfurt*, allerdings hat die ganze Sache einen Haken: In ihrem Buch »*Titanic*, R. I. P., Can dead men tell tales?« (1989 erschienen) beruft sich Bristow auf Muller, der nach ihren Angaben 1912 Deckoffizier auf einem deutschen Schiff, das von Stettin aus fuhr, war. In ihrem Buch »*Titanic* – Sinking the Myths« von 1995 ist dieser Muller zu einem Passagier der *Titanic* mutiert, allerdings ein Passagier, der auf keiner Liste auftaucht, da er bei einer Versicherungsgesellschaft arbeitete und mit seinem Chef auf Einladung Ismays an Bord der *Titanic* war. Diese Diskrepanz in den Angaben Bristows zu Muller hat jedoch nicht verhindern können, daß ein renommierter deutscher Marinehistoriker sich in einem Buch über deutsche Passagierschiffe beim Thema *Frankfurt/Titanic* auf ebendiesen Muller beruft und dessen Version, die angeblich vom Funker der *Frankfurt* stammt, wiedergibt.[2]

Ein völlig anderes Licht auf die Angelegenheit *Frankfurt/Titanic* wirft die Aussage des Kapitäns der *Mount Temple*, James Henry Moore. Der Kapitän zitiert vor dem amerikanischen Untersuchungsausschuß von einem Zettel, den er von seinem Funker erhalten hat:

> S.S. *Frankfurt* (deutsch) gibt *Titanic* seine Position um 0.00 Uhr, 39° 47' Nord, 52° 10' West. *Titanic* fragt: »Kommt ihr uns zu Hilfe?« *Frankfurt* fragt: »Was ist los?« *Titanic* antwortet: »Wir haben einen Eisberg gestreift und sinken. Bitte sage dem Kapitän, er möge kommen.« *Titanic* sendet immer noch den Notruf. *Frankfurt* scheint aufgrund der Stärke der Signale am dichtesten zu sein.

Diese Notiz belegt, daß auch der Funker der *Mount Temple* anhand der Signalstärke davon ausgeht, daß die *Frankfurt* am dichtesten bei der *Titanic* ist, aber die von der *Frankfurt* genannte Position gibt an, daß dieses Schiff etwa 140 Seemeilen von der *Titanic* entfernt ist. Die *Frankfurt* kann eine Höchstgeschwindigkeit von 13,5 Knoten[3] entwickeln und benötigt damit etwa zehn Stunden, um die angegebene Position der *Titanic* zu erreichen.

Mit der Aufzeichnung des Funkers der *Mount Temple* wird Bride gleich in zwei Punkten widerlegt: Die *Frankfurt* gibt ihre Position, und auf die Frage der *Frankfurt*: »Was ist los?« wird von Phillips nicht mit: »Du bist ein Idiot!« geantwortet, sondern: »Wir haben einen Eisberg gestreift und sinken.« Weitere Notizen des Funkers der *Mount Temple* belegen, daß zu der Zeit bereits eine Verbindung *Titanic/Olympic* bestand, es ist also die Mitschrift des Dialoges, der laut Bride bedeutend kürzer war.[4]

Senator Smith ist übrigens sehr verwundert über diese Angaben von der *Mount Temple*. Das läßt sich an dem folgenden Kreuzverhör sehr deutlich erkennen:

Senator Smith: »Wovon lesen Sie vor?«

Moore: »Das ist, was mir mein Funker schickte. Das sind die Nachrichten, die er mir schickte, die Originalnachrichten.«

Senator Smith: »Von Ihrem Funker auf der *Mount Temple* empfangen?«

Moore: »Ja, Sir.«

Senator Smith: »Und zu Ihnen auf die Brücke gebracht?«

Moore: »Ja, Sir.«

(...)

Senator Smith: »Kannten Sie die Position der *Frankfurt*?«

Moore: »Sie gibt da ihre Position, Sir.«

Senator Smith: »Sie gibt doch nicht ihre Position, oder?«

Moore: »Doch, Sir.«

Senator Smith: »Nicht die *Frankfurt*?«

Moore: »Die *Frankfurt* sagt, daß ihre Position um 0.00 Uhr 39° 47' Nord ist.«

Senator Smith: »Aber diese Funknachricht sagt, daß er anhand der Stärke der Signale oder Meldungen schätzt, daß die *Frankfurt* am nahsten ist.«

Moore: »Aber sie gibt ihre Position, Sir.«

Senator Smith: »Das ist die Position zu der Zeit, zu der diese letzte Meldung, die sie übergeben haben, gesendet wurde, zu der Zeit, als sie abgegeben wurde?«

Moore: »Die *Frankfurt* gibt ihre Position mit 39° 47' Nord, 52° 10' West, Sir.«

(...)

Senator Smith: »Aber die Aussage zeigt auch, daß der *Titanic*-Funker, als die *Frankfurt* zwanzig Minuten nach Erhalt des CQD fragte, was los sei, antwortete: ›Du bist ein Idiot, halte dich raus.‹ Deswegen frage ich Sie so im Detail über die *Frankfurt*, denn ich wünsche, wenn möglich, einige authentische Information hinsichtlich ihres Verhaltens nach Erhalt des CQD-Rufes zu bekommen.«

An dieser Stelle wird klar, daß Senator Smith gar nicht begriffen hat, daß Kapitän Moore den 2. Funker Bride ganz sauber widerlegt hat. Weitere Notizen des *Mount Temple*s zeigen außerdem, daß die *Frankfurt* im weiteren Verlauf der Nacht im Wechsel mit anderen Schiffen die *Titanic* immer wieder gerufen, aber keine Antwort mehr erhalten hat. Das hat vermutlich andere als die von Bride genannten

Gründe, denn ein gesunkenes Schiff kann nicht antworten. Andererseits würde die *Frankfurt*, wenn sie – wie von Muller behauptet – die Hilfsaktion abgebrochen hat, ohne sie überhaupt richtig begonnen zu haben, nicht immer wieder die *Titanic* rufen.

Als Beleg für die Authentizität der *Frankfurt*-Meldung laut Kapitän der *Mount Temple* kann man durchaus werten, daß die *Mount Temple* zu der Zeit unter Verdacht stand, das Geisterschiff gewesen zu sein. Für Kapitän Moore wäre es von immenser Wichtigkeit gewesen, ein anderes Schiff zu finden, daß sich zwischen *Mount Temple* und *Titanic* befand. Die *Frankfurt* wäre, allein schon aufgrund der Stärke ihrer Funksignale, ein ausgezeichneter Kandidat dafür gewesen. Doch durch das Nennen der Position der *Frankfurt* verteidigt Kapitän Moore von der *Mount Temple* das deutsche Schiff – und den Funker John George Phillips von der *Titanic*, der für die ihm von Bride unterstellte »Du bist ein Idiot«-Antwort an den Funker der *Frankfurt* immer wieder kritisiert wird. Teilweise gibt man ihm sogar eine Mitschuld an dem hohen Verlust an Menschenleben beim Untergang der *Titanic*, weil er die Hilfe eines deutschen Schiffes, das nach den Angaben eines obskuren Zeugen am dichtesten bei der sinkenden *Titanic* war, angeblich abgewiesen hat.

Anmerkungen

1 CQD = Notruf.

2 Dieser Autor war zu jenem Zeitpunkt Mitglied in dem amerikanischen Verein »The *Titanic* Museum«, in dem Diana Bristow eine führende Rolle einnahm.

3 Laut Arnold Kludas in »Geschichte der deutschen Passagierschiffahrt«, Band 2.

4 Da Bride gehört haben will, was Phillips morste, sich das aber nicht belegen läßt, und da Bride auch Probleme mit den amerikanischen Funkern hatte, drängt sich fast die Vermutung auf, daß er es war, der Schwierigkeiten mit den anderen Funkern hatte.

Und immer wieder Titanic

Unsinkbar sollte die *Titanic* sein. Doch schon auf ihrer Jungfernfahrt trat sie den Gegenbeweis an. 1495 Menschen verloren ihr Leben bei dieser Katastrophe. Vor und nach der *Titanic* hat es Schiffsuntergänge gegeben, und oftmals war der Verlust an Menschenleben bedeutend höher. Aber bis heute gab es kein Passagierschiff, das innerhalb so kurzer Zeit nach der Indienststellung gesunken ist. Da Schiffe gebaut werden, damit sie schwimmen, und nicht, um in neuer Rekordzeit zu sinken, bleibt die Hoffnung, daß kein Passagierschiff den »Rekord« der *Titanic* bricht.

Auch wenn die Materie nicht unsinkbar war, so bewahrheitet sich die zu kühne Behauptung von 1912 in einem etwas anderen Sinne: Die *Titanic* ist das bekannteste Schiff der Welt. Seit 1912 sind inzwischen mehrere tausend Bücher in den verschiedensten Sprachen zu diesem Thema erschienen. Jedes Jahr verlängert sich diese Liste um weitere Publikationen. Das Schicksal der *Titanic* wurde mehrfach verfilmt.[1] Unzählbar sind die Fernsehspiele und -sendungen, die sich um dieses Schiff drehen. Zeitungen und Zeitschriften widmen sich diesem Thema, sobald es irgend etwas über die *Titanic* zu vermelden gibt. Selbst im Internet gibt es *Titanic* ohne Ende.

Es existieren neun *Titanic*-Vereine auf der ganzen Welt, die insgesamt etwa 10 000 Mitglieder haben. Diese Vereine publizieren mehr oder weniger aufwendige Zeitschriften, die mehr oder weniger regelmäßig erscheinen und sich mit der *Titanic* in allen Details befassen. Dinge, die in keinem Buch Platz finden, kann man in diesen Zeitschriften nachlesen. So zum Beispiel, wie Kapitän Smith am 10. April 1912 von seinem Haus in der Winn Road, Southampton, zum Ocean Dock, in dem die *Titanic* festgemacht hatte, gekommen sein könnte.

Und in den letzten Jahren häufen sich die »Schockmeldungen« zum Thema *Titanic*, die vielleicht darauf begründen, daß aufgrund der hohen Anzahl an Büchern bereits alles über dieses Schiff geschrieben wurde und man sich nun dringend etwas Neues einfallen lassen muß. So soll die *Titanic* gar nicht aufgrund der Kollision mit einem Eisberg gesunken sein, sondern weil sich eine Kohlestaubexplosion in einem ihrer Kohlebunker ereignet hat. Diese Meldung wanderte durch alle Tageszeitungen. Niemand hat sich daran gestört, daß keiner der Überlebenden die Explosion gehört hat, es sich also um die leiseste Explosion der Menschheitsgeschichte gehandelt haben muß. Der Urheber dieses Schwachsinns war offensichtlich Experte genug, um glaubwürdig zu sein. Der ehemalige Gebrauchtwagenhändler George Tulloch aus den USA wartete mit dieser neuen Erkenntnis auf. Als Referenz konnte er darauf verweisen, daß er die Firma R.M.S. Titanic, Inc. leitet. Diese Firma führt Bergungsexpeditionen am 1985 gefundenen Wrack der *Titanic* durch.

Ein noch größerer Schocker war die Meldung, daß die *Titanic* gar nicht die *Titanic* war, sondern die *Olympic*. Eine Verwechslungskomödie, die in einer gewollten Tragödie endete, aus versicherungstechnischen Gründen soll stattgefunden haben. In Großbritannien amüsierte man sich herzlich darüber, in Deutschland gilt es jetzt als ausgemachte Sache, daß die *Olympic* als *Titanic* gesunken ist. Wie man allerdings den Eisberg dazu bewegen konnte, bei dem Verwechslungsspiel mitzumachen, erklären die Autoren, die mit ihrem Buch sehr viel Geld verdient haben, nicht. Ebenfalls viel Anerkennung gebührt bei dieser Geschichte – sofern sie denn wahr ist – dem Senior-Offizier der Wache beim Sichten des Eisbergs, William McMaster Murdoch. Schließlich ist es ihm gelungen, die *Titanic* so zu steuern, daß sie den Eisberg gestreift hat – sie ist weder Bug voraus auf den Berg gefahren, noch hat sie den Berg verpaßt. Echte Millimeterarbeit eben, bei einer Geschwindigkeit von elf Metern pro Sekunde. Das Ausweichkommando etwas früher oder etwas später, und der ganze Plan wäre gescheitert …

Was auf dem Büchermarkt zum Thema *Titanic* noch fehlt, ist die Theorie, daß der Gigant durch ein UFO versenkt wurde. Die Geschichte mit den Lichtern, die angeblich ein Schiff gewesen sein sollen, bietet ausreichend Belege. Es gibt schon die Story, daß Sherlock Holmes inkognito an Bord der *Titanic* gereist ist. Und eine Autorin, bei der in einer Rückführung festgestellt wurde, daß sie in einem früheren Leben Passagierin der *Titanic* war, hat 1996 das Buch »I died on the *Titanic*« (»Ich starb auf der *Titanic*«) veröffentlicht. Die *Titanic*-Vereine werden auch immer häufiger von Personen kontaktiert, denen bei esoterischen Sitzungen erzählt wurde, daß sie Reinkarnationen von Menschen sind, die auf der *Titanic* ihr Leben verloren. Geoff Whitfield, British Titanic Society, sah sich mit der Tatsache konfrontiert, daß ein Holländer und eine Kanadierin von sich behaupteten, die Wiedergeburten von Alfred Peacock zu sein. Alfred Peacock war ein zweijähriges Kind, das beim Untergang der *Titanic* umkam. Geoff Whitfield kommentierte das übrigens mit: »Why do they always choose Alfred Peacock?« (»Warum suchen sie sich immer Alfred Peacock aus?«)

Spötter mögen geneigt sein zu sagen, daß aufgrund der seit dem Untergang verstrichenen Jahre kaum noch einer von sich behaupten kann, persönlich auf der *Titanic* gewesen zu sein. Deswegen muß jetzt die Esoterik helfen. Doch Reinkarnationen erhalten noch nicht die Aufmerksamkeit, die angebliche *Titanic*-Passagiere oder Besatzungsmitglieder bekommen haben.

Inzwischen ist die *Titanic* auch eine gigantische Kommerzialisierung einer Katastrophe. Die Entdeckung des Wracks durch Robert Ballard 1985 hat diesen Prozeß richtig angeheizt. Zwar hat Ballard eine Plakette am Wrack angebracht, die Überreste der *Titanic* mögen in Ruhe gelassen werden, doch wenige Jahre später erhielt die bereits erwähnte Firma R.M.S. Titanic, Inc. von einem amerikanischen Gericht das alleinige Recht zur Bergung von Gegenständen von der *Titanic* zugesprochen. Das Wrack liegt außerhalb der amerikanischen Hoheitszone in internationalen Gewässern. Spätestens seit der ersten Bergungsexpedition gibt es eine Kontroverse unter den »Titanicern«. Es gibt vehemente Befürworter von allen Bergungen, aber auch strikte Gegner, die jeden Bergungsversuch als Grabräuberei ansehen. Doch Gegenstände wurden bereits geborgen, und da sie, laut amerikanischem Richterspruch, nicht verkauft werden dürfen, muß etwas anderes mit ihnen passieren. Sie werden ausgestellt. »Mit allem Respekt« vor den Toten, versteht sich. Selbst wenn es sich um ein Jackett eines Stewards handelt, dessen Besitzer man eindeutig zuordnen kann – man weiß, daß er nicht überlebt hat, und möglicherweise hat dieser Steward das Jackett ganz zufällig beim Untergang der *Titanic* noch getragen und ist darin umgekommen.

Die Veranstalter meinen, die Bergungsexpeditionen und die Ausstellungen helfen, die Erinnerung an die *Titanic* zu bewahren, schließlich sei dieses Schiff ein Mahnmal[2], dessen Schicksal man nicht vergessen darf. Doch vor der Entdeckung des Wracks und damit vor den ersten Bergungen ist die *Titanic* 83 lange Jahre nicht in Vergessenheit geraten. Vielleicht ist es der Heroismus oder auch Fatalismus, der von den Menschen auf der *Titanic* gezeigt wurde, der so lange fasziniert hat, bis diese Details in den letzten Jahren doch mehr und mehr in Vergessenheit geraten sind:

Da ist zum Beispiel die Bordkapelle, die beim Einbooten bis zum Untergang gespielt hat – überwiegend Ragtime –, lediglich über den letzten Titel wird erbittert gestritten. War es »Nearer, my God, to Thee«, wie viele Überlebende meinen? Oder war es »Autumn«, wie der überlebende Funker Harold Sidney Bride angibt? Keiner der Musiker hat überlebt, so daß es niemals eine verläßliche Antwort auf diese Frage geben wird.

Auch die Ingenieure haben es verdient, daß man sich ihrer erinnert. Zusammen mit den Heizern, Trimmern und Schmierern der Null-bis-vier-Uhr-Wache haben sie im Maschinenraum gearbeitet, bis ihnen das Wasser buchstäblich bis zum Hals stand. Dieser Einsatz, den alle Ingenieure und, bis auf acht Männer, alle Heizer, Trimmer und Schmierer der »Todeswache« mit dem Leben bezahlt haben, hat dafür gesorgt, daß die *Titanic* bis zwei Minuten vor dem Untergang über Strom verfügte und damit über Energie für Beleuchtung, Funkanlage und die von den Ingenieuren betriebenen Pumpen. Vielleicht haben die Pumpen, die zwar weniger Wasser wieder herausbeförderten als in das Schiff eindrang, den Offizieren mehr Zeit für das Fieren der Boote verschafft.

Eine sehr rührende Geschichte über zwei Ingenieure hat der überlebende Heizer Barrett erzählt: Zusammen mit Herbert Gifford Harvey und Jonathan Shepherd hat Barrett an den Pumpen gearbeitet. Shepherd stürzte in ein offenes Pumpeneinstiegsloch und brach sich ein Bein. Harvey und Barrett haben Shepherd in einen Nebenraum gebracht und ihn da, so gut es nur möglich war, gebettet, sind danach wieder an die Pumpen gegangen. Plötzlich brach das Schott zum Raum nebenan. Barrett flüchtete auf Befehl Harveys die Notleiter hinauf, wandte sich aber noch einmal um und sah, daß Harvey auf dem Weg zu dem Raum war, in dem Shepherd hilflos lag. Doch noch ehe Harvey seinen Kameraden erreicht hatte, war Harvey von den Wassermassen mitgerissen worden. Barrett gelang es, das Bootsdeck und ein Rettungsboot zu erreichen. Dadurch hatte er die Möglichkeit, von diesen Vorgängen zu berichten. Ungeklärt ist, was sich in den anderen Räumen, in denen es keine Überlebenden gab, abgespielt hat, als das Wasser kam.

Ebenfalls bewundernswert ist die Leistung des Funkers der *Carpathia*, Harold Thomas Cottam. Eher zufällig hat er den Notruf der *Titanic* empfangen. Er wollte gerade nach einem harten 16-Stunden-Arbeitstag schlafen gehen. Wie auf vielen anderen Schiffen der damaligen Zeit war Cottam der einzige Funker an Bord.

Nach erfolgter Rettungsaktion lag es an Cottam, mit einem schwachen Funkgerät, das sich außerhalb der Reichweite von Landstationen befand, die Namen der Überlebenden zu übermitteln. Andere Schiffe wurden als Relaisstationen benutzt. Laut Cottam lief es so ab, daß er die Namen an das andere Schiff morste, doch wenn der andere Funker die erhaltenen Namen an eine Landstation weitermeldete, konnte Cottam selbst keine weiteren Namen übermitteln. Allen anderen Schiffen in dem Seegebiet war die Anweisung gegeben worden, möglichst keinen Funkverkehr zu haben und dadurch die Übermittlung der Namen der Geretteten zu beschleunigen.

Cottam verließ die Funkstation nicht mehr, bis die *Carpathia* am Abend des 18. April 1912 New York erreicht. Er arbeitete, bis er über dem Gerät einschlief – was ihm offensichtlich ausgesprochen peinlich war. Daraufhin erhielt er Unterstützung von Harold Bride, der schwer angeschlagen war, aber dennoch seinem Kameraden geholfen hat. Cottams Aussage vor dem amerikanischen Untersuchungsausschuß macht deutlich, daß er in jenen Tagen jegliches Zeitgefühl verloren hat. Dennoch gab es Vorwürfe an seine Adresse, daß er die Namen der Überlebenden viel zu langsam übermittelte.

Die *Titanic* war kein unsinkbares Schiff. Wäre sie nicht gesunken, hätte man sie vergessen, wie alle anderen Dampfer der Vergangenheit. Vielleicht würde sie ein Schattendasein in der Erinnerung von Schiffahrtsinteressierten führen. Aber sie hätte niemals die Berühmtheit erreicht, die sie auch 85 Jahre nach ihrer ersten und letzten Fahrt noch hat. Erst durch ihren Untergang ist sie unsinkbar geworden. Es wäre sehr überraschend, wenn man in den nächsten Jahren nichts mehr von der *Titanic* hören würde. Aber man sollte sich immer wieder deutlich machen, daß es Menschen waren, die die *Titanic* planten, Menschen, die sie bauten, Menschen, die auf ihr fuhren, Menschen, die sie einen Eisberg streifen ließen, und Menschen, die bei ihrem Untergang ihr Leben verloren.

Anmerkungen

1 1913 erstmalig in den USA, in der Hauptrolle die Schauspielerin Dorothy Gibson, die eine Überlebende der *Titanic* war; der nächste Film kam aus Großbritannien, hieß »Atlantic« und wurde 1929 gedreht, 1943 erschien ein deutscher Spielfilm, 1952 ein Hollywood-Film, 1958 wurde Walter Lords Buch »A Night to Remember« verfilmt, 1979 folgte der erste Farbfilm. Und zur Zeit (Februar 1997) arbeitet der Regisseur James Cameron an einer Hollywood-Produktion zum Thema *Titanic*; dieser Film soll im Sommer 1997 in den USA Premiere feiern.

2 Es dürfte sich hierbei um das erste Mahnmal der Welt handeln, von dem systematisch Teile entwendet werden, um sie an den verschiedensten Orten einer staunenden Öffentlichkeit gegen Entrichtung eines Eintrittsgeldes zu zeigen.

Quellenangabe

- The Journal of Commerce Report of the British *Titanic* Inquiry, 1912
- US Congress, Senate, Hearings of a Subcommittee of the Senate Commerce Committee pursuant to S. Res. 283, to Investigate the Causes leading to the Wreck of the White Star liner ›*Titanic*‹, 62d Cong., 2d sess., 1912, S. Doc. 463 (6179). Washington. Government Printing Office.

Soweit nicht anders angegeben, stammen alle Zitate aus diesen beiden Quellen.

- Brief von William McMaster Murdoch an seine Schwester vom 8. April 1912 (in Familienbesitz)
- Brief von William McMaster Murdoch an seine Eltern vom 11. April 1912 (in Familienbesitz)

Alle anderen benutzten Informationsquellen sind – wenn nicht bereits im Text ausführlich erwähnt – in Fußnoten zur entsprechenden Textstelle aufgeführt.

Dieses Buch bietet eine Darstellung der Geschichte der *Titanic*, wie sie sich von den Aussagen Überlebender vor dem amerikanischen und dem britischen Untersuchungsausschuß ableiten läßt. Es war eine ziemlich einsame Arbeit von mir, Historiker würden es als »Quellenarbeit« bezeichnen. Dennoch habe ich mich für Unterstützung zu bedanken bei:

Scott Murdoch, dessen Exemplar von »The Journal of Commerce, Report of the British Titanic Inquiry 1912« ich leihweise erhielt und so als eine meiner beiden Hauptquellen nutzen konnte,

Dr. Fritz Rumler für die ständige Ermunterung und Anfeuerung,

John Graham, der sich die Zeit nahm, mir die Unterschiede in der Sichtweite bei kalten und warmen Temperaturen an Beispielen zu erläutern und mir den physikalischen Hintergrund erklärte,

Nikolaus Zöllner, der es mir ermöglichte, das Protokoll des amerikanischen Untersuchungsausschusses zu bekommen.

Mein Dank gilt ebenfalls den *Titanic*-Vereinen und ganz besonders *Ed Coghlan, Brian Ticehurst* und *Geoff Whitfield*:

British Titanic Society
P.O. Box 401
Hope Carr Way
Leigh, Lancs.
ENGLAND WN7 3WW

The Irish Titanic Historical Society
c/o The President
The Anchorage
Coast Road
Malahide, Co. Dublin
IRELAND

Register